U0002913

日本料理職人必備基礎技能

完全圖解

野﨑洋光

前言

回想起當初立志成為料理人的那段時光，浮現在眼前的，是一個遙遠的身影，一方面夢想著自己能夠像變魔法般隨心所欲的做出心目中的料理，可一旦開始修行後，卻連自己該從何學起都茫然無知。

現在，我已成為料理長，在習得了先人留下來的種種技術的同時，將新技術傳承給後進的使命也油然而生。

就算是傳統的技法也會因著時代而產生巨大改變。此外，我一直認為，所謂的「傳統」，其實正是適應當代的結果。江戶時代沒有電也沒有瓦斯，但是江戶料理卻仍流傳至今。同時代的其他鄉土料理如今依舊存在，只是傳承的做法使用的是現代調理器具。

傳承下來的做法也會隨著新的化學上的實驗實證而改變，若現代的手法能達到同樣的效果，則毫無疑問會優先採用現代的方法。不同的做法不過是反映當代為追求料理的美味所發展出的技法，本質上和先人所流傳下來的並無二異。

本書和其他同類書籍不同的地方在於包含了一介料理人修行時的故事側寫。而本書不僅記錄了烹調日本料理時所需的技術，更實際拍攝工作現場的動作，因此花費了相當長的製作時間。雜誌《料理百科》剛開始進行採訪時還正在修行的人，現在已經成為料理長了。柴田書店的糸田麻里子小姐、長澤麻美小姐一路陪伴所有人一同成長，在這次成書的過程中，二位也盡了極大的心力，我在這裡向他們致上最深的謝意。

我衷心地期望這本書能讓有志成為料理人的年輕人提供方向並為他們提供寶貴的經驗。

平成十六年霜月[1]吉日

野﨑洋光

1——日本十一月的別名。

日本料理職人必備基礎技能

目次

[編輯凡例]

＊全書「高湯」之譯名，皆指「日式高湯」，漢字為「出汁」（だし）。中華料理的高湯多為動物性的，並加入蔥、薑、酒……等去腥熬煮而成；而日本料理中的高湯（出汁）則是不加蔥、薑、酒等，作為基底，再加入各式調味料成為不同類型的高湯，如吸物底、八方底…等。

新人應有的心態以及基本功

1 踏入社會後的注意事項

無論是怎樣的新人，最終都可能達成成為一介料理長或者經營者的目標。其間會有許多必經之路，為了更有效率地抵達目的地，必須時常思考「現在自己究竟想要做甚麼」「甚麼是非做不可的」，懷抱有清楚的願景並朝著它努力。只要目標明確清晰，自然而然便會有身為社會人士的自覺。

新人一開始要學習的工作內容十分龐雜，不過通常都很單純。必須抱持著每一個工作內容都會跟下一階段的機會息息相關的心態，一邊享受工作一邊努力學習。

(1) 服裝儀容

整齊清潔的服裝所帶給人的印象其實超乎想像地大。大多數的日本料理店都會要求員工們著白衣，在店內，員工當然是代表著整間店，同時你該銘記在心的是，當你穿著白衣走到店外，那你就會成為反映店家態度的「活招牌」。哪怕時間短暫，日本料理店的員工都應避免穿著白衣離開店內，若真的不得已，那也盡量在白衣外罩上一件外套。在店內，應時時

(1) 服裝儀容

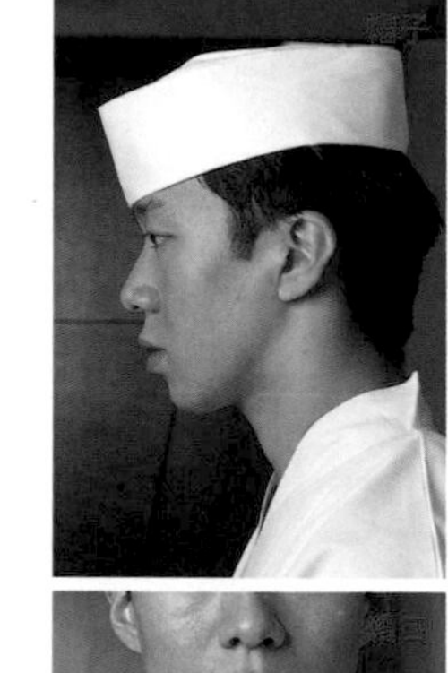

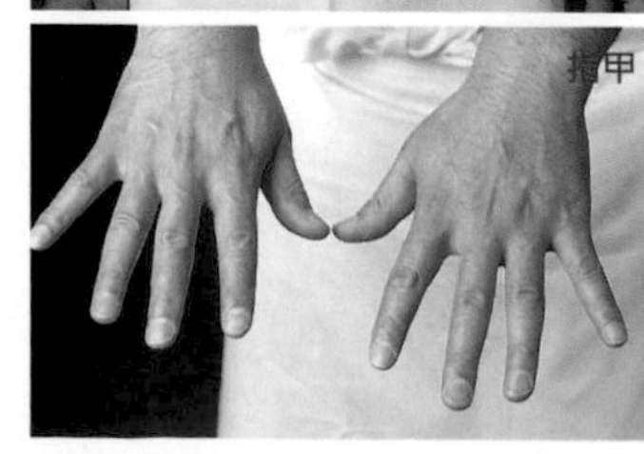

(2) 招呼・姿勢

姿勢

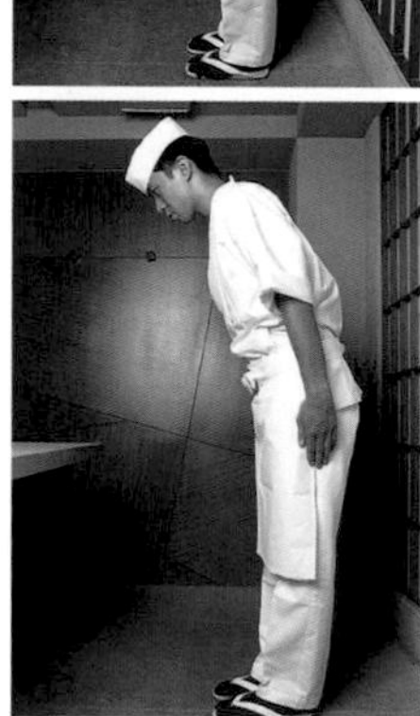

保持白衣清潔整齊。若你所服務的店面沒辦法常常將白衣送洗，也可以在作業時穿上橡皮圍裙，讓白衣不那麼容易髒。

①**帽子**：戴正，並且遮住瀏海。帽子戴好會讓人看起來清爽且帥氣。

②**領口**：交疊處一定要打理平整。

③**腰帶**：顧客其實很容易注意到員工們的腰帶，因此一定要確實綁整齊。

④**指甲**：時常修短指甲，並保持在一樣的長度。

(2) 招呼．姿勢

① 招呼

只要看到顧客來了，就要大聲地喊「歡迎光臨」，這不僅是對客人的招呼，同時也是讓店內所有的員工都知道客人已經進來，提醒大家要開始為客人進行服務的信號。因此，客人入座後，必須要再次針對顧客本人打招呼。

② 姿勢

鞠躬敬禮

①站著的時候，就算長時間的工作令你感到疲累，也應時時提醒自己絕對不能凸出下巴。伸直背脊，視線落向前方。

②彎曲背脊。注意此時只有脖子不可彎曲。

托盤拿法

隔著吧檯服務顧客時

拿托盤的方式

拿穩托盤，保持在肚臍上方約10cm的位置。托盤與身體間保持一個拳頭的空隙，手肘微微彎曲。

隔著吧檯服務顧客時

①②用雙手執器皿，用一隻手放下器皿時用另一手輕輕地輔助。

③④相反的，要收回碗盤時，先以單手拿起器皿，而另一手則放在器皿下方托住撤回。

(3) 作筆記的方法

雖然人們常說「要用身體記住所有的技巧」，但對一個新人而言，工作內容和當天的菜單等，在每天接觸到的業務中，要記憶的事情實在是太多了。為了幫助自己能在學到當天就記起來，並有效率地應用在工作上，做筆記是不可或缺的。筆記除了能協助你在工作上更快上手，還能讓你記下工作時前輩、店主偶然提及的重要知識。從平日就仔細傾聽每一件事，聽到有用的訊息，就趁著記憶猶新時趕緊筆記下來，絕對會有助益。其實日常對話之中出乎意料地藏有許多「金玉良言」。

只是不加思索地記下筆記對於真正記住知識並無幫助。記下來的筆記有無確實進入腦中，才是你是否能更快更有效率地習得各種技能的關鍵。若能準備三種筆記本會比較方便。平時使用的筆記本最好挑選能隨身攜帶的尺寸。記下筆記後，當天晚上一定要在家重新整理成容易閱讀的形式，之後可利用週末等時間每周整理一次筆記把它抄進更大的筆記本裡，這樣能幫助你把已經記住的重點記得更牢。筆記的形式不拘，選擇自己最容易記憶的方式即可。

(4) 待人接物

對於立志從事餐飲業的人來說，了解他人感受的能力以及把自己的感受傳達給對方的能力都是必備條件。而對一位新人而言，如果能和前輩、供應商、同事相處融洽，每天也就能心情愉快地完成工作，同時自然更能順利地學會各項工作技能，對自己來說也是益處多多。因此養成隨時隨地能站在對方立場思考的心態十分重要。

前輩

對新人來說，一開始各式各樣的工作內容都必須透過前輩的教導來學習。和前輩相處時，只要經常站在「如果對方把我當成下屬時，我怎麼做對方會比較容易指導我？」的立場來想即可。與其等著對方指導，不如「主動引導對方教你」，積極地從前輩那裡挖出你想學習的知識。

受到前輩責備時，就要迅速大聲地表示「對不起」，這樣雙方心裡都會覺得比較舒坦。學會「正面接受指責的態度」，對自己只有好處沒有壞處。要抱持著每次受到斥責，其實都是了解未知事物和獲取知識的大好機會這種直率又正向的心態。

供應商

有些人只有在面對顧客和前輩時態度恭敬，但對待供應商等時卻馬馬虎虎，但其實一間店的口碑常常是藉由這些和其他店家也有往來的業者所傳開。面對相關業者，一樣要帶保持誠懇的態度，與他們聊聊，你會發現經常有意想不到的收穫。

同事

一起共事並不代表要結黨營私。能讓彼此每天能夠心情愉快地一起工作才是與同事相處時的最大前提，因此不要過度干涉他人的領域，當個「好夥伴」，才是上上策。

(5) 如何採買・選購食材

首先，你必須掌握自己店所需要的食材等級。就算只是買一種青菜，根據店裡料理單價的不同，不同的店用何種品質的食材，又要用多少進價才合理，都自有一套標準。因此從平日起就應仔細注意自己服務的店家使用的是哪種等級的食材。

當你負責採買時，應確認清楚後再出發，不可擅自判斷購物的地點與品項，也因此養成做筆記的習慣十分重要。

(6) 自我管理等相關細節

基本上，休假時不管做甚麼都是自己的自由，但前提是必須在回到工作崗位時的精神和體力都處在最佳狀態。

如果你希望早點讓工作上手，成為獨當一面的料理人，以下提供放假時可以一邊享受假日一邊學習的方法。

①為了進一步了解店裡所使用的食材，可以自己去買些高品質的魚貨和蔬菜來品嘗。像這樣偶爾用自己的錢去買也不失為一種樂趣。

②去多方嘗試其他人的餐廳。你不一定要到高

級的日本料理店用餐，就算是去咖啡廳，光看他們的服務方式和清潔方法等也有許多值得借鏡之處。要將他人的優點盡數納為己有。

2 用品和器具的準備

(1) 相關器具的準備

在此節會分別介紹各種必備道具的保養、清理方式。

用乾燥絲瓜製作刷具

WAKETOKUYAMA裡，保養各種設備、道具時，會用到布巾、刷具、清潔劑、洗潔精等，而當中最常用到的，就是利用棉繩捆綁乾燥絲瓜所製成的刷具。用它來刷洗不容易刮傷菜刀、鍋具，十分便利，因此我在此介紹一下絲瓜刷具的製作方法。

①把乾燥絲瓜切成方便使用的大小，浸泡在水裡備用。乾燥絲瓜必須泡軟以便捆綁棉繩。

②由前向後緊緊綁上棉繩。

③除了乾燥絲瓜外，WAKETOKUYAMA也會使用棉繩綁捲起的棉巾來當刷具。

菜刀

此處介紹平時保養菜刀的方法。

①將刷具（絲瓜清潔球）沾取適量的清潔劑，在專用的菜刀台上刷洗刀刃。

②將菜刀立起刷洗刀柄。

③取乾燥的布巾，仔細把刀徹底擦乾。

④把菜刀插在便於取出且安全、乾燥的地方。

(1) 準備好各種相關道具

用乾燥絲瓜製作刷具

菜刀

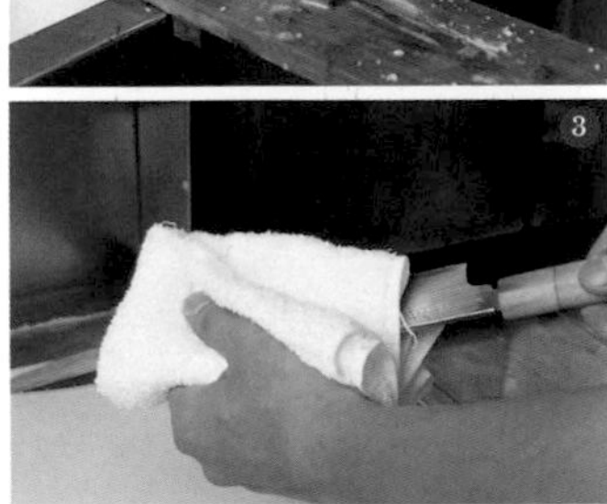

砧板

①砧板很髒時，可以抹上鹽巴用鬃刷刷洗。

②漂白的方法：為了讓漂白水能夠全面沾到砧板，蓋上一塊濕布巾後再澆上稀釋後的漂白水。

布巾

由於棉布具有吸水性強等特性，WAKETOKUYAMA的布巾皆使用棉布。

①清潔布巾的方法：用洗潔精清洗後沖淨，於休息前把洗好的布巾放入裝有稀釋漂白劑的盆裡浸泡。

鍋子

WAKETOKUYAMA店內一般都使用絲瓜清潔球或沾有洗潔精的鋼刷來清洗鍋具。

①以「內側→外側」的順序清洗鍋具。刷洗時不要太用力，以畫圓的方式反覆多刷幾圈。

②為去除金屬味用，用熱水燙過整個鍋具後，再一次用洗潔精刷洗。

捲簾

①以刷具沾取洗碗精，沿著捲簾的縫隙處刷洗。

②如果有髒污卡在縫隙裡，可以使用竹串挑掉。

落蓋*1*

砧板

布巾

鍋子

捲簾

落蓋

篩網

如果落蓋沾染到食物氣味，可以拿去泡水30分鐘以上，這樣會更容易消除味道。泡水後，正常清洗即可。

篩網

①如果網目上卡了髒東西，可以先在上頭撒鹽。

②拿刷具從上方輕拍，避免網目變形。若店內使用的是馬毛製作而成的篩網，那麼則改用手輕拍進行清潔。

銅鍋

①當銅鍋光澤鈍掉時，可加入少量的醬油，轉動鍋子讓醬油鋪滿整個鍋面。

②放置一會兒，取刷具把銅鍋刷洗乾淨。

③背面噴上洗潔精用海綿刷洗。最後以熱水澆淋整只銅鍋，再用洗潔精洗淨。

金屬串叉

①尖端彎掉的金屬串叉。

②尖端處抵著磨刀石，慢慢打磨讓金屬串叉恢復原狀。

(2) 器具的保養

玻璃器

①WAKETOKUYAMA會待玻璃器完全乾燥後再用專用布巾（白色棉布）去擦拭。

②把專用布巾放在左手上，包住大拇指夾住，然後將器皿放上。

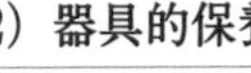

(2) 器具的保養

銅鍋

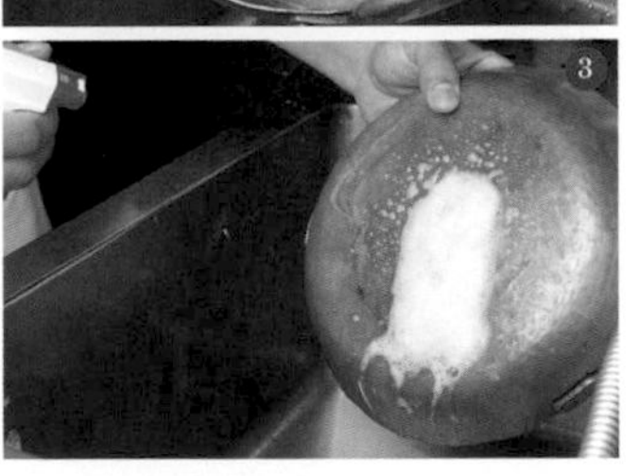

金屬串叉

玻璃器

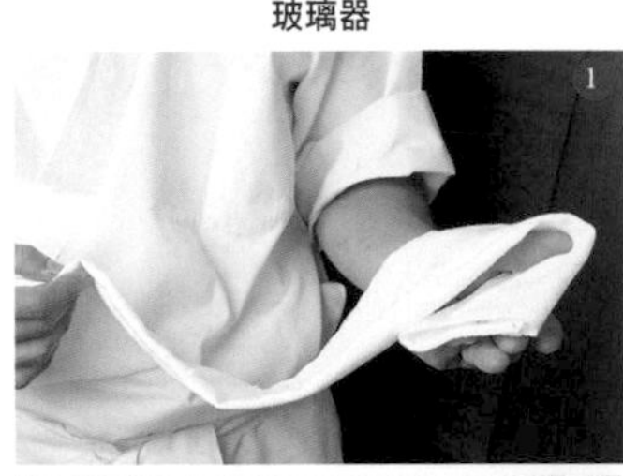

1——做煮物時使用的蓋子，直徑比鍋略小可直接覆蓋食材上，傳統為木製。

漆器

①盆中注入溫水，對入少許洗潔精混和均勻。

②以棉布輕柔地刷洗，避免損傷漆器。

土製陶器

土製器皿在使用前後泡水可使髒污不易附著。

(3) 補充不足的用品

用品方面，必須前一天就要先詢問前輩（或聽前輩指示）當天最需要甚麼東西，才能讓當天的工作流程進行順暢。此外，應該盡量把用品都整齊收納在同一個地方，這樣不但方便取用，且一眼就可看出剩餘量。也可以製作一張表格貼在儲藏櫃的內側便於清點。

3 打掃方法

時常勤加清掃店內不僅能讓人心情更加舒暢，也是為了維護工作環境的安全和順暢。新人平時只要工作上一有空閒，就應該要趕緊擦拭髒掉的地方，養成動手的習慣，這也能幫助你更快注意到打掃工作外的其他細節，習慣後身體動作也會更加流暢。

吧檯

①WAKETOKUYAMA的吧檯以未上漆的原色木料製成，平時我們店裡只會用偏濕的布巾將髒汙去除。

打掃方法

瓦斯爐四周

吧檯

紙拉門的木格柵

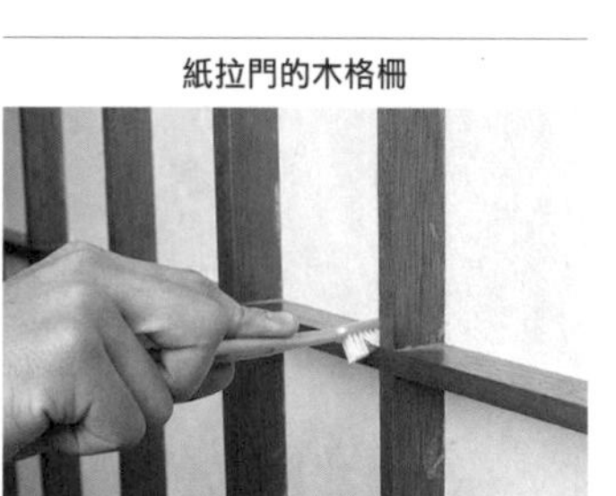

玄關（玻璃門）

漆器

土製陶器

(3) 補充不足的用品

②如果木料髒掉了，我們會用砂紙機（打磨面裝有砂紙的研磨機）來打磨。打磨時，砂紙機與吧檯面呈直角沿著木紋慢慢移動。

紙拉門的木格柵

用布巾乾擦。角落處可用牙刷清理。

玄關（玻璃門）

由於顧客進門第一眼就會看到玄關，因此要仔細留意保持清潔。WAKETOKUYAMA的玄關入口為玻璃門，清掃時會噴上專用的洗潔精後乾擦。

牆面

如果是上過塗層的木頭牆面，髒掉時可以用中性洗潔精或家具專用洗潔精擦拭。

瓦斯爐四周

①為方便清潔可先於瓦斯爐下方的集油盤上鋪一層鋁箔紙。

②用海綿加洗潔精去擦拭瓦斯爐。

③爐頭容易卡髒汙，每個星期至少要使用金屬串清理一次。

④旋鈕周邊等構造複雜的地方則應用牙刷等仔細清理乾淨。

抽風管四周

①為方便清潔可先於瓦斯爐下方的集油盤上鋪一層鋁箔紙。

抽風管四周

流理台四周

②用海綿加洗潔精去擦拭瓦斯爐。

③爐頭容易卡髒汙，每個星期至少要使用金屬串清理一次。

④旋鈕周邊等構造複雜的地方則應用牙刷等仔細清理乾淨。

流理台四周

①流理台是經常要使用的地方，一定要勤用洗潔精清洗。

②流理台上方架子的縫隙也要利用牙刷等刷乾淨。

蔬菜的清洗與保存方法

多數的新人被交付的第一項任務就是清洗，其一就是配合當天的菜單清洗蔬菜讓食材呈現最佳狀態給煮方等調理台的人使用。乍看之下雖是一個不起眼的工作，但在清洗的過程中可以實際接觸觀察蔬果等食材，是一個相當能學習到東西的環節。奉勸各位不要只是茫然地按表操課，而是抱持現在手上所有的工作在五年後十年後便會見真章的態度積極地去學習吸收。

清洗和保存蔬菜時最需要注意的課題就是該如何發揮各種蔬菜最大的特色並善加保留。簡單來說就是要讓綠色蔬菜看起來綠油油水亮亮，若是白色蔬菜則要盡可能使其維持在白色不變色。為了達到這個目的，唯有早日把握各種蔬菜的性質和特徵才行。

1 綠色葉菜類

綠色蔬菜，特別是蔬菜和小松菜等的葉菜類，在進貨一段時間蔫掉後必須浸水讓他回復到水嫩狀態才可使用。如此一來水煮時火才容易通透，且完成品的顏色和軟硬度（已經萎掉的菜葉經水煮後反而會變硬）、口感會和處理前完全不一樣。

(1) 菠菜

在夠大的調理碗裡放滿水，一邊小心不要折到莖部一邊輕輕晃動用水清洗[1]菜葉。

(2) 小松菜

①跟菠菜比較起來，根部扎入土壤較深，因此可先直接用冷水徹底沖去所帶泥沙。和菠菜一樣不用手去刷菜葉表面而是輕輕晃動用水清洗之。

②欲保存洗好的菜葉時，可放在篩上後再覆蓋上一層浸水後擰乾的棉布。

1——振り洗い時，會用手輕輕拿著食材調整清洗角度，讓髒物掉下來，基本上不會用手去搓洗食材表面。但菜中如果有蟲子的話或不容易洗掉的東西的話，還是會用手撥去。

1 綠色葉菜類

(1) 菠菜

(2) 小松菜

(3) 春菊

和菠菜、小松菜比起來較容易遭蟲害，因此晃動時必須將菜葉細分開來用水清洗之。

(4) 白菜

①基本上只洗剝好預備要用的部分。在芯的底部用菜刀劃圓，即可以將葉片一片片剝開。

②剝好要用的葉片，在水中輕輕晃動清洗。若有特別髒的葉片亦可使用刷子輕刷之。

③將剩下來還沒要用的葉片用浸水後擰乾的棉布包起後冷藏，注意不要破壞掉白菜葉片的形狀。洗好的菜葉和小松菜一樣，可覆蓋上一層棉布保存之。

(5) 高麗菜

由於高麗菜容易從芯部開始壞掉，因此一開始就要用菜刀從底部切一個深圓把芯挖掉。接下來就跟白菜一樣只洗要用的部分。

(6) 長蔥

去掉不好的部分後再用流水清洗。

2 根莖類

(1) 牛蒡

①邊清洗邊用刷子仔細刷去牛蒡上帶的土壤。

②根據當日的用途切去適當長度後保存，只要不讓表面乾掉，所以用報紙輕輕包住放置於陰涼處保存。

(3) 春菊

(4) 白菜

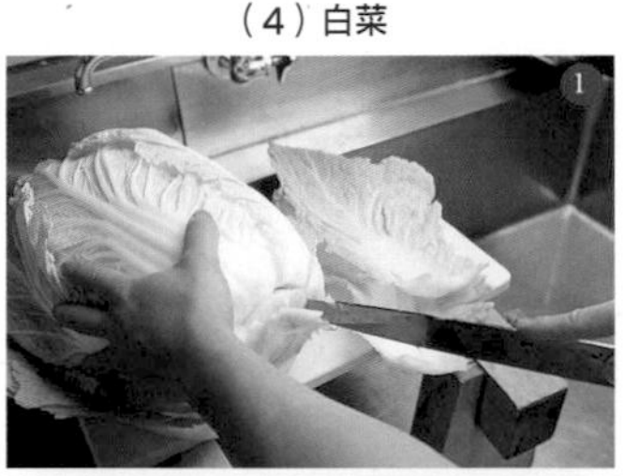

(5) 高麗菜

(6) 長蔥

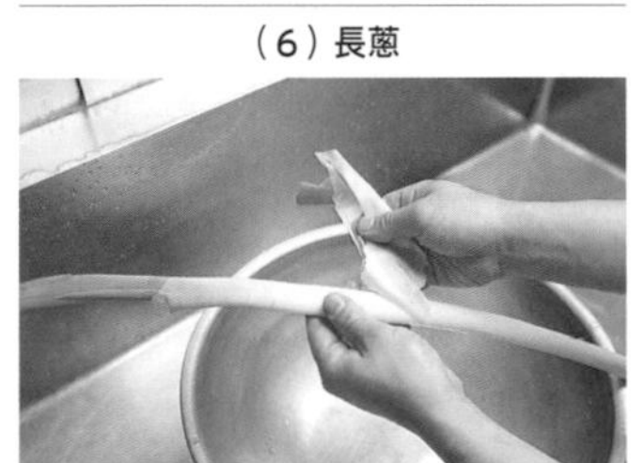

2 根莖類

(1) 牛蒡

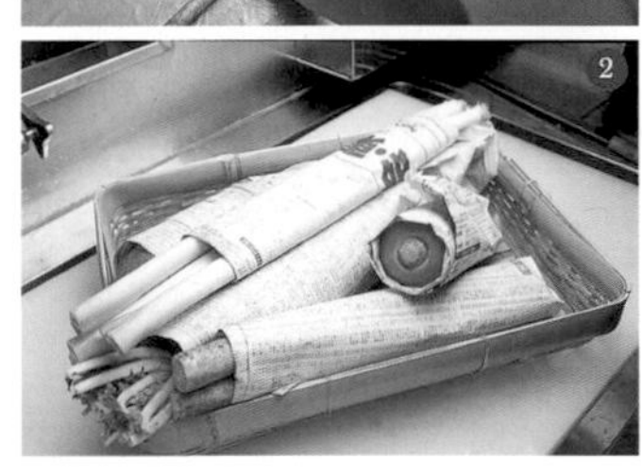

(2) 蕪菁

①②保留自葉片根部算起約3～5cm處，其餘則切除。可用手或者刷子清洗全體，若根部有髒汙可用牙刷輕刷之。

③用竹串仔細清除莖的內側髒汙。

(3) 薑根[2]

由於形狀凹凸不平，可用牙刷輕刷去髒汙。

3 質地柔軟的白色蔬菜

此節會介紹一些一旦碰撞到就容易變色，處理時要十分謹慎小心的蔬菜。每種蔬菜的處理方式都有些許不同，請務必要確實把握各項要點。基本上這些蔬菜都是在要用時才處理。

(1) 獨活[3]

①②將獨活一根一根拔開用流水清洗。

③用浸濕後擰乾的棉布包起後冷藏保存。

(2) 山藥

山藥遭碰撞後就會變色，因此使用棉布來輕柔地搓洗。保存方法和牛蒡一樣，用報紙包住後放置於陰涼處。

(2) 蕪菁

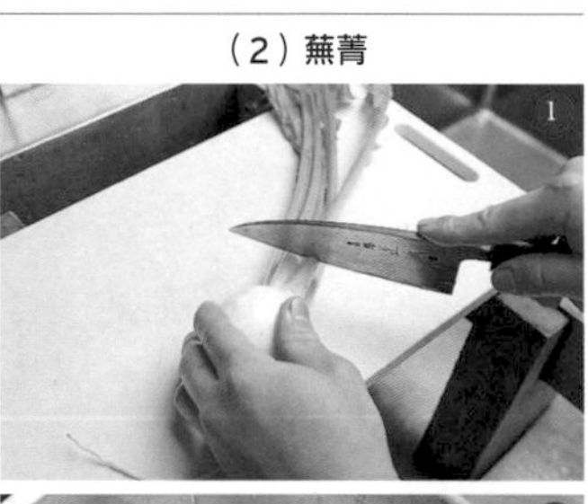

(3) 薑根

3 質地柔軟的白色蔬菜

(1) 獨活

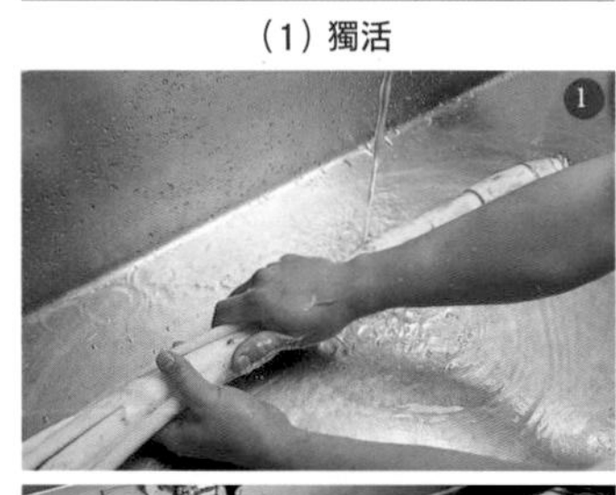

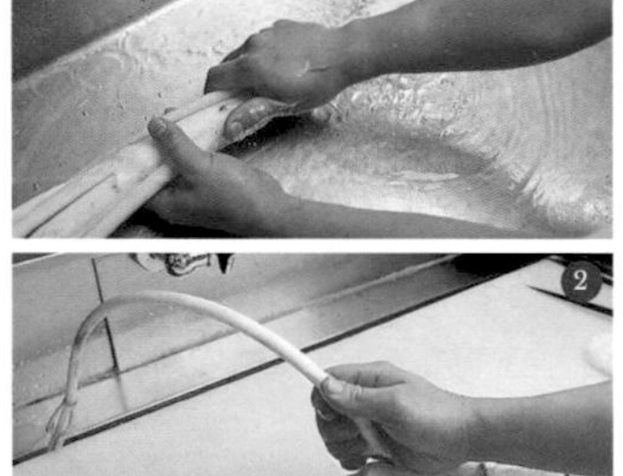

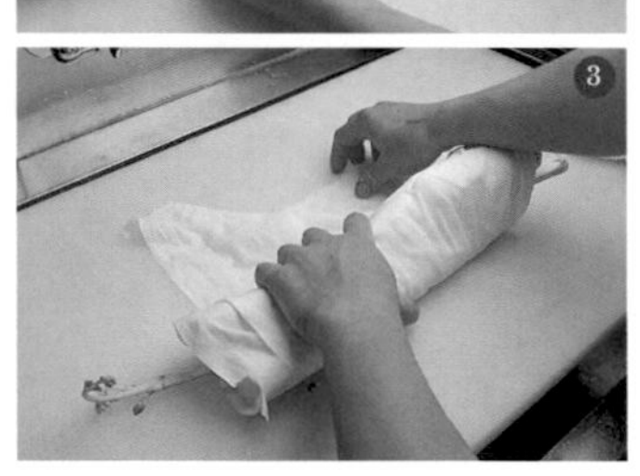

(2) 山藥

(3) 百合根

(4) 豆芽菜

(3) 百合根

若沾有木屑，可放到裝有水的調理碗中用牙刷輕刷去除掉卡在凹陷處的木屑，要小心注意不要傷到百合根。

(4) 豆芽菜

①把豆芽菜放到裝有水的調理碗裡一邊攪動一邊清洗。

②一根一根仔細地去掉根部（去根）後放到篩子上。

4 山菜、芽菜類

此類蔬菜亦容易被碰壞，處理時需要十分謹慎小心。

(1) 山椒嫩葉

①山椒嫩葉只要掉了任何一片葉子就沒辦法使用，因此要輕輕地拿取。在平盤上鋪上廚房紙巾後將山椒嫩葉一片片排好後輕輕噴水。

②於上方再蓋上一張廚房紙巾後輕輕用保鮮膜包住（要保持通風）放入冷藏室。

(2) 紅蓼[4]

①把篩子放在接好水的調理碗上，放入紅蓼，用手輕輕掬起清洗，注意不要讓葉子脫落。清洗這種體積較小的食材時皆可放在篩子上清洗，洗完後便可直接將篩子提起把水瀝乾。

(3) 芽苗菜

不僅限於芽苗菜類，凡是帶有種子的蔬菜都容易於種子部分殘留有農藥或髒汙，尤其像芽苗菜這種用以生食居多的食材，在清洗時必須特別仔細。

在調理碗裡接好水，一次拿一點芽苗菜清洗。清洗時手抓住芽苗菜的根部朝上在水裡輕輕來回晃動，小心不要折到莖部。最後要檢查一下葉片內側是否還沾有種子沒洗掉。

4 山菜、芽菜類

（1）山椒嫩葉

（2）紅蓼

（3）芽苗菜

2——根ショウガ，日本料理特地強調「薑根」，是因為他們會採收葉生薑，故要特地強調根莖部份。又可稱為「老成生薑」可以指栽培嫩薑的薑種，也可以是採收後儲藏起來放到隔年放老的老薑。而台灣的老薑則是讓生薑成長到薑肉纖維化後才採收。

3——全書「獨活」之譯名，ウド，日文漢字為獨活，中文也稱獨活，又名為土當歸、食用土當歸。日本料理中使用是年輕時的莖，台灣等則多食用葉或中藥的乾片。

4——全書「紅蓼」皆指紅タデ，學名Polygonum hydropiper，日文漢字寫為紅蓼，和中文的紅蓼為不同種植物。

5 菌菇類

保存菌菇類時最重要的原則就是不可以讓濕氣太重。雖然不可讓菌菇類太乾燥，但過度的濕氣會讓菌菇類容易腐壞。因此在要用之前再清洗為佳。

(1) 鴻喜菇

在裝好水的調理碗裡輕柔地清洗，用左手輕輕扶住小心不要讓一根一根的菇散掉。

(2) 香菇

在裝好水的調理碗裡一邊用手攪動一邊清洗。有些料理會直接帶柄使用，因此洗好後直接整朵放到篩上。菇傘會吸水，因此洗了之後就容易壞。盡量在要用之前再清洗即可。

(3) 金針菇

①在根部綁上兩圈橡皮筋防止金針菇散開。

②將菇傘朝下輕輕晃動清洗之。洗時可像用茶筅刷抹茶一樣輕輕畫圈。若用力過猛可能會折斷因此要特別小心。

(4) 滑菇

滑菇本身帶的氣味較重，因此要徹底洗淨。將滑菇放到篩上後再放到調理碗裡，一邊用手攪拌一邊用流水清洗，洗好後直接提起篩子。

5 菌菇類

(1) 鴻喜菇

(2) 香菇

(3) 金針菇

(4) 滑菇

(5) 松茸

①為防止香味流失，處理松茸時盡量不要洗，而是用浸濕後擰乾的布巾輕輕擦拭去表面髒汙即可。保存時直接放在箱中輕覆上一張廚房紙巾並確保空氣可以流通。又或者可以微微噴點水霧。

②在上層鬆鬆地鋪一層保鮮膜，要保留空間切忌擠壓到松茸。

6 豆莢類

需要帶莢食用時必須將髒汙仔細清潔乾淨。

(1) 毛豆

①先用流水將帶梗的毛豆大致沖洗一下。

②若當日的用法需要去梗，則一個一個分別摘下（或者也有將豆莢兩端切除的做法）後放到篩上。

(2) 秋葵

在調理碗裡裝好水，疊上篩子後清洗。凹陷處容易堆積髒汙，因此洗時要用指尖仔細地去除髒汙。

重要的是在處理食材前必須要確實把握今天要出甚麼菜單、要用哪些食材並且用量多少。如果有任何一點不明白的地方就要立刻問，不要擅自判斷。譬如你可能想多幫點忙因此自作聰明去掉了蔬菜菜葉，但其實當天的料理需要保留葉片，如此不僅會為煮方等其他調理的人帶來困擾，也讓自己做白工多花費不必要的功夫。

（5）松茸

6 豆莢類

（1）毛豆

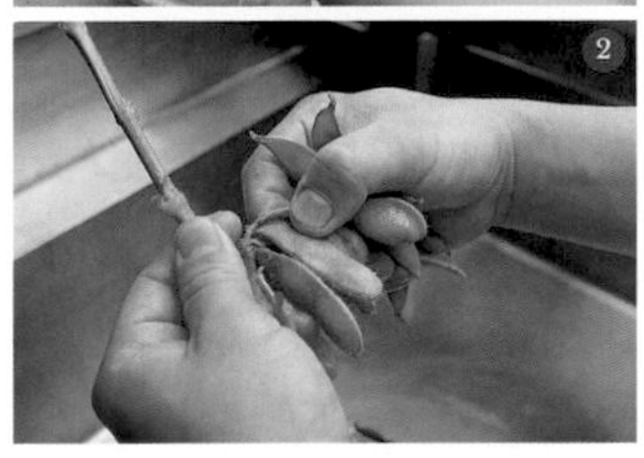

（2）秋葵

菜刀的使用與保養方法

新人在拿到菜刀後最重要的事，首先就是將這裡一開頭介紹的「基本姿勢」確實學好。新人使用頻率最高的當為薄刃菜刀，因此最適合拿來練習。早日將基本的姿勢學好，將來在切菜時便會大感輕鬆。有許多新人在基本姿勢還沒練好時，便一心想拿外觀華麗的生魚片刀（柳刃菜刀）切生魚片。的確，使用生魚片刀的話就算基本姿勢沒打好也可只靠手部動作來切，但如果基礎沒打好，就長遠來看一定會有影響。請務必謹記基本姿勢確實會影響到自己將來工作內容的完成度。

1 菜刀的種類與用途

對新人來說，現階段所需要的菜刀可大致分成薄刃菜刀、出刃菜刀[1]、和生魚片刀三種。而其下又可因應不同用途細分成更多種類。每種菜刀的刀刃又可分為本燒和霞燒兩種，本燒指刀刃為純鋼者，霞燒則是鋼和鐵的混和刃。

(1) 薄刃菜刀

主要用於蔬菜類的切、劃和剝皮。此外也可用來切魚肉以外的加工品。刀尖分為圓頭[2]和方頭[3]，此處使用的例為圓頭。

(2) 出刃菜刀

可用於魚類的三枚切[4]和魚類、禽肉、畜肉的事前準備。和其他的菜刀比起來刀刃較厚，用來切或拍剁堅硬的骨頭部分十分方便。隨著要調理的食材大小不同有各式各樣的大小。

(3) 生魚片刀（柳刃菜刀）

可用於生魚片、魚骨較軟的小型魚類的三枚切、魚類、禽肉、畜肉、加工品等的處理。特徵是刀刃較長且刀刃幅度較窄，厚度也較薄。

1——台灣刀商或稱出刃菜刀為日式魚刀。
2——日文稱丸型。
3——日文稱角型。
4——中文亦有人稱三片刀法。
5——日文原文為角卷，此部位日文中若是金屬製則稱口金，若為水牛角製則稱為角卷。
6——日文稱縞筋。

❶❷柳刃菜刀（本燒）❸出刃菜刀（霞燒）❹薄刃菜刀（霞燒）

各部位的基本名稱

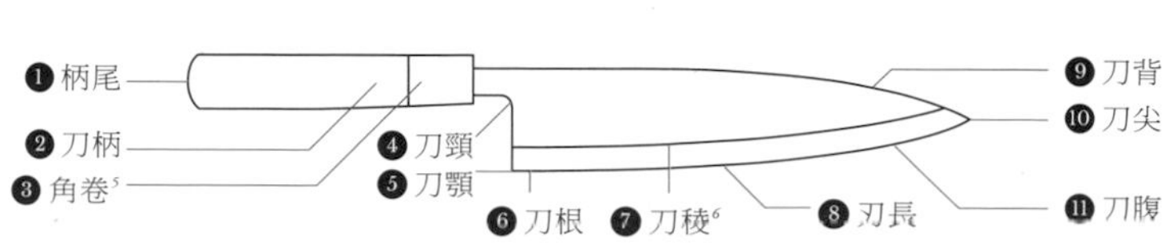

2 基本姿勢

首先必須讓身體完全記住以下所介紹的基本姿勢。

①首先讓身體和砧板平行，將雙腳打開與肩同寬站好。身體和砧板間大約隔著兩個拳頭大小。

②③接著將慣用手側的腳斜斜向後35～45度。

④擺好姿勢。將視線落在手前方，菜刀必須和砧板經常維持在90度角。這個姿勢最是自然。

2 基本姿勢

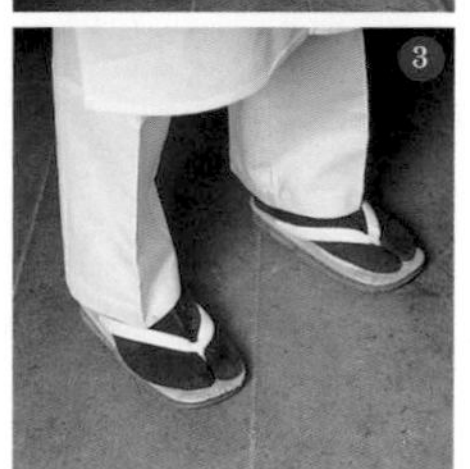

基本姿勢擺好後從正面看起來的樣子。右手正好被身體所擋住，呈現在一定範圍內稍微固定住的狀態。如此一來手可以自然地活動，並且可讓菜刀保持在筆直的狀態。

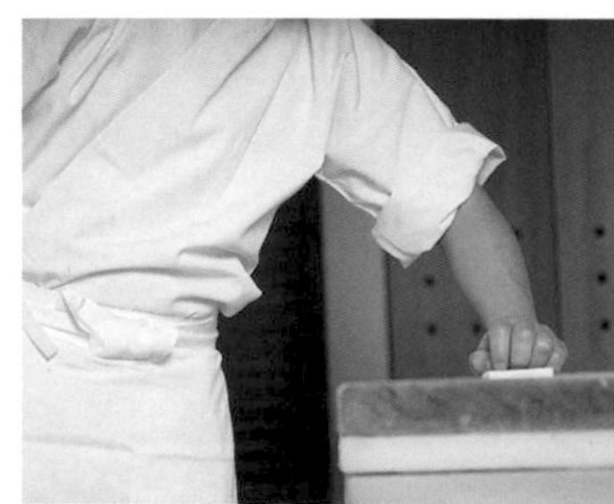

輔助用左手的不良姿勢。經常犯的錯誤是菜刀幾乎可碰到平放的左手四指，如此一來身體便會打開，手肘的位置也會過高。

輔助用左手（和慣用手相反的手）的正確位置。菜刀僅會接觸到左手的食指。

3 菜刀的握持方法

首先先用薄刃菜刀學習基本的握法。菜刀雖然種類繁多，但無論何種菜刀，其握法的基礎都大同小異。對新人來說最重要的是，先從常用的薄刃菜刀開始紮實握好，直到可以自由操控為止。

(1) 基本的薄刃菜刀的握持方法

1 切片時的握法

①用大拇指和食指夾住刀柄上方部分握住。
②將剩下的手指輕輕地握起刀柄。
③正面看起來的樣子。
*大拇指和食指要用力握好，但手腕部分須保持柔軟不需要施力太多，只要維持讓刀不要掉下來的程度即可。要保持能自由活動的空間，與其說是握住，不如說是「輔助支撐」的感覺。

2 剝皮時的握法

用於非在砧板上切東西，而是像桂削或者做菊花蕪菁等細膩作業之時，將菜刀橫著使用時的握法。先擺好基本握法後再將大拇指的位置稍微向上調整一點即可。

(1) 基本的薄刃菜刀的握持方法

1 切片時的握法

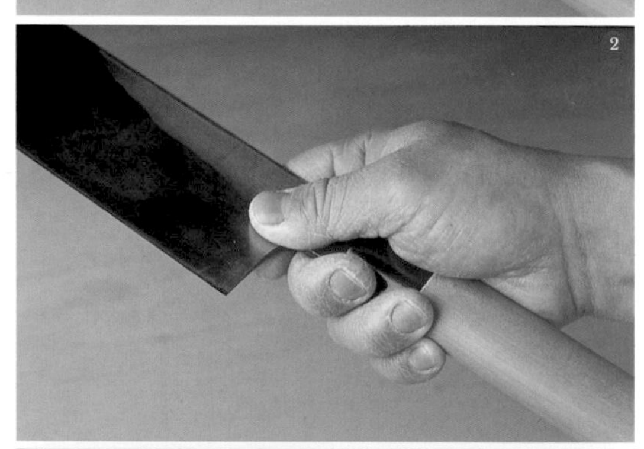

2 剝皮時的握法

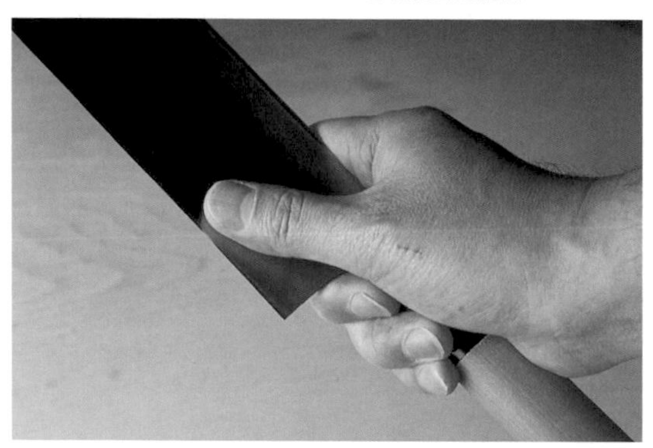

(2) 出刃菜刀、生魚片刀的握持方法

1 將食指放在刀背上的握法

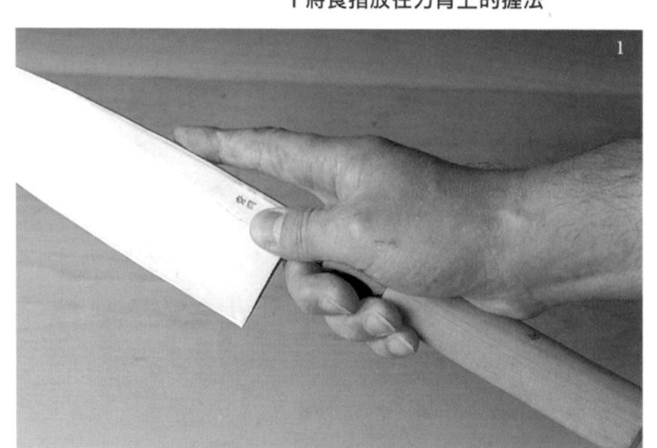

(2)出刃菜刀、生魚片刀的握持方法

1 將食指放在刀背上的握法

①解體魚時應將食指輕放在刀背上，如此一來手部的神經可延伸到菜刀的刀尖。不過基本握法依然與基本的薄刃菜刀握法相同。

②從食指放置處的前面一點到刀尖處呈現安定可用的狀態。追求速度時的握法。

2 將食指放在角卷上的握法

①切生魚片等時的握法。

②如此一來，可以從刀根部開始使用，切後的斷面會更加平滑。

3 剝取切時的握法

將大拇指放在刀背上，食指輕放在表面的刀稜上，再用其他的手指握住刀柄。適用於遇到較硬較難切或者纖維很粗的食材以及剝魚皮之時。比目魚等一般的魚可以用生魚片刀（如圖①），河豚則要使用出刃菜刀（如圖②）。

3 剝取切時的握法

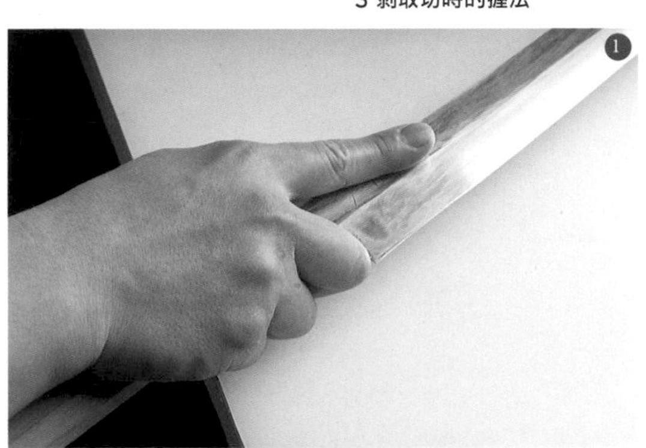

2 將食指放在角卷上的握法

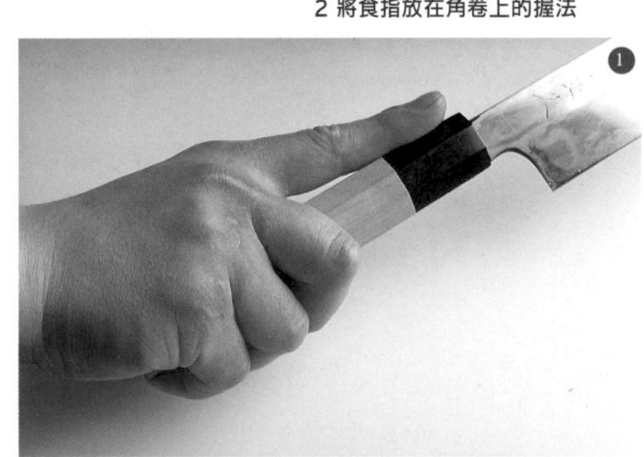

4 將食指放在刀背上的握法

切魚頭魚骨魚鰭等周邊肉的握法需要用力切時，要確實握好刀刃下方處固定菜刀。

5 使用刀尖時的握法

將小指放在刀頸處，用大拇指、中指和無名指夾住刀身，而食指則伸直放在刀背上。在進行清蝦腸等細膩的作業時，將刀刃拿短一點會比較穩定。

4 嘗試以基本姿勢實際下廚

(1) 切片

擺好基本姿勢站在砧板前。切片時身體與砧板之間呈45度角。

①使用菜刀刀尖切白蘿蔔細絲。菜刀的刀刃越靠刀尖則越薄，因此在切細小食材時就可像這樣利用菜刀較薄處來切。

(2) 剝皮

①剝皮時身體與砧板之間呈60度角。

②使用菜刀中段部分來桂削白蘿蔔。桂削的厚薄可以藉由右手大拇指的施力方法來調整。施力越大削出來的薄片便越厚。削時必須上下微調刀尖。將左手拿著的白蘿蔔配合菜刀的動作朝刀刃方向轉動。要削得順手，訣竅是動蘿蔔而非動菜刀。

③主要藉由兩隻大拇指的施力程度來調整厚度。

(1) 切片

4 切魚頭魚骨魚鰭等周邊肉的握法

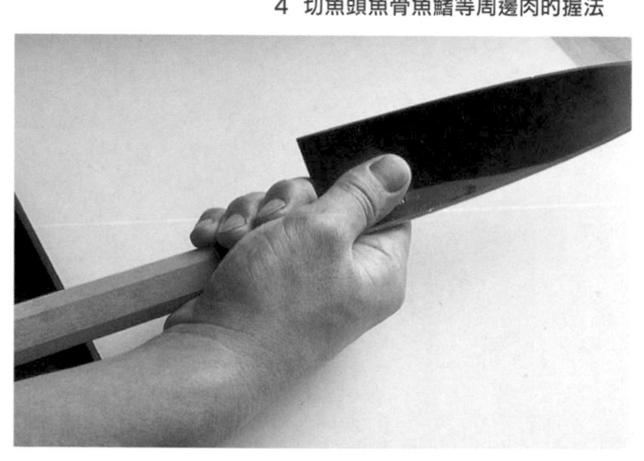

(2) 剝皮

5 使用刀尖時的握法

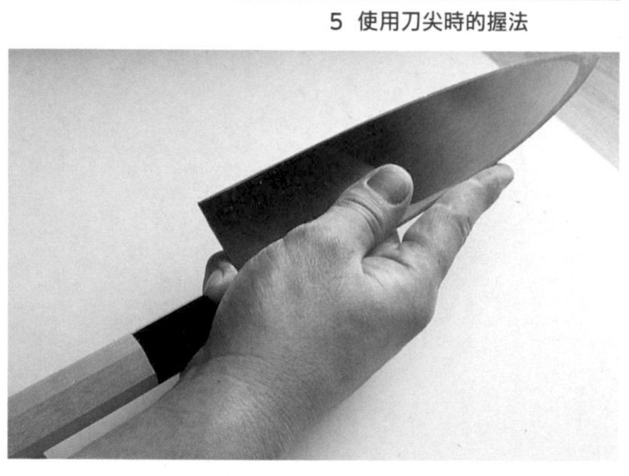

連續切菜時菜刀的移動方法

菜刀的正反

菜刀可分為正面和反面。拿時刀背朝上的右手邊為正面（如圖①），左手邊為反面（如圖②）。日本料理對於入刀方式和裝盤方式自有一套不可不知的慣例，其中一個基礎是得自傳統思想的陰陽說（其他還有五行、五色說等）。根據此說，用菜刀正面切的面為陽，反面切的面則為陰（如圖③④）。裝盤時必須要將菜刀正面切的面，也就是陽面朝上。另外，桂削時

菜刀的正反

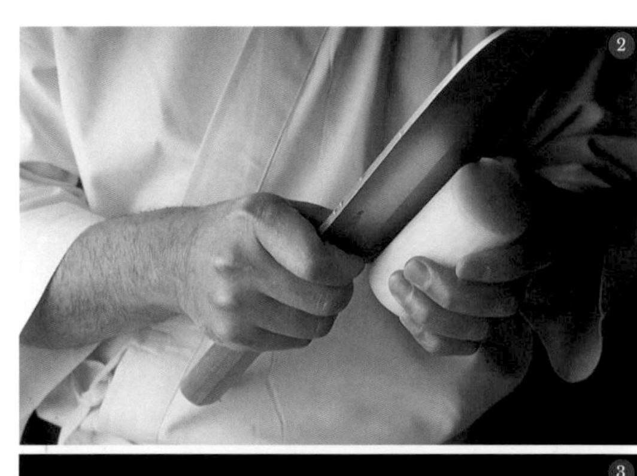

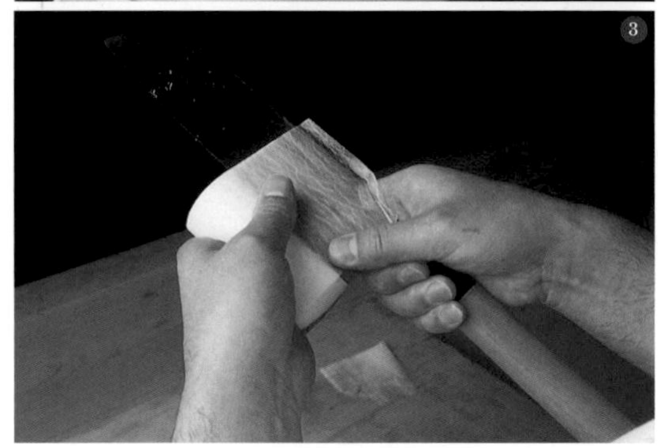

菜刀是用正面抵著食材削皮（如圖⑤），因此桂削出的圓形為陽之形。切塊時用的是菜刀的反面抵著食材（如圖⑥），因此為陰之形。

新人開始拿菜刀後開始會遇到切漬物及擺盤的機會，屆時必須牢記有這樣的不成文規定。

5 如何保養菜刀

WAKETOKUYAMA的菜刀均是由個人各自保養和管理。由於菜刀的鋒利度會對基本姿勢造成相當的影響，必須十分注意勤研磨菜刀使其經常維持在鋒利狀態，最重要的是，一旦菜刀保養得當，自己使用起來也輕鬆稱手。磨刀石根據研磨面粗細可分為粗磨刀石和中磨刀石等種類。以下介紹如何用中磨刀石來磨薄刃菜刀以及保管方法。

(1) 薄刃菜刀的磨刀方法

①使用浸泡在水中30分以上的中磨刀石（由於薄刃菜刀的刀刃很薄，絕對不可使用粗磨刀石）。為防止磨刀石滑動，在下面放置墊布。

②身體正面對著磨刀石站立，將菜刀的正面如圖①所示般抵住磨刀石。左手抵住刃尖右手握柄，左手只是輕放不用力。

③配合刀刃的弧度取出磨刀石和刀刃間的角度，先從刃尖開始磨起，好像在畫弧一般研磨（如圖②③）。

④調整左手位置逐漸靠近柄端的刀根部分持續研磨（如圖④⑤⑥）。越靠近刀根處刀刃的弧度

(1) 薄刃菜刀的磨刀方法

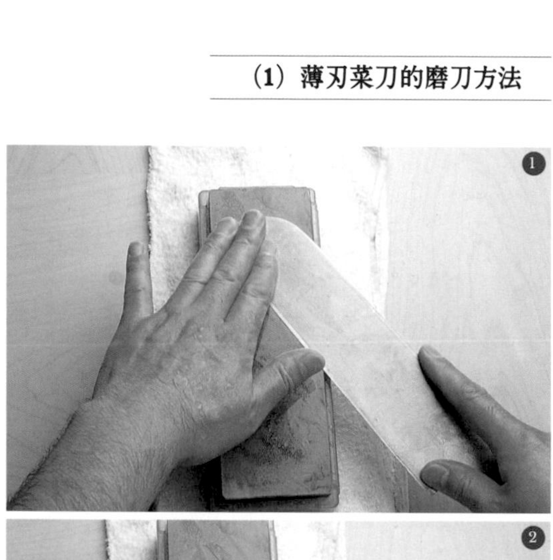

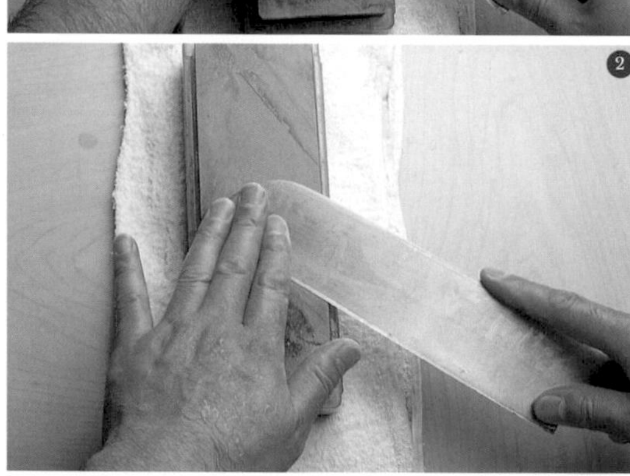

則越鈍，必須調整磨刀石和刀刃間的角度配合之。

⑤接下來換反面。將刃尖朝上抵住磨刀石，一樣像畫弧形一般，輕輕施力好似輕撫般地研磨之（如圖⑦⑧）。磨刀石和刀刃間幾乎不需要取出角度。

⑥確認完工狀態。將刀尖垂直輕輕抵住手指甲若不會左右滑動則大功告成。剛磨好的刀還帶有金屬味，必須放置一晚使其味道散去。或者也可以切一些不要的蔬菜來去掉味道。

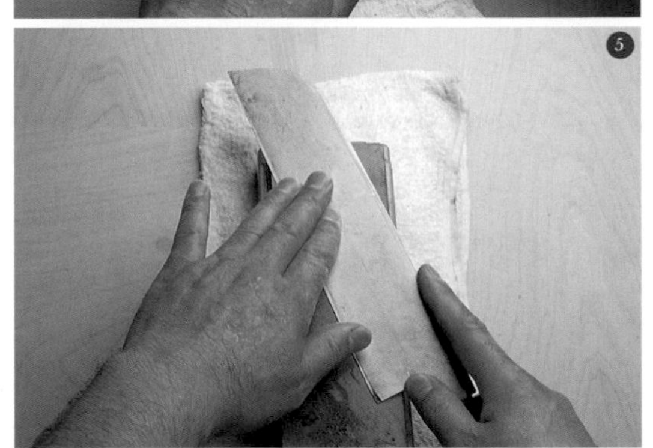

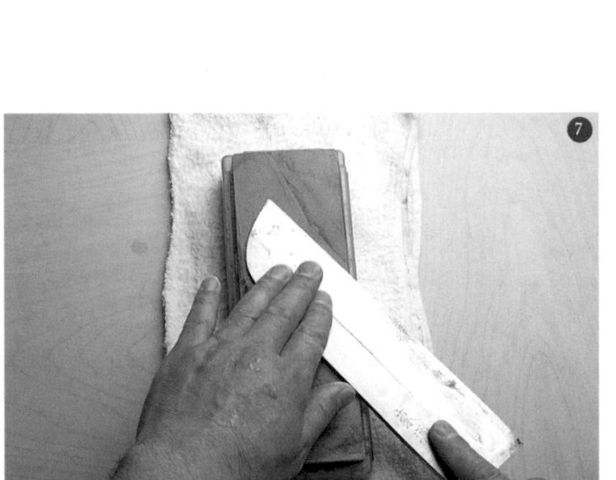

(2) 出刃菜刀的磨刀方法

由於刀尖帶有圓形弧度，因此必須配合著弧度改變菜刀與磨刀石間的角度。用指尖壓著刀尖順著刀尖的弧度將刀柄向上提來研磨（如圖①）。接著向刀根方向移動到下一個要研磨的地方，同樣用指尖壓住刀刃，研磨時一樣順著刀刃弧度，將刀柄位置稍微降下一點（如圖②）。再繼續朝刀根部分處研磨時，刀柄位置又要再降低以調整角度（如圖③）。

保管方法

平時只要將菜刀徹底乾燥後立在通風良好處即可。至於長期保存時，則可薄薄塗抹一層針車油後再用報紙包好。也有人使用蠟紙來保存。

(2) 出刃菜刀的磨刀方法

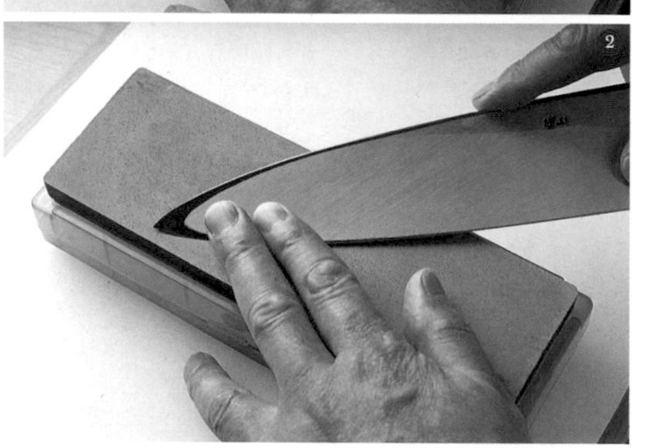

蔬菜的切法

此節介紹最常使用的基本蔬菜切法。希望各位先初步了解蔬菜有以下這些切法，此後在觀摩店主或者前輩們工作時，必定會大有助益。

在一道料理中，為何蔬菜要切成這樣的大小以及為何要選擇這種刀法都必定其來有自。無論是為了方便入口、為了容易入味、或者是為了外觀美麗等，每道料理肯定都使用了最適當的切法。

就算自己並未被交付切菜的工作，也不可以白白地放棄觀摩店主和前輩們工作情形的機會。一邊看著別人切菜，必須時常抱持著疑問精神，一邊問自己「這是要用在哪裡的呢」「這該怎樣應用呢」，只要保持這樣的態度，在不久的將來輪到自己擔當重任之時，你會發現現下花費許多心力在記憶「蔬菜的切法」的這個學習過程其實相當有意義。

1 基本刀工

以下羅列了最基礎的蔬菜切法。請務必要學起來。

白蘿蔔的桂削

首先將白蘿蔔剝皮。將刀子抵住白蘿蔔（如圖①），一邊削一邊調整厚薄用以讓削好的白蘿蔔呈漂亮的圓柱型。削好後呈漂亮圓柱型的白蘿蔔（如圖②）之後可成為應用於輪切片等各色各樣刀工的基礎。

用左手（或者和慣用手相反的手）大拇指推送白蘿蔔來削薄片（如圖③）。動的是白蘿蔔而非菜刀。右手的功能是視情況些微調整菜刀使其輕輕上下移動（如圖④）。不要太用力，一邊目測厚度一邊削。

1 基本刀工

白蘿蔔的桂削

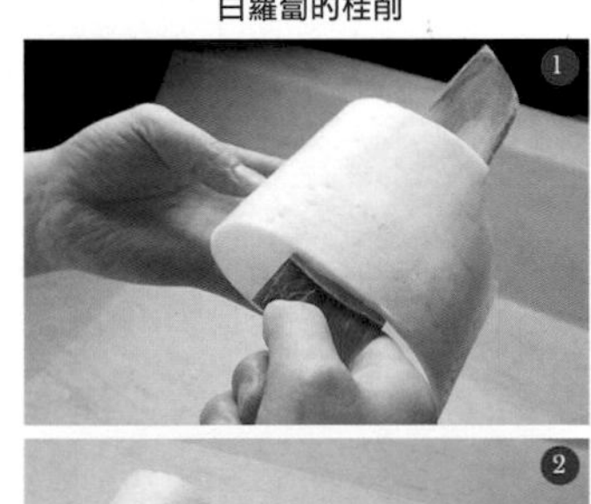

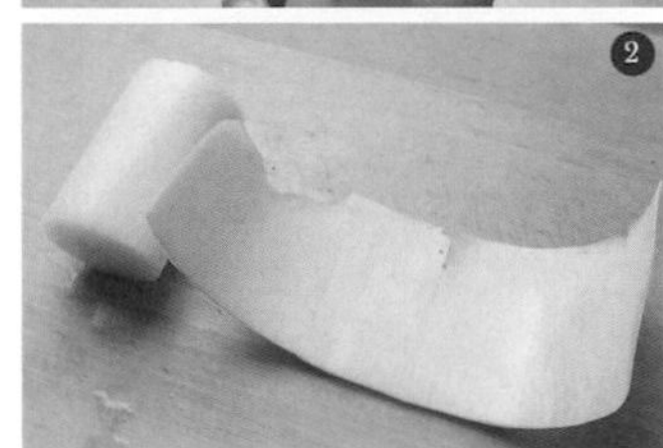

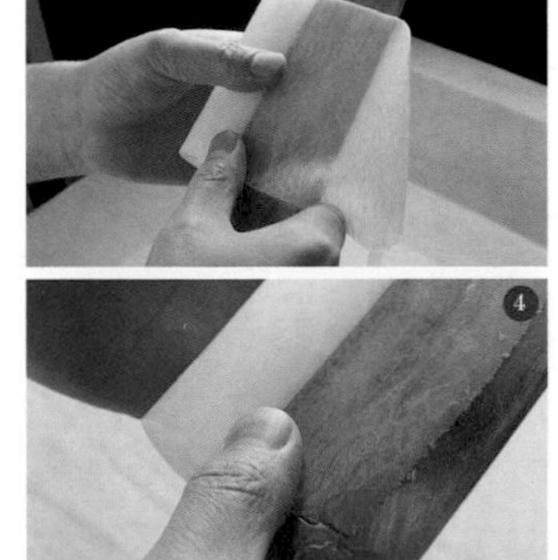

桂削後的切法

纖切

①將白蘿蔔切段長約5~6cm，再桂削成1~2mm的薄片。

②重疊兩三片薄片至容易切的厚度，再沿著纖維切成寬約1~2mm的細絲。也有不用桂削而是切輪切薄片後再切絲的方式。

長纖

要領和纖切一樣，但長約10cm，特徵是較纖切時桂削成較長的薄片。

粗纖

要領和纖切一樣，特徵是寬度較寬（一根寬約2~3mm）。因此桂削時的厚度也必須配合切成2~3mm。

極纖

要領和纖切一樣，但長約4cm，寬度也較細（一般說來在1mm以下）（如圖①②）。因為十分地細，為了使其有彈性，必須先浸泡在水中。

輪切的切法

輪切

去皮後將白蘿蔔削成漂亮的圓柱型，切時

纖切

長纖

極纖

桂削後的切法

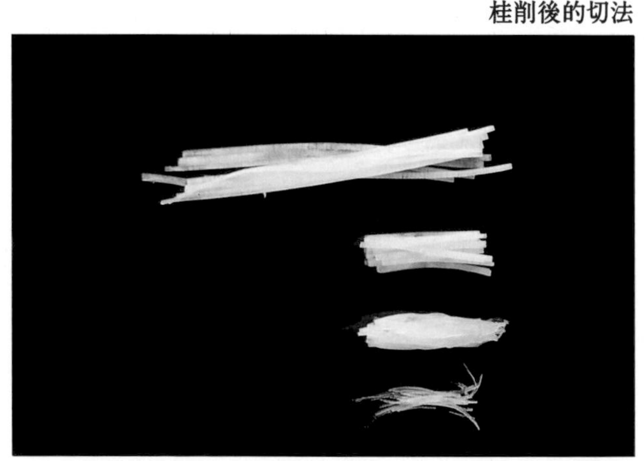

從上而下依序為長纖、粗纖、細纖、極纖

和切口平行。厚度可根據用途作適當調整。

半月切

將輪切片切半即成。當需要切出大量時，一開始就可先縱切成兩半。

銀杏切

將輪切片等分成四等份即成。當需要切出大量時，一開始就可先縱切十字刀。可用於煮物或碗種[1]。

利久切

先切出輪切片，下刀時偏離中心靠外側切出弓形。

1——日本料理一種熱湯（吸物）的主要食材。吸物的構成材料可分為碗種、妻物和吸口三大部份，所謂的碗種指的是吸物中的主要食材如魚肉、雞肉、豆腐和根莖類等；妻物則是用以增添色彩的裝飾用草葉；吸口則是提供香氣來源的香辛料。

利久切

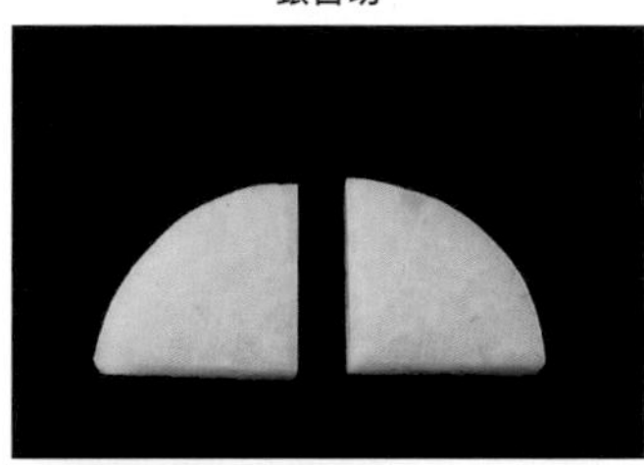

輪切

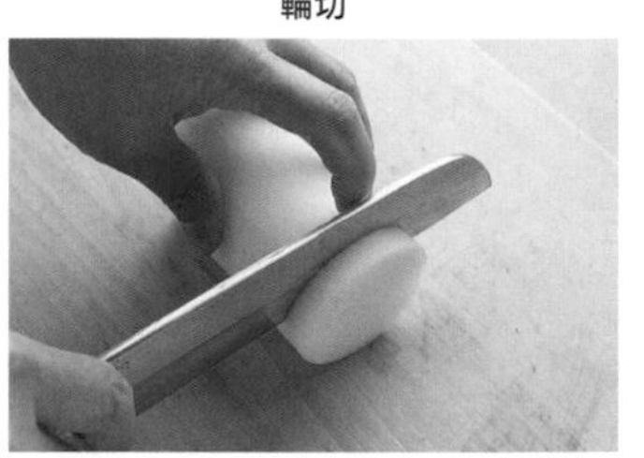

半月切

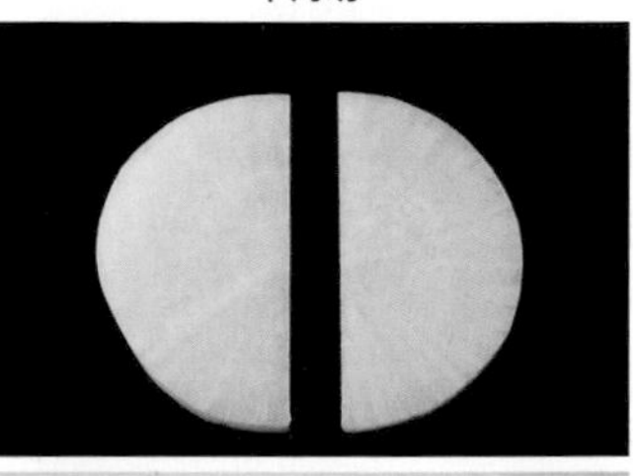

輪切後的切法

從左上起依序為輪切、半月切、銀杏切、利久切、櫛型切、地紙切、
從左下起依序為木口切、色紙切、四半切、短籤切、拍子木切、對稱切

櫛型切

削去半月切片的兩角即成。

地紙切

先半月切，再將刀朝內側斜削去兩角即成。

色紙切

先切出厚度較直徑稍短的輪切片後，再沿著纖維切薄片。切去切口兩端的圓弧邊使其呈正方形。

木口切

削去色紙切片的四角即成。

四半切

將色紙切片平行分為二等份。

對稱切

將四半切片再以對角線分切成二等份。

短籤切

將四半切片再縱切成二等份。

拍子木切

切成長約5~6cm、高7~8mm的等長長條型。

櫛型切

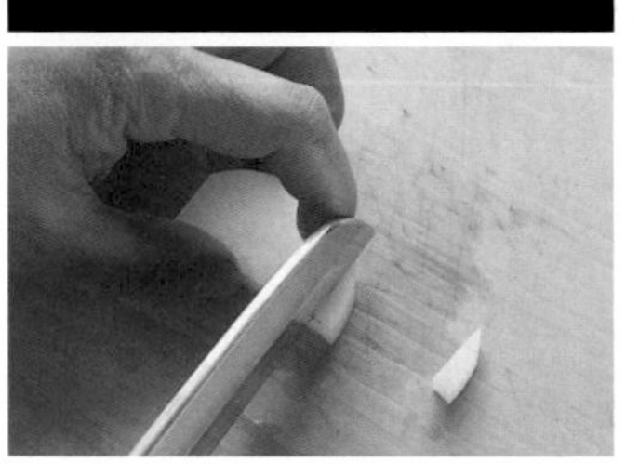

色紙切

四半切

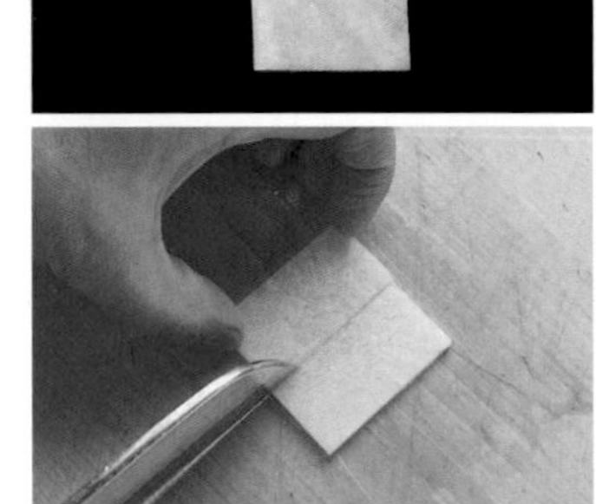

地紙切

木口切

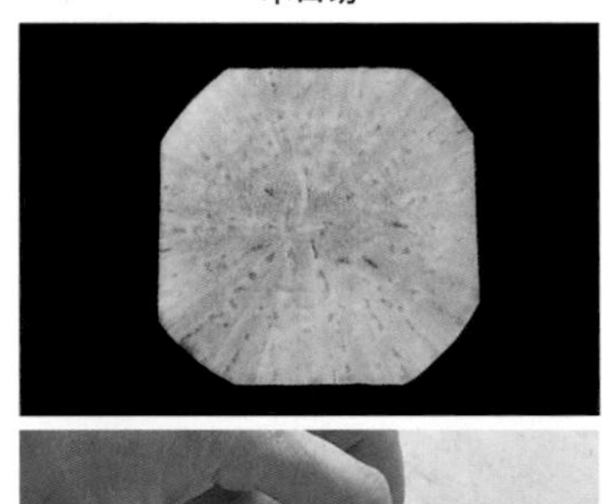

對稱切

丁切

將拍子木切片再分切成高7～8mm的小丁。

霰切

丁切後再分切成小塊即成。約為高3～5mm的小丁。也可以從粗纖切切成。

碎切

纖切後再剁成更小的丁。

細長條型食材的切法

寸切

將蔥等細長食材對齊切成長約1寸（約3.3cm）者。

小口切

將蔥、小黃瓜等食材從一頭起平行切成小片。厚度可根據用途作適當調整。

寸切

霰切

短籤切

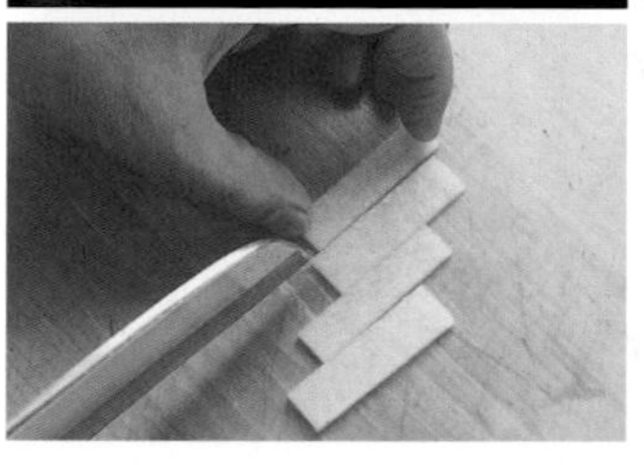

小口切

碎切

拍子木切

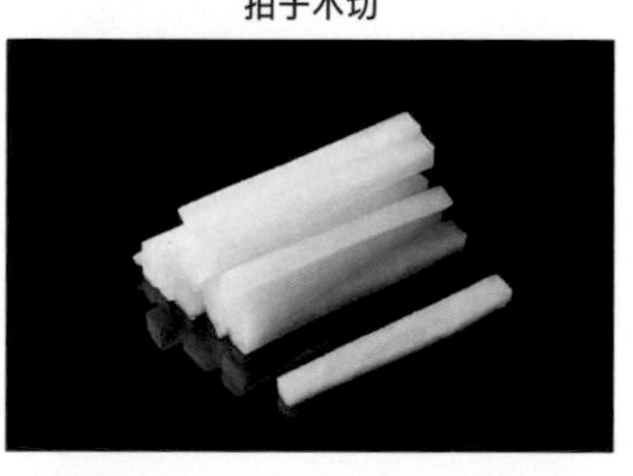

丁切

斜片切

將蔥、牛蒡等從一頭等角度斜切。必須小心地用菜刀拉切。

滾切

往前轉動牛蒡、紅蘿蔔等食材再從切口斜切即成。必須切成差不多大小。

駒爪

將牛蒡等食材先切出一個斜口，再將另一端切成直角。形狀就像稍短的門松[2]。

細竹葉削

①在牛蒡的表面先切入幾刀。

②橫放在砧板上，轉動牛蒡用菜刀的刃尖削出薄片。

2——用松或竹子製成的裝飾品，日本人在正月時會裝飾於門口。

斜片切

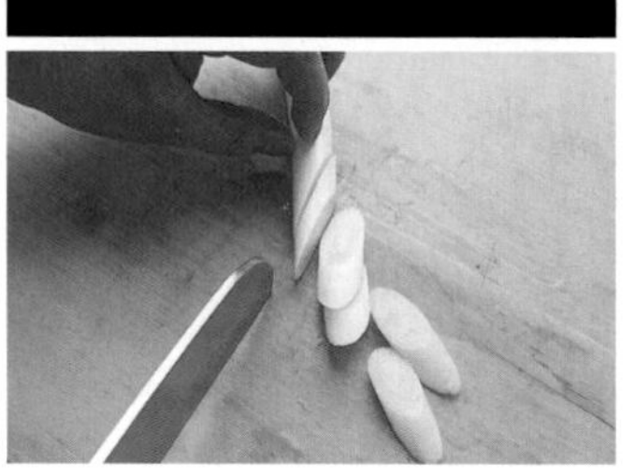

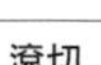

滾切

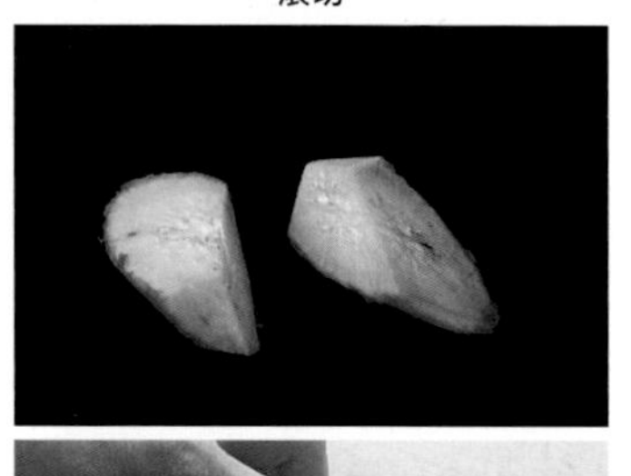

駒爪

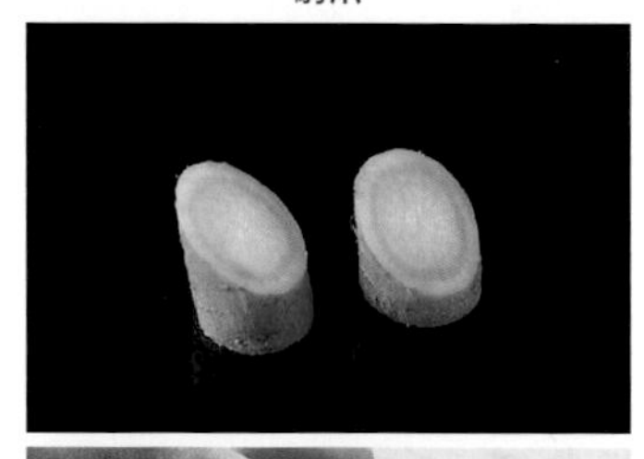

細竹葉削

2 裝飾刀工

日本料理中所使用的裝飾刀特重形狀之美觀。以下羅列了一些代表性的裝飾刀，首先必須先記住有這些切法。

茶筅茄子

將小茄子的蒂片去除，如圖所示切上幾刀使其較容易熟透。

鹿之子茄子

將小茄子的蒂片去除後剖成兩半，如圖所示切出網格狀刀痕。

蛇腹小黃瓜

①將菜刀懸著在小黃瓜表面切入斜口，注意不要切斷小黃瓜。

②將小黃瓜翻面，用和①相反的角度切入一樣的斜口。

③如圖所示，彎曲小黃瓜將之對齊。

管牛蒡

①將牛蒡水煮成稍硬的狀態後寸切。

②在皮的內側芯部戳入金屬串，轉動牛蒡後再將芯部推出。可用於煮物或者醋漬牛蒡。

2 裝飾刀工

茶筅茄子

鹿之子茄子

蛇腹小黃瓜

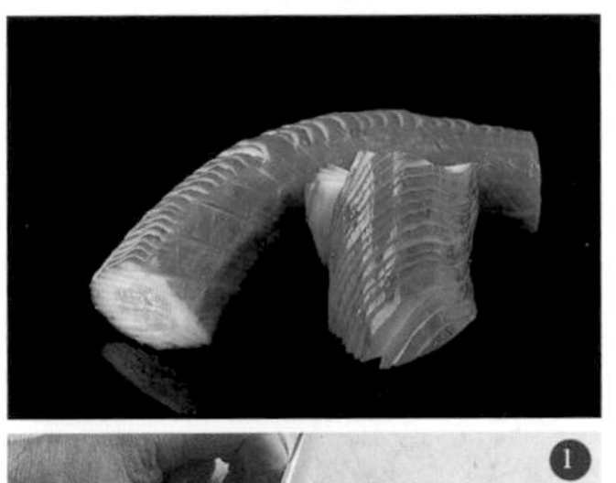

管牛蒡

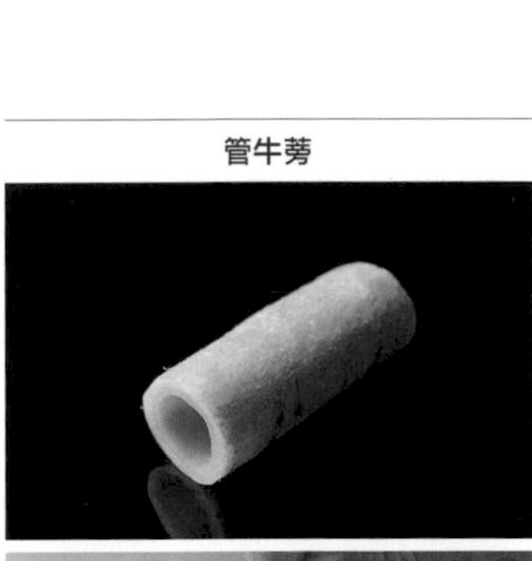

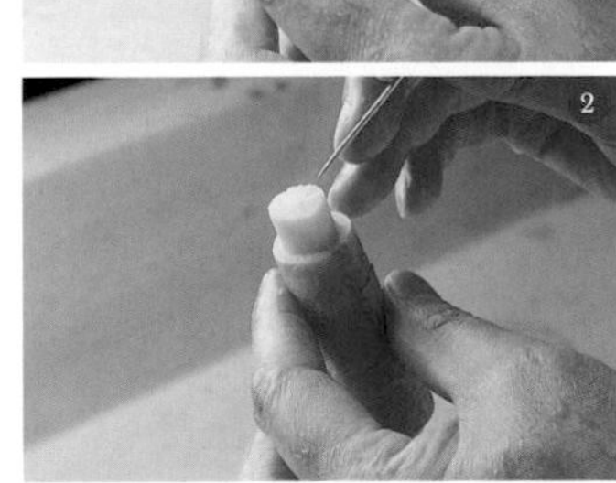

角取

削去小黃瓜的四邊使其成四方形，再從小黃瓜前端開始切成適當厚薄大小。

花蓮藕

①將蓮藕切成適當厚薄，在洞與洞之間斜切入刀。

②將蓮藕翻面，在另一側切一刀。

③去掉角柱部分再修圓。可用於配菜裝飾組合。

箭翎蓮藕

①將蓮藕切片。準備一片斜切好的蓮藕。

②③將蓮藕片縱切成兩半，再將切面朝上調整併排成箭翎狀。

角取

花蓮藕

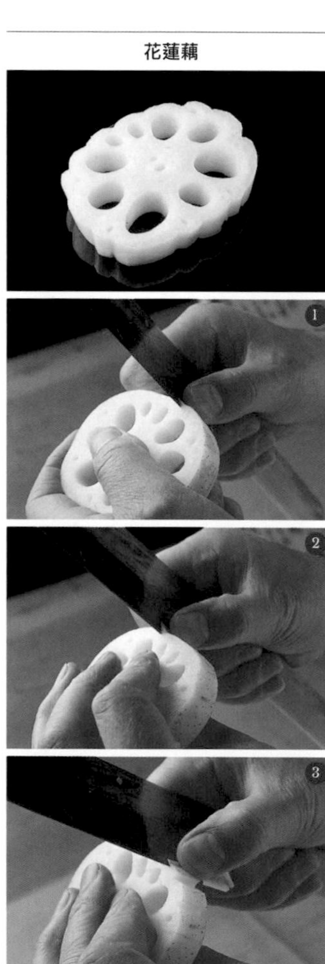

箭翎蓮藕

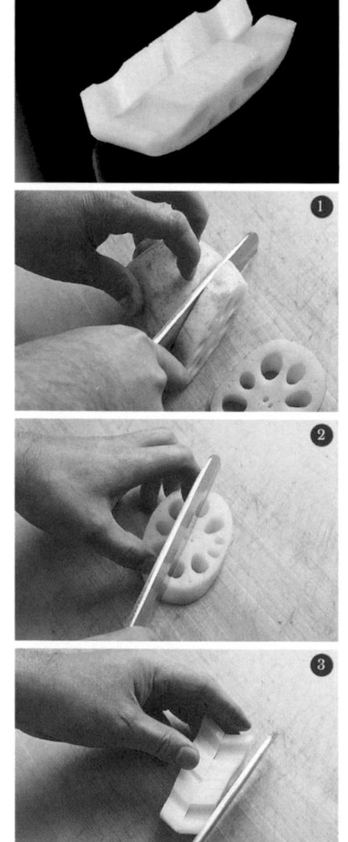

篠

將獨活和萵笋等削成細長圓柱型者稱之。

龜甲

輪切後再將圓周等分為六等份（可用菜刀先做記號）切成六角形。

五方（五角）

輪切後再切成正五角形。若很難將圓周分為五等份，可準備細長的紙帶打一個平整的結用以作為模型。一邊的長度較紙帶的長度稍寬。

面取

為了防止煮後形狀被破壞以及成品時的美觀，以45度角削去切口面的角使其平滑。

篠

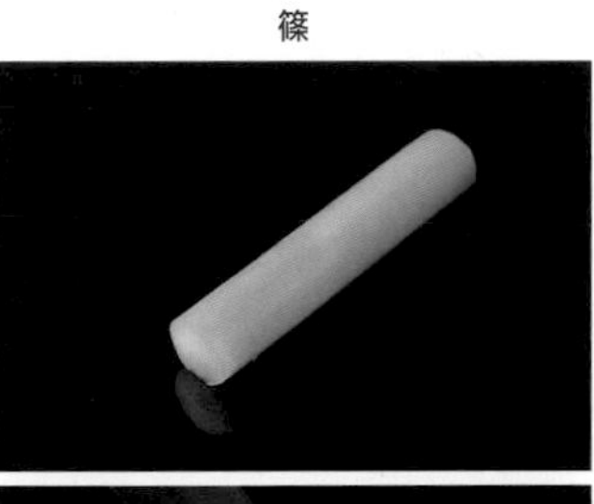

龜甲

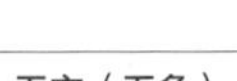

五方（五角）

面取

魚類的清洗與前置處理

脇板為向板的助手，脇板的工作內容為使用菜刀輔助向板工作，將食材分配至以立板為首的各單位。以下介紹基本的魚類處理方法，從魚的拿法開始，依序解說去除鱗片、取出內臟後清洗（到此為止總稱為「水洗」）到使用前的保存方法。

最重要的便是要知道就算是同一種魚，因應不同用途也必須採用不同的處理方式。例如根據當天的菜單來決定是否要去除魚頭或魚鰭，或者刮除魚鱗時是否要保留漂亮的魚皮等，前置作業的手法都會有所不同。無論是處理蔬菜或者魚類，首先都必須要先徹底把握當天的菜單後好好確認內容。

唯有將當天的工作流程全數心領神會且能完全把握目前手邊的工作在全體流程中的定位，才能夠完美執行水洗的前置處理。這是因為水洗前置處理作業必須要熟知食材的用途，並能快速地做出相應的預備和事後處理，是一個能幫助料理人立刻接軌到下一項工作的最佳練習。最關鍵的就是要認清自己的權責範圍，完成屬於自己的工作內容。進行前置處理時必須一邊整理與整頓，一邊俐落地進行手頭作業。

魚的各部位名稱

魚鱗
鰓蓋
下顎
胸鰭
背鰭
稜鱗
尾鰭
臀鰭
肛門
腹鰭

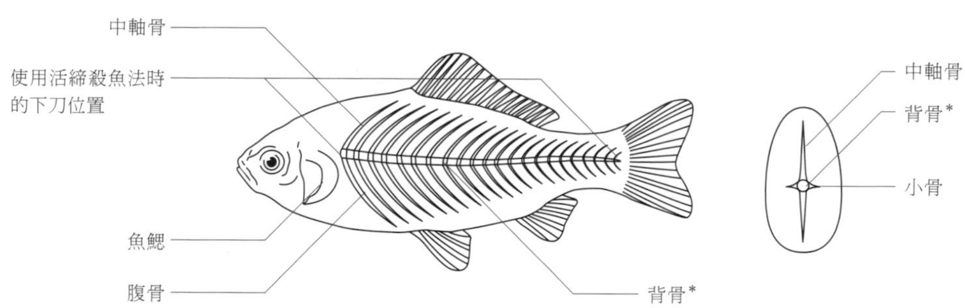

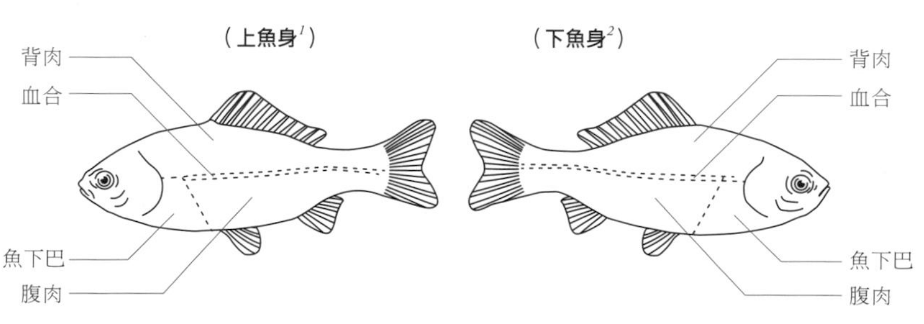

＊本書中背骨係指稱中軸骨中央粗大的魚骨。

開始作業前

進行刮除魚鱗、取出內臟等水洗作業時很容易將水槽和調理台弄髒。一旦弄髒後對下一個工作環節也將產生影響，因此必須迅速地進行準備和收拾整理。

為此我們需要遵守以下兩點：

①為了讓血較難滲入砧板，必須事先將砧板打濕後用擰乾的布擦乾。

②勤加搓洗布和棉巾並經常放置於手邊隨時取用。

當然，時時整理周圍環境，並且在進入前置處理作業之前備齊所需道具這些基本功更是不在話下。

前置處理和清洗所需之道具

進行魚類的清洗和前置處理時所使用的道具。左起為球狀鋼刷、長竹筅、竹筷（一端包著布）、刮鱗器、牙刷

魚的拿法《青魽縱》

《青魽橫》

《鰈魚》

魚的拿法

用手持魚時必須要注意不可施加過大的壓力於魚肉上。特別是拿取死後僵硬後魚肉開始變得柔軟的魚時要更加小心。拿的時候必須時時用手或者其他東西支撐使其維持原來的形狀。

青魽[3]

像這種體型較大的魚要用左手確實握好尾巴根部。橫著拿時必須用手支撐著維持水平不讓魚肉散掉。

鰈魚、大瀧六線魚[4]**等**

拿取相較下體型較小且肉質柔軟的魚時要用手指壓住魚鰓根部直的拿，如此較不會手滑且魚肉也不容易散掉。

1——上身（UWAMI），將魚頭朝左放置時朝上的面，亦稱表身。

2——下身（SHITAMI），將魚頭朝左放置時朝下的面，亦稱後身。

3——青魽（HAMACHI），鰤魚，學名Seriola quinqueradiata，又名五條鰤、青甘鯵、青甘，由於在日本屬於出世魚（成長階段不同會有不同稱呼）及地域差異有許多名稱。台灣不似日本將五條鰤各階段分別命名，通常壽司店中文名稱統一寫作青魽，全書的HAMACHI為關西地區對60cm左右大小的青魽的稱呼。

4——日文漢字除了鮎並外還可寫做鮎魚女、愛魚女。學名Hexagrammos otakii，亦有人稱黃魚，和鮎魚（香魚）為不同種，但由於漢字有一字相同常被混淆。

去除鱗片

1 使用刮鱗器（以鯛魚為例）

①首先將鯛魚頭朝左放置。使用刮鱗刀時，由上至下畫半圓形來刮除魚鱗。如此一來魚鱗較不容易飛散，也較容易去除乾淨。基本上由尾↓頭的方向去鱗。

②要使用整尾魚時，因為不能切除魚鰭，可先將魚鰭塞入魚鰓中後去鱗。

③將魚身稍微傾斜刮除腹部魚鱗。

④處理到魚頭附近較堅硬的部分時，可輕敲刮鱗器去鱗。

⑤用刮鱗器去除掉多數鱗片後。再用出刃菜刀刮除細小的鱗片。首先從背側開始。沿著弧度控制菜刀刀刃仔細地刮除。方向一樣為尾↓頭。

⑥接著刮除腹側鱗片。這時用刀根處去刮。

⑦對魚頭四周做最終處理。像鯛魚這種魚鱗堅硬又大片的魚必須特別留意不要殘留任何鱗片。

⑧最後抓起魚頭刮除下顎的鱗片即大功告成。

2 剝取切（比目魚、大瀧六線魚等）

比目魚和馬頭魚等魚鱗細小且貼合的魚種必須用生魚片刀（柳刃菜刀）將魚皮連帶魚鱗一併削除。這稱之為剝取切。

①首先切除比目魚的胸鰭。

②於魚身中央由尾↓頭的方向前後移動刃尖來削除。為了防滑，可於比目魚下方鋪上一層布。為了不要削到魚肉，每次削的寬度都不可

去除鱗片

1 使用刮鱗器

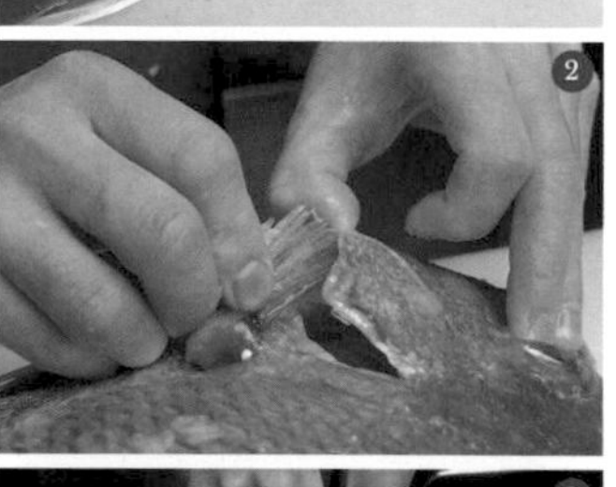

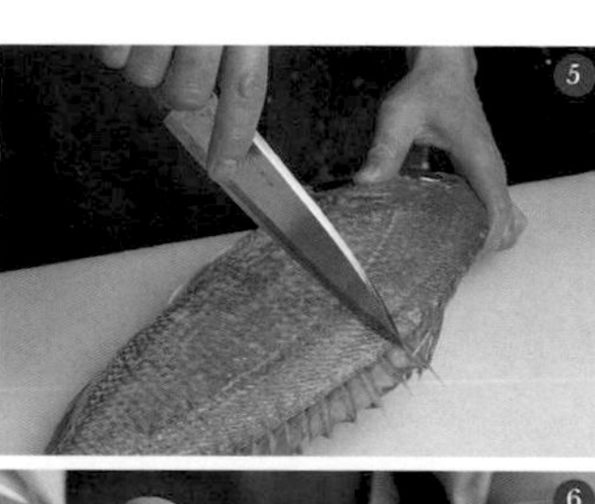

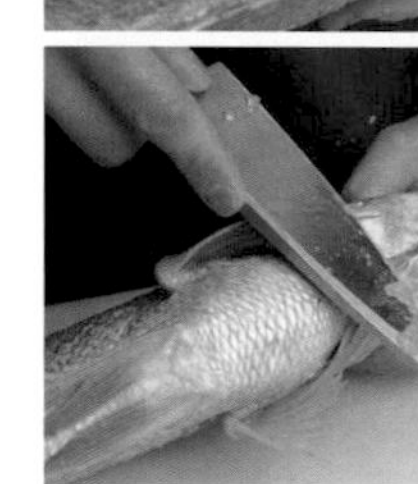

2 剝取切

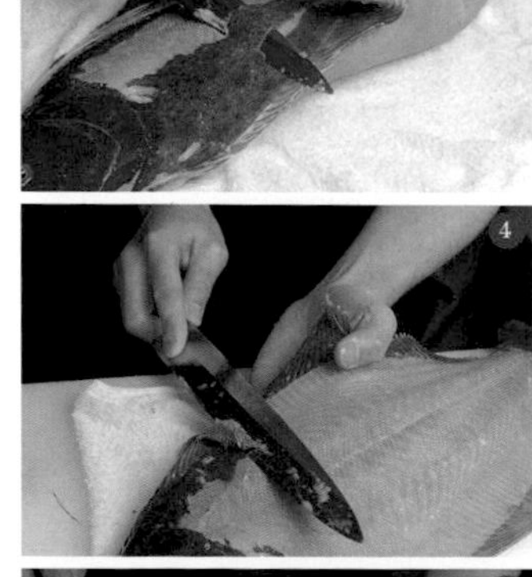
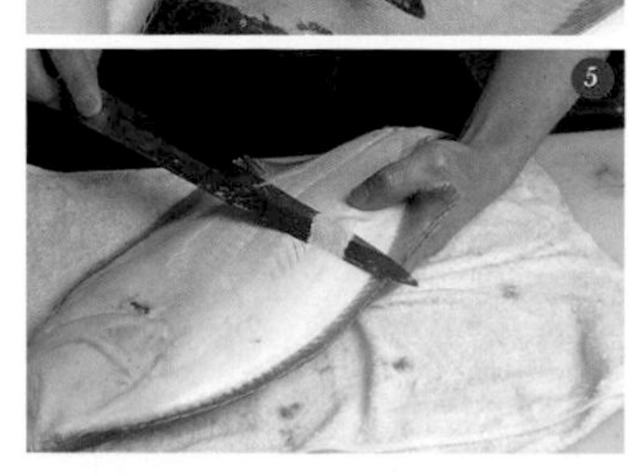

過寬。

③在魚肉較薄處用手支撐著魚鰭下方將魚身提起後再削。

④當削到魚鰭邊時，由於菜刀會碰到魚鰭很難前後移動刀刃，因此改朝同一個方向削去。

⑤翻面，採一樣方法處理腹側。

3 使用絲瓜清潔球

大瀧六線魚等魚鱗細小且貼合不易用菜刀刮除者可使用絲瓜清潔球像畫半圓形一樣去除鱗片會比較容易。

取出內臟

魚若是不取出內臟的話鮮度便會很快地下降。進貨後必須盡早去除掉內臟。注意取出內臟時不可破壞內臟的完整。如此一來既可將髒汙抑制在最小限度，取出的內臟也還可應菜單需求作為其他料理之用。此外，依據魚的大小以及調理用途不同取出內臟的方式也有所不同，必須十分小心。

1 保留魚頭①（切開至肛門）

①以鯛魚為例。首先將魚頭朝右放置，將菜刀插入鰓蓋中。

②沿著下巴移動菜刀，切斷魚鰓根部連接處。

③用菜刀刀尖抵住魚鰓，再用另一隻手壓著魚頭拉出魚鰓。

④於下巴邊緣處入刀。

⑤順勢一口氣切開到肛門。注意刀刃的深度，不要損傷到內臟。

⑥使用菜刀將內臟完整取出。

⑦為了方便之後的水洗作業，使用刀尖輕輕入刀至血合處止。

取出內臟

1 保留魚頭①

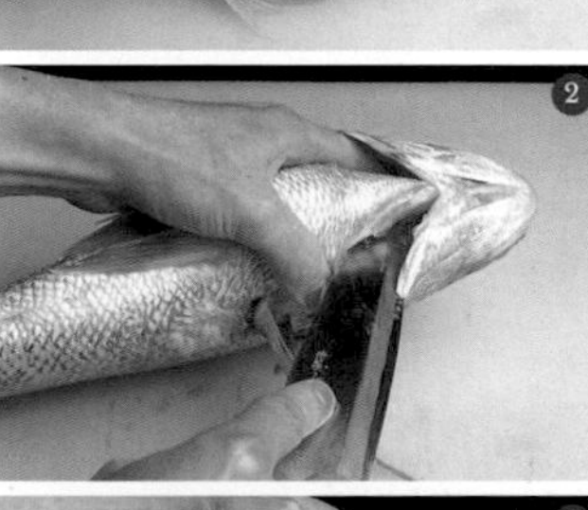

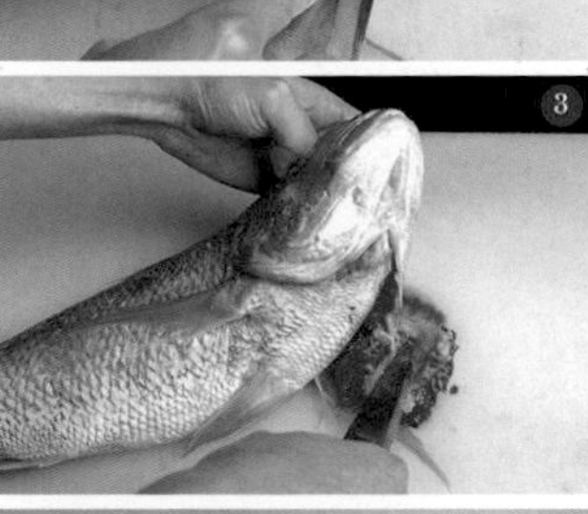

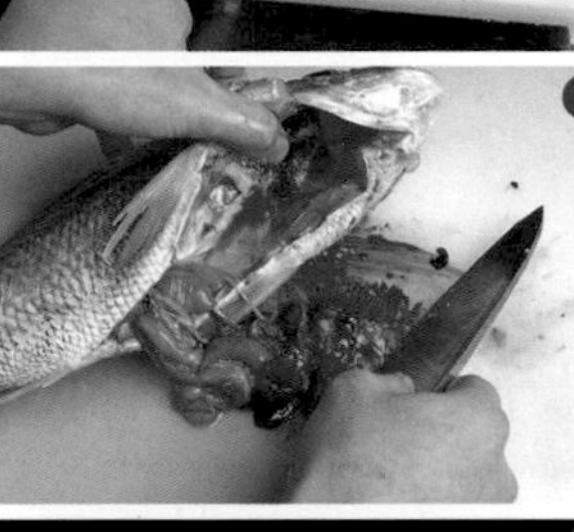

2 保留魚頭②（在兩側劃上隱藏刀）

①以鰈魚為例。若要使用整尾扁平形狀的魚時，於腹部劃出不顯眼的切口（隱藏刀）後用刀尖拉出內臟。

②將魚身翻面拉出內臟，使用刀尖和刀根將全部內臟清除，注意不要將切口擴大。

3 保留魚頭③（壺拔）

欲使用整尾體型不太大且身型細長的魚時，不用菜刀在魚身上切口，而是從鰓處拉出內臟。日文稱之為壺拔（TSUBONUKI）。

①以竹筴魚為例。如圖將竹筴魚腹朝上，用刀背輕輕地壓住下顎處。

②將手指深入打開的鰓蓋裡。

③於鰓的根部處入刀，使用刀尖鉤住。

④順勢將魚身朝手邊轉半圈，讓鰓蓋緊貼著砧板。

⑤維持菜刀不動轉動魚身回去原來位置，內臟便會自然被扯出。

4 去除魚頭①（體型較大的魚）

①以鰹魚為例。使用出刃菜刀自腹鰭根部斜斜入刀。

②從胸鰭處斜斜入刀（兩側皆同）。

③接著於腹部淺淺劃上一刀。

④用手分離頭和胴體，此時內臟會連帶著被拉出。

⑤從腹部再深入一刀，這次切開至血合處。

⑥⑦用刀尖將血合拉出去除。

2 保留魚頭②

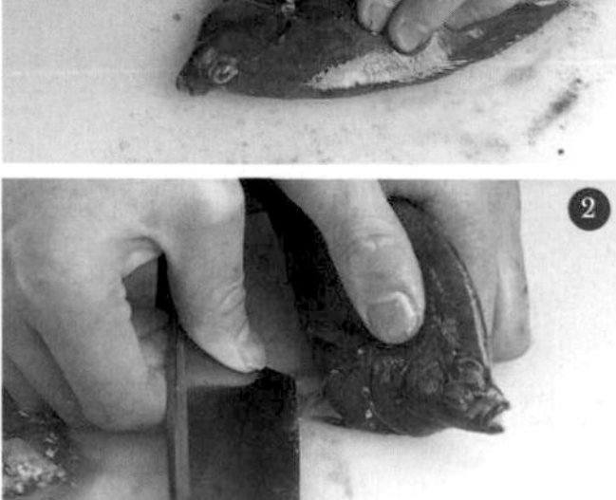

3 保留魚頭③

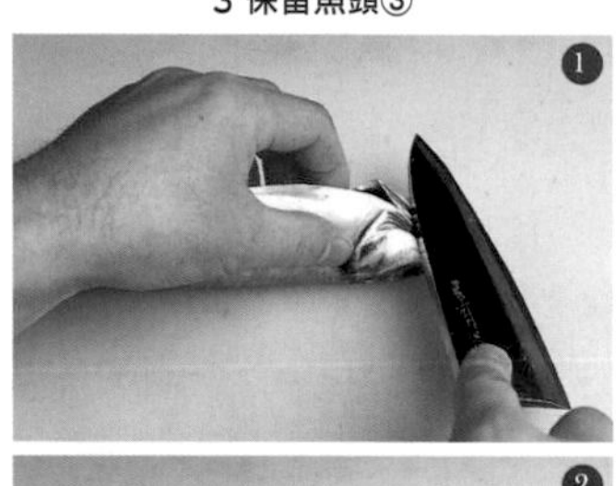

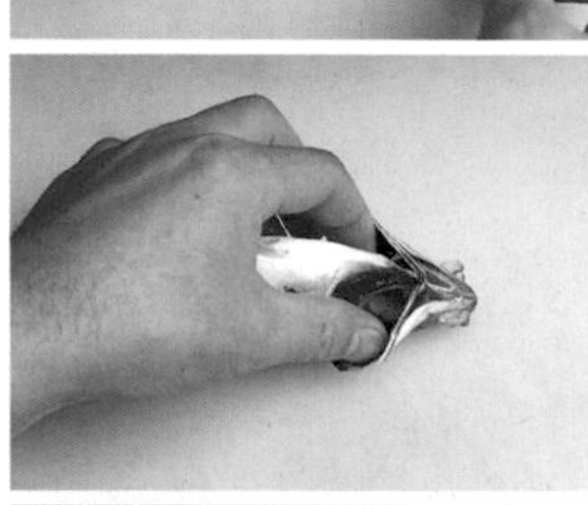

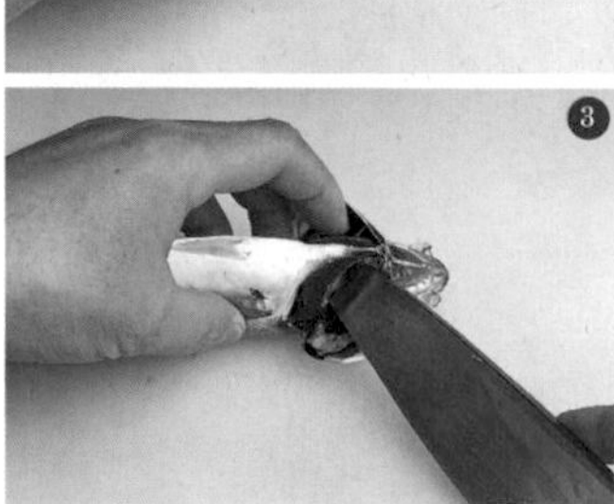

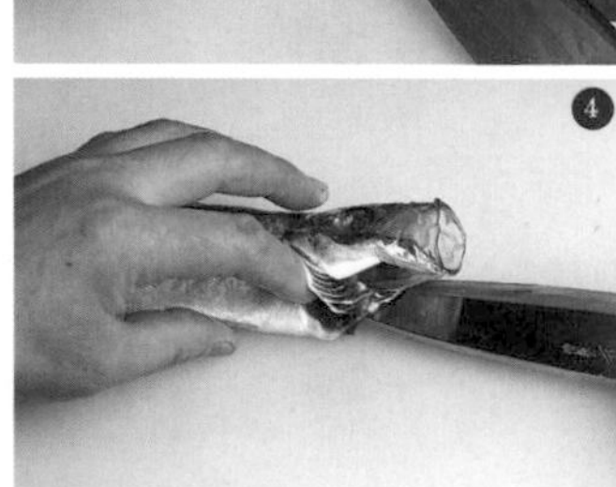

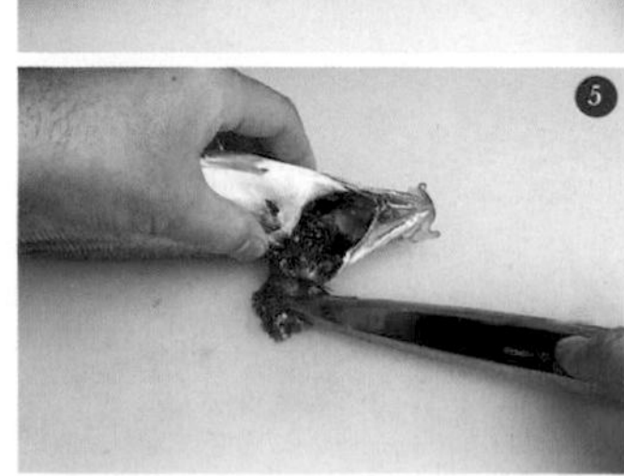

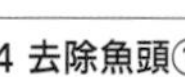

4 去除魚頭①

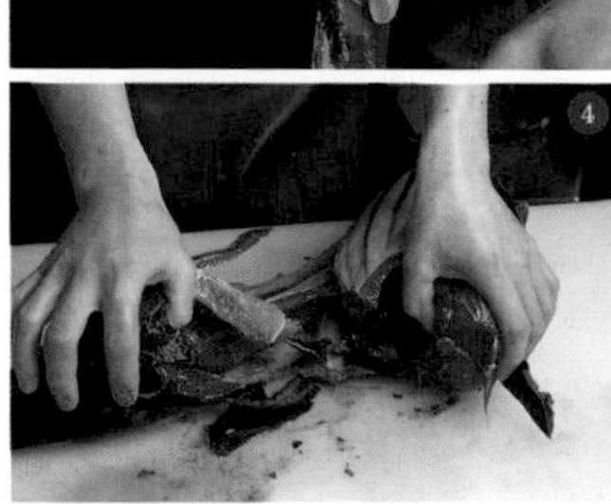

5 去除魚頭②（體型較小的魚）

①以沙丁魚為例。由於肉質柔軟處理時要小心。用菜刀刮去魚鱗。

②切除魚頭。雖說亦有用手剖開（手開法）的做法，但使用出刃菜刀切起來較漂亮。然而菜刀必須要先磨至鋒利。

③將腹部斜斜切掉。

④順勢調整菜刀角度拉出內臟。

⑤善用刀尖將殘留的內臟刮出。注意不要傷到魚肉。

清洗血合和髒污

1 使用長竹筅

①以鯛魚為例。將冰塊放入碗中加入食鹽水（盡量準備濃度接近3%的食鹽水）後放入魚，用長竹筅掏出血合和髒汙。若這個清洗步驟不確實，會導致魚腥味重或者魚血流出汙染魚肉。

②將長竹筅配合魚的厚度，一邊調整展開的程度一邊刷洗。這是為了不要造成魚肉不必要的損傷。

③若碗裡不好洗，可以移至砧板上，先將背骨周圍的血合部分仔細清除後再放回碗中，像這樣重覆以上動作來回於砧板上和碗裡。

④最後換成食鹽水並在水中進行最終的處理。亦可使用牙刷。

清洗血合和髒污

1 使用長竹筅

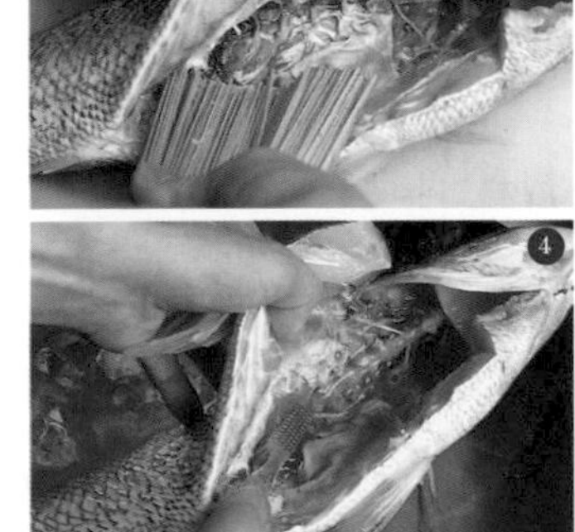

5 去除魚頭②

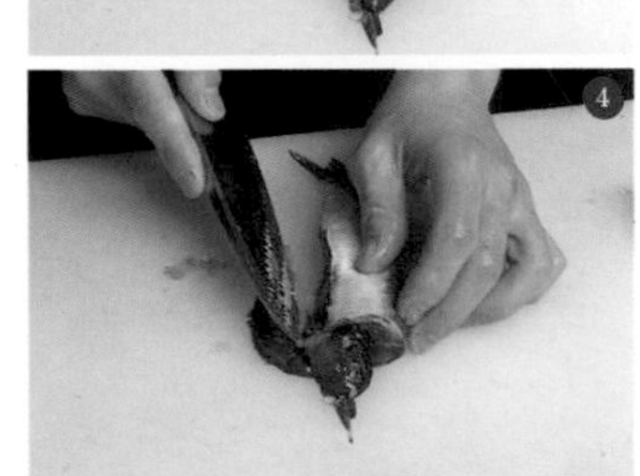

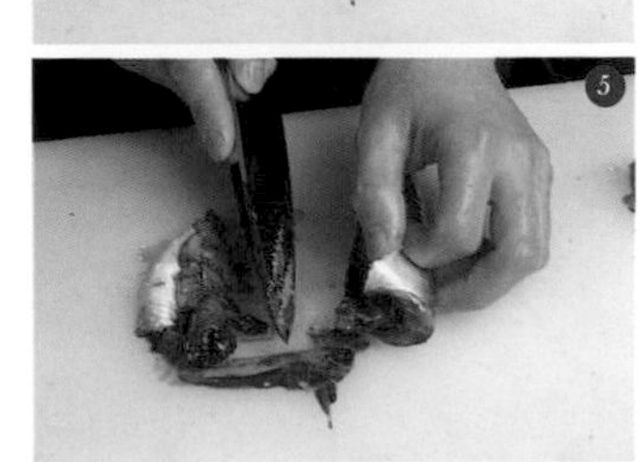

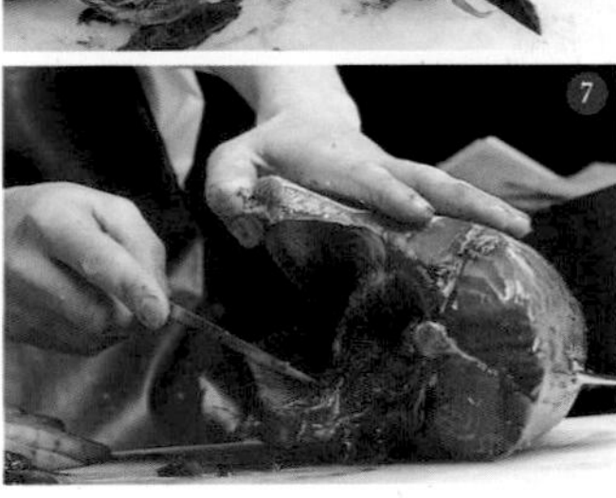

2 使用牙刷

①以沙丁魚為例。體型小且柔軟的魚不能使用長竹筅因此改用牙刷。在碗裡放入冰塊後加入食鹽水，一邊浸泡一邊仔細清洗。

②以大瀧六線魚為例。一邊注意不要傷到魚肉，一邊打開魚腹仔細且輕柔地清洗內部。

3 使用竹筷

以鰈魚為例。這些只可劃出隱藏刀等最小限度的切口，肉質柔軟的魚可以用削好的竹筷和手指伸入鰓蓋中，於放有冰塊的食鹽水裡挖出內臟。可以將竹筷包上布後使用則較不容易損傷魚肉。

魚的保存

1 體型較大者

①以鯛魚為例。將廚房紙巾塞入魚身的切口處。

②用浸濕後擰乾的棉布包起保存之。

2 體型較小者

①盡量使用容易吸收肉汁的紙鋪於調理（WAKETOKUYAMA使用的是廚房紙巾）盤上將魚排列好。無論是哪一種魚，最脆弱的都是切開的腹側，因此排列時腹側開口向上。

②貼著魚腹封上保鮮膜後放置冷藏保存。

魚的保存

1 體型較大者

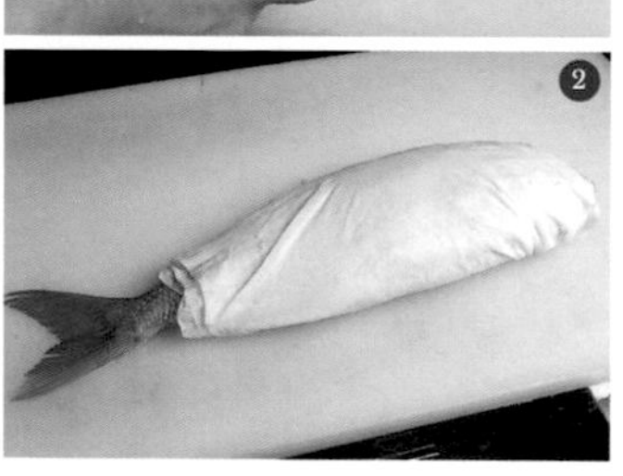

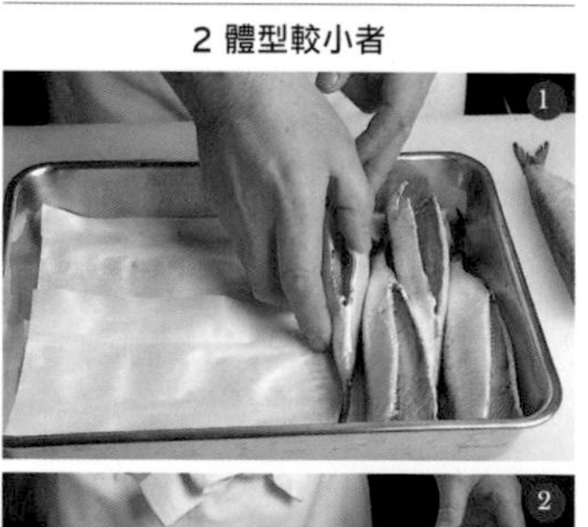

2 體型較小者

2 使用牙刷

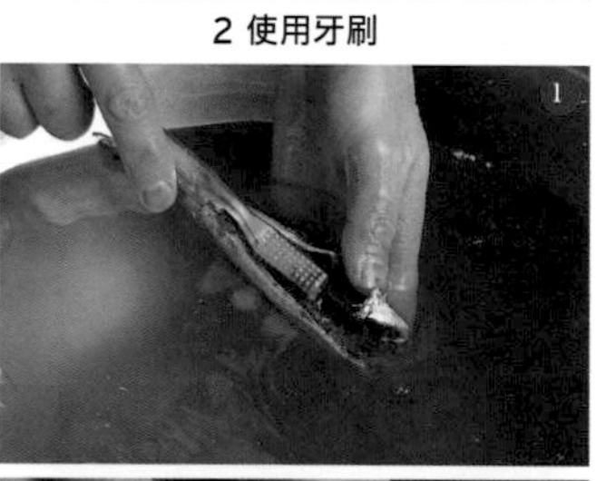

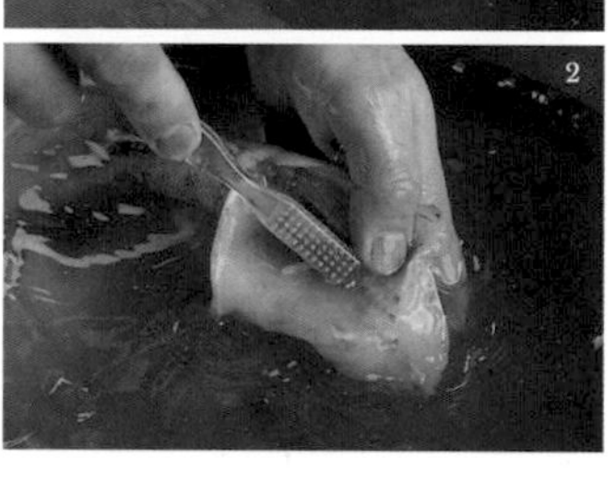

3 使用竹筷

貝類的清洗與前置處理／烏賊的處理 螃蟹的處理（水煮螃蟹或者蒸螃蟹）

貝類的清洗與前置處理

雙殼貝必定有兩個貝柱。必須要記住不同貝類的貝柱生長位置。在處理貝類時會因應用途不同用到貝剝刀等特殊的工具。

貝類的肉小且構造複雜，處理時必須十分仔細小心。和魚一樣，必須經常放一條擰乾的布在手旁，一邊處理一邊勤加清潔砧板。

貝類的清洗與前置處理之所需道具（左起為帆立貝[5]剝刀、剝刀、赤貝[6]剝刀、刮刀）

5——學名 Mizuhopecten yessoensis，一般或稱扇貝。

6——學名 Anadara broughtoni，又稱血蛤。

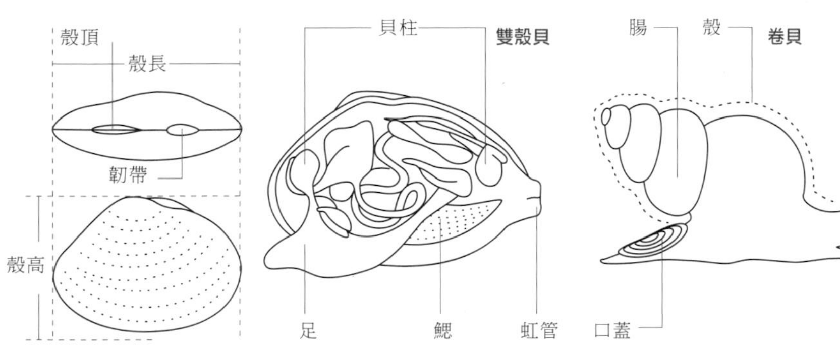

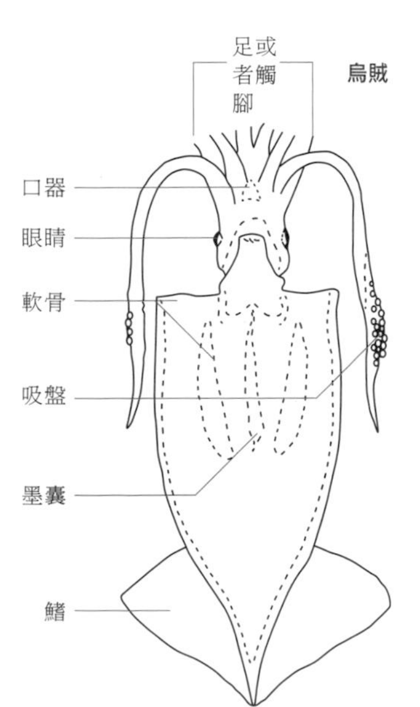

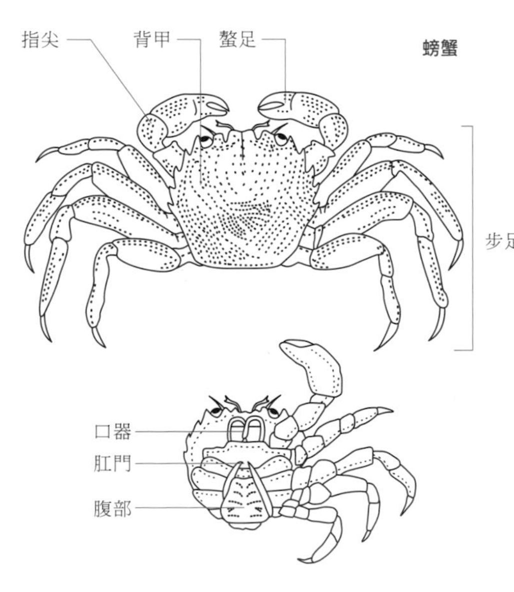

(1) 牛角蛤[7]

①插入剝刀切斷貝柱。
②將殼撬開，
③先剝開一片殼後切斷貝柱。
④清除掉附著於貝柱周圍的內臟和外套膜。
⑤用竹串清除掉附著於周圍的薄膜。

(2) 象拔蚌[8]

①將虹管[9]置於靠近自己處，插入剝刀切斷貝柱。
②再切斷另一邊的貝柱。
③去掉一邊的殼。
④緊貼著殼的弧度插入刮刀。
⑤從殼中取出蚌肉。
⑥剝去虹管的外皮。方法有兩種，一是將虹管灑鹽後放置15分，
⑦再用硬幣刮除虹管外皮。
⑧另一個方法是將虹管部分單獨霜降後浸於冰水中再依同樣方法剝去外皮。趕時間時這個方法比較方便。
⑨將蚌肉和虹管分離。
⑩分離外套膜部位。
⑪將菜刀於水平放置的虹管中央處入刀切開。將裡面的髒汙刮除。
⑫切除根部的堅硬部分。
⑬用菜刀刮除虹管尖端的薄膜。
⑭用菜刀刮除外套膜的髒汙。
⑮分離蚌肉和沙袋。
⑯將蚌肉切成兩半。

牛角蛤

1

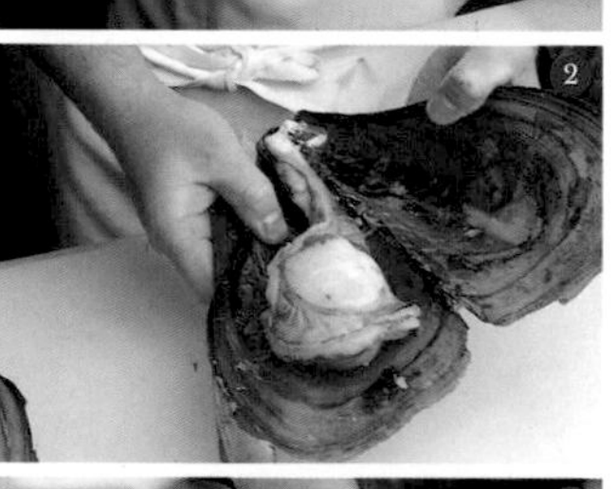
2

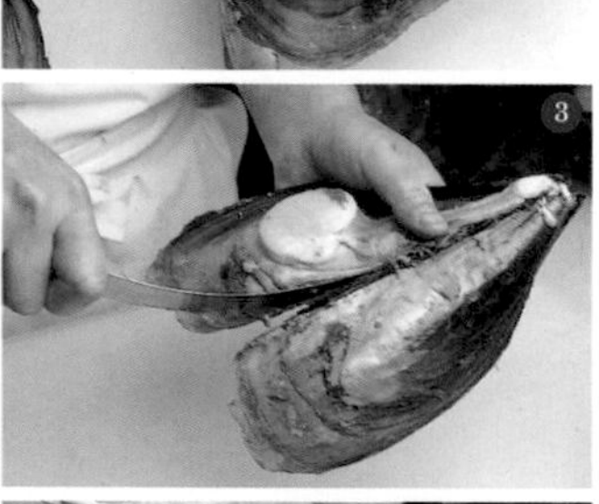
3

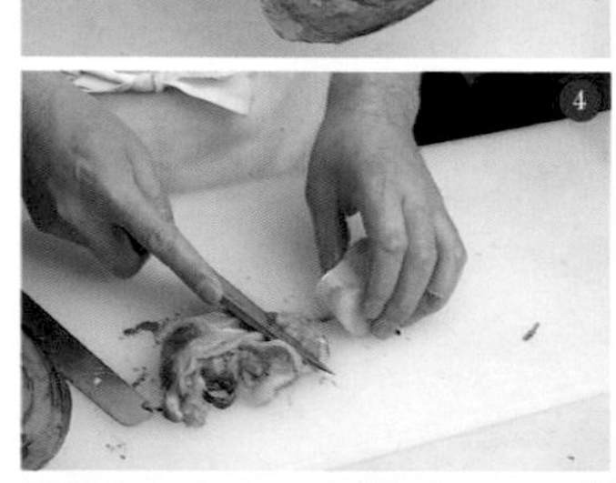
4

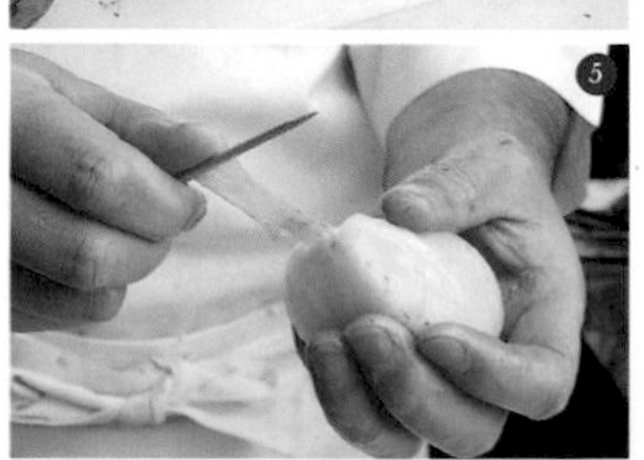
5

象拔蚌

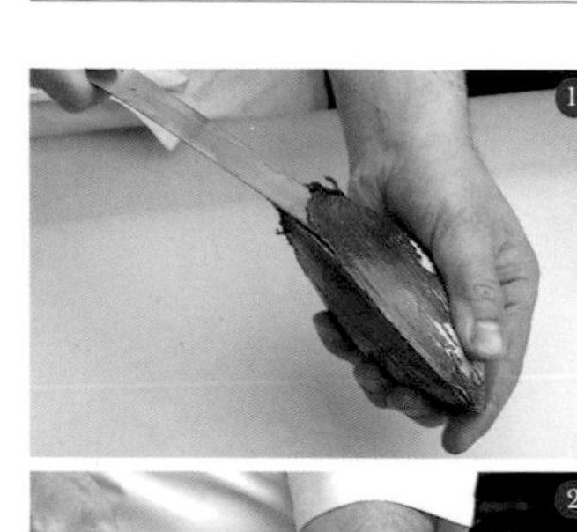
1

2

3

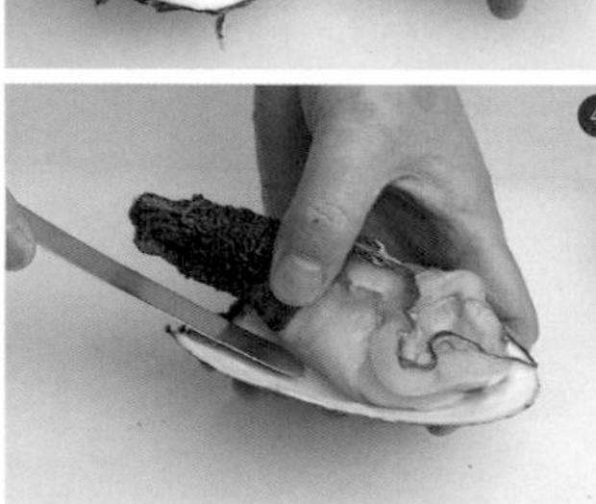
4

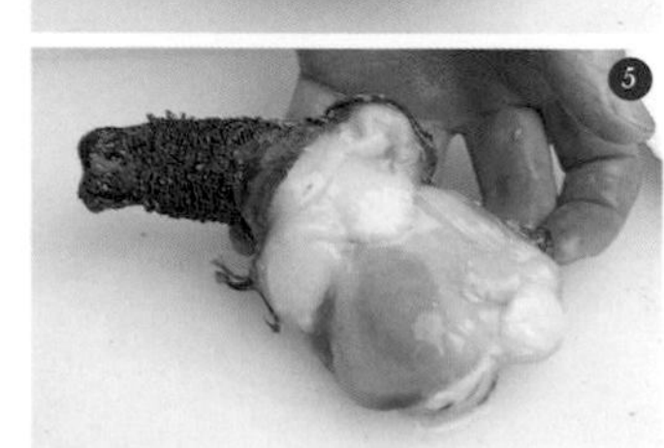
5

6

7

8

9

⑰用菜刀刮除當中的內臟後，用擰乾的布拭去膜和髒汙部分。
⑱前置處理結束清洗好的象拔蚌。
⑲將虹管尖端的黑紫色部分浸於熱水中。
⑳待其顏色開始變紅就浸到冰水中冷卻。
㉑用布巾擦乾。

7——日文漢字作平貝，牛角江珧蛤，學名Atrina pectinata，俗稱牛角蛤、牛角蚶、江珧蛤、江瑤、玉珧。中國稱為櫛江珧。

8——日文漢字作水松貝，Tresus keenae。現在一般餐廳所見的象拔蚌通常是太平洋潛泥蛤Panopea generosa或日本潛泥蛤Panopea japonica。

9——象拔蚌的頸部，日文漢字做虹管，中文也有人稱吸管。

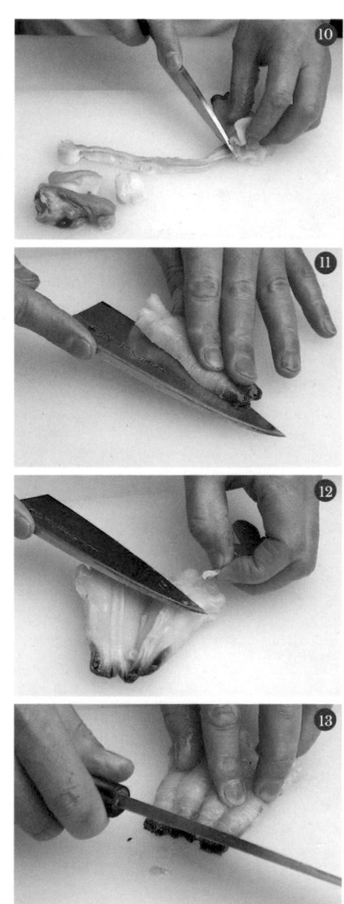

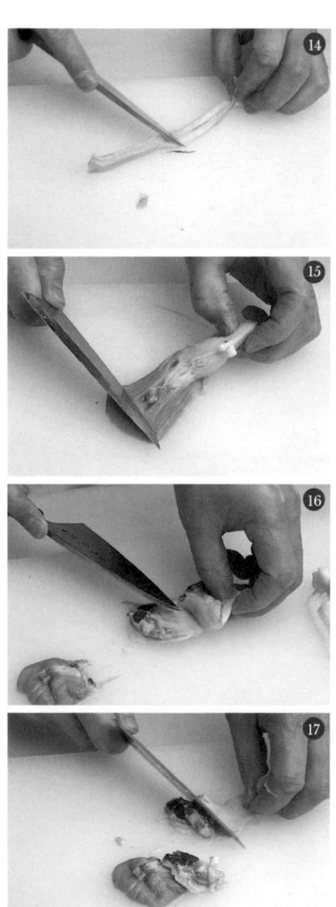

(3) 日本鳥尾蛤[10]

可食用的足部黑紫色部分十分容易剝落，殼也很脆弱，在處理時需要非常小心。

①②切斷兩邊的貝柱。

③用刮刀將貝肉與殼分離。

④抓著貝肉和足部拉開成兩半。

⑤～⑧於足部水平入刀將裡面的內臟刮出。為了防止黑紫色部位剝落，可事先於砧板上鋪上鋁箔紙等使作業表面平滑不易刮傷。

⑨⑩為了維持肉質柔軟，將貝肉過一下約65℃的熱水裡後浸到冰水中。

⑪用擰乾的布輕壓拭去水分。

10——日文漢字作鳥貝，學名Fulvia mutica，因食用部位之足部形似鳥喙以及味道似雞肉而得名。

日本鳥尾蛤

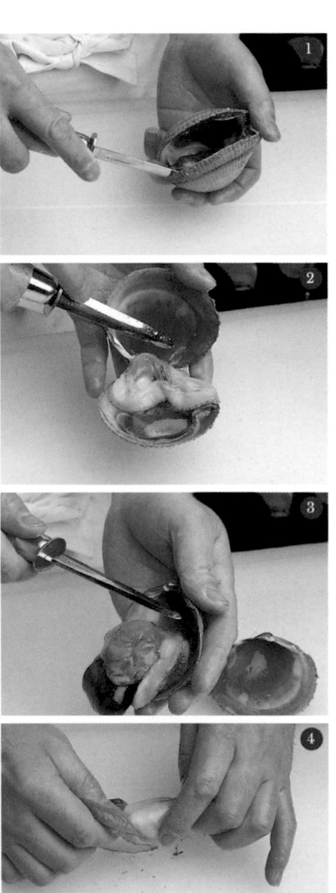

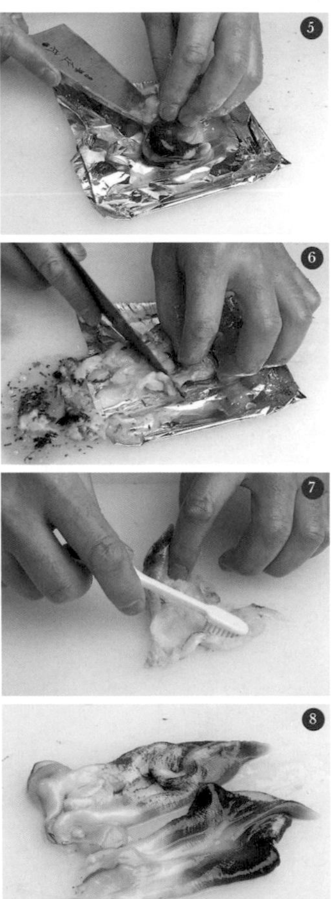

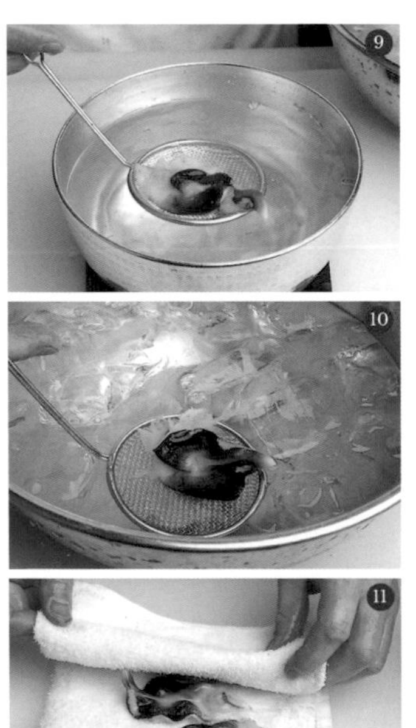

(4) 赤貝

處理時砧板很容易弄髒，需勤加擦拭清潔之。

①用左手拿著赤貝，將剝殼刀插入殼頂凹陷處。左右扭動剝殼刀即可撬開殼。

②插入剝殼刀。

③沿著殼的弧度切斷貝柱取出貝肉。

④若步驟①中的殼頂已碎裂，則改用以下方法取出貝肉。從碎掉的地方插入剝殼刀後切斷貝柱。

⑤撬開殼後取出貝肉。

⑥用左手抓住貝肉，用刀背壓住外套膜。用手拉扯貝肉即可將貝肉和外套膜分離。

⑦用刀背刮除外套膜的髒汙。

⑧於貝肉處水平入刀，不要切斷貝肉。

⑨如圖，切開後可看見裡面的內臟。將左右兩邊的內臟刮除。

⑩用鹽搓去貝肉和外套膜上的黏液。首先將貝肉和外套膜一起灑上鹽。

⑪拿個小調理碗蓋住後快速旋轉讓鹽滲透到全體部分。

⑫用水仔細清洗，沖掉髒汙和黏液後再用布仔細擦乾。

赤貝

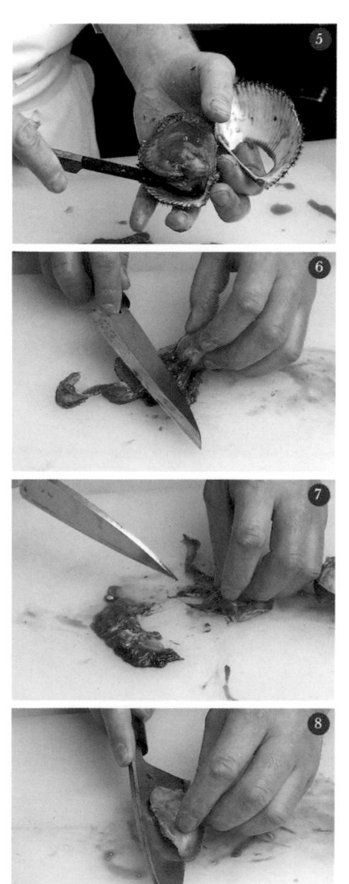

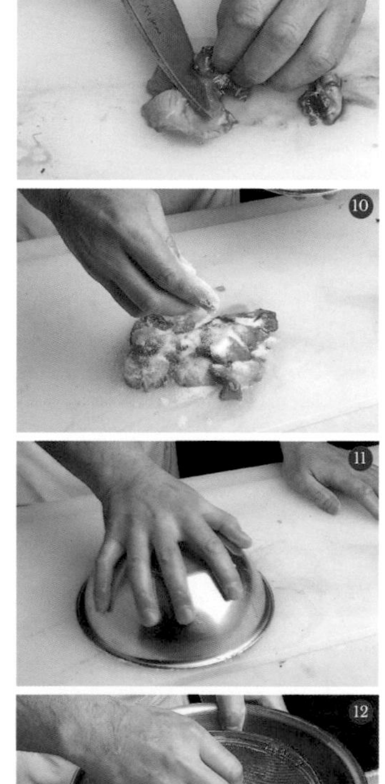

(5) 鮑魚

①將殼朝下放置，將鹽灑於肉上靜置約10分使肉質緊實。
②用絲瓜清潔球搓去髒汙和黏液後用水清洗。
③將磨泥器的柄從殼較薄處朝殼較厚的方向沿著殼插入。
④用左手將殼較厚的地方朝上立起，再用手刀敲擊鮑魚肉。
⑤將內臟留在殼中只拉出肉的部分。
⑥將殘留內臟自殼中取出。
⑦劃上一個小切口切除紅色的軟骨。
⑧⑨為維持形狀完整，如圖用兩支竹串串住固定。

鮑魚

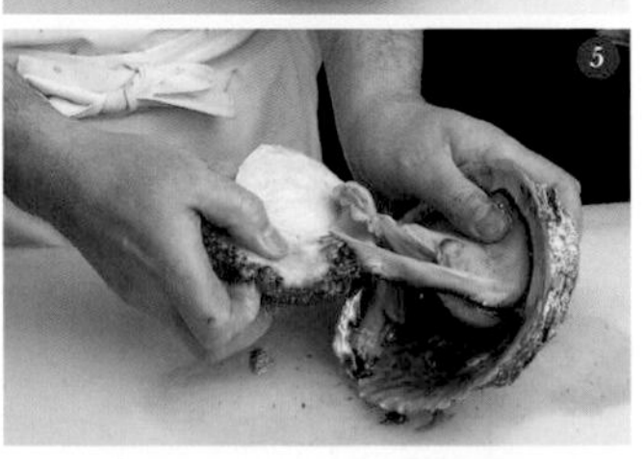

(6) 蠑螺

要點在於在肉還沒縮起來前迅速地處理完畢。

①將剝殼刀插入貝的口蓋那一端。

②將剝殼刀順時針旋轉切斷帶有貝柱的部位。將螺肉和口蓋一起取出。

③用手固定殼，插入另一隻手的食指轉動一下將內臟和殼分離。

④一邊轉動殼一邊拉出內臟。

⑤將剝殼刀插入螺肉和口蓋之間切離口蓋。

⑥用菜刀切斷靠近口蓋接合處的水管。

⑦分離貝柱和內臟。用菜刀刮除貝柱的髒汙。

⑧分離可食用的內臟部分（在漩渦狀的部位的更前端）。

⑨為去除髒汙和黏液，於全體灑上鹽後，搓揉可食用部位。

⑩拿個小碗蓋住後快速旋轉讓鹽滲透到全體部分。

⑪經鹽搓洗後的狀態。

⑫用水清洗去髒汙，再用布擦乾。

蠑螺

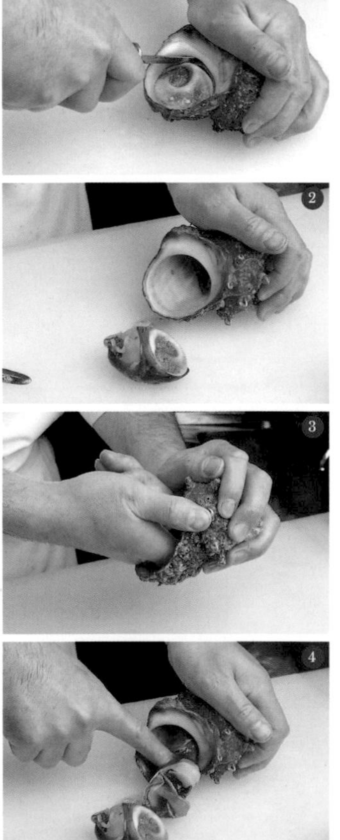

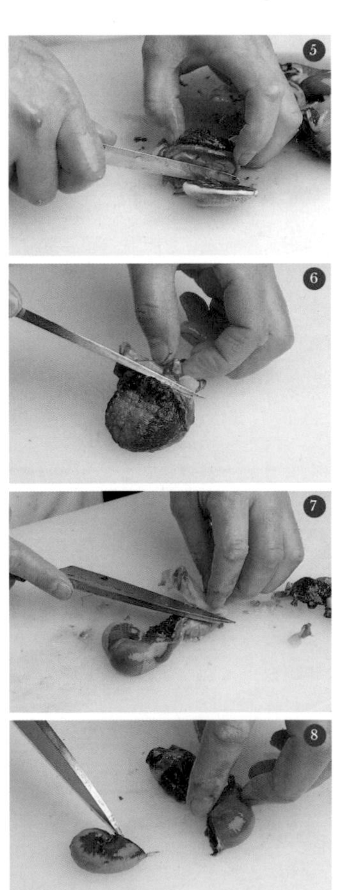

烏賊的處理

由於烏賊碰到水後鮮度會流失，處理時盡量不要讓烏賊接觸到水。一旦墨囊破裂後便不得不用水清洗因此必須格外注意。烏賊的薄皮很難剝除，去皮時可用布來輔助。

(1) 軟絲 11

由於烏賊碰到水後鮮度會流失，處理時盡量不要讓烏賊接觸到水。一旦墨囊破裂後便不得不用水清洗因此必須格外注意。烏賊的薄皮很難剝除，去皮時可用布來輔助。

去除內臟

①於背部縱切。
②自切口處打開軟絲，於覆有薄膜的內臟和肉之間插入大拇指分離內臟。
③手壓住身體部分，右手將腳和軟骨握成一束後拉扯將內臟一併拉出。

剝皮

④在肉和皮之間插入大拇指剝離一端的外皮。
⑤從一端持續剝離外皮至另一端。
⑥翻面後用布剝除薄皮。
⑦（處理墨魚時則使用竹串去剝）
⑧切除下方帶著的兩塊軟骨。
⑨將一端垂直切平。

軟絲

去除內臟

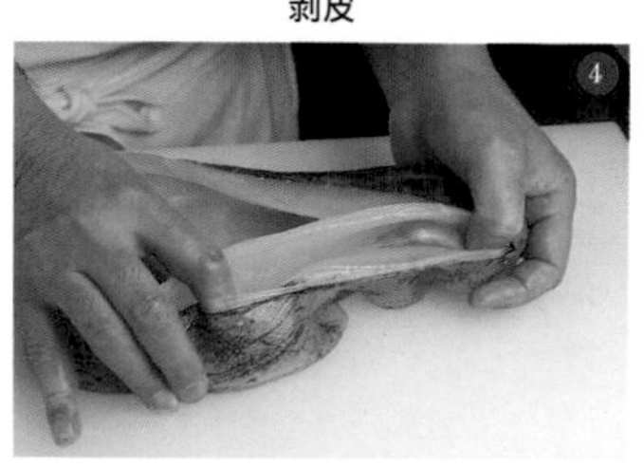

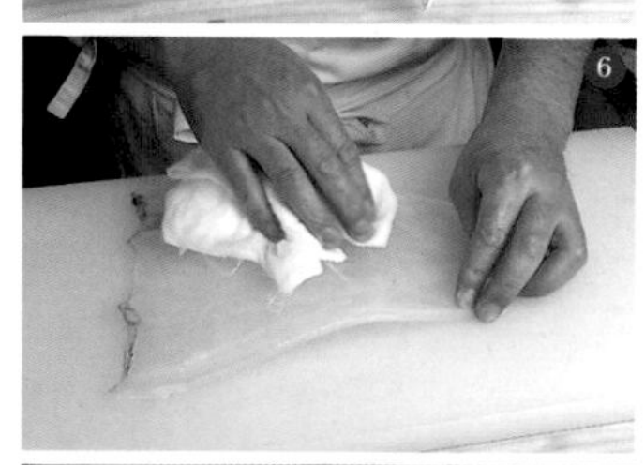

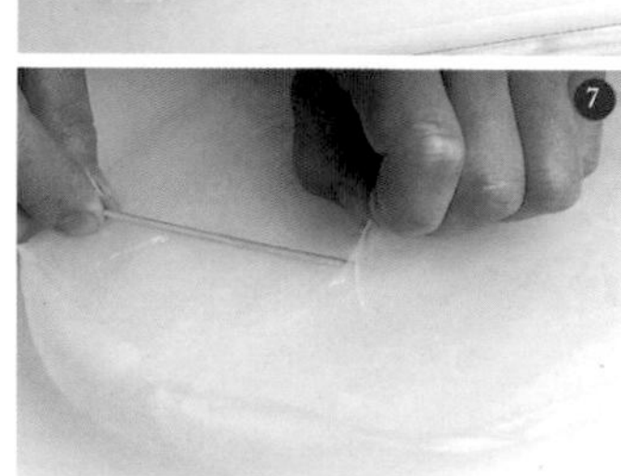

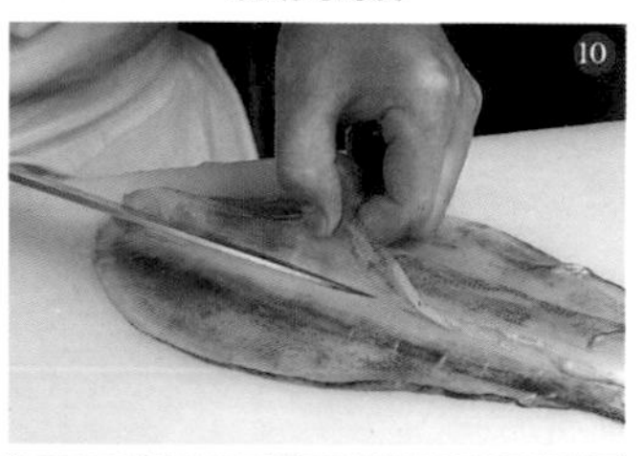

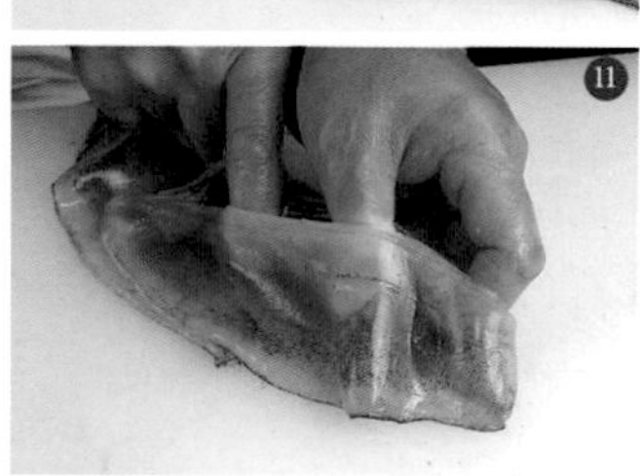

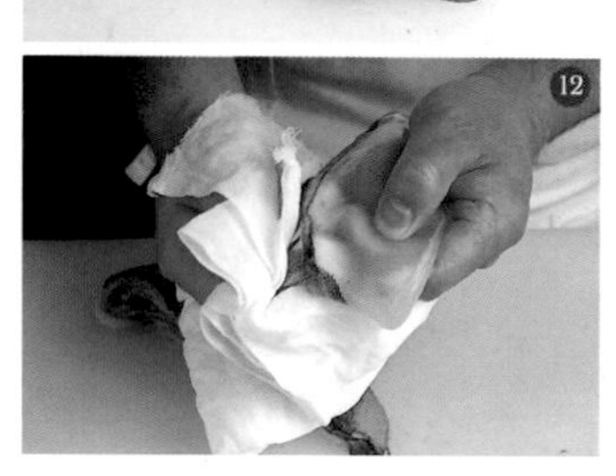

剝鰭的薄皮

⑩將鰭連接身體處的軟骨切斷。

⑪將手指插入⑩的切口處，分離一端的外皮。

⑫用布巾去除掉正反兩面的外皮。

分切觸腳

⑬分離墨囊。

⑭切除位於眼睛上方的內臟。

⑮從眼睛旁邊入刀切除口器。

⑯切除左右兩眼。

⑰去除眼睛後劃上一刀，再用布從切口處去除外皮。

⑱用指甲掐住腳尖的吸盤，往下扯，去除吸盤。亦可用布輔助。

⑲⑳切開頭部拉出腸子。

㉑分切完成的軟絲。

11——日文漢字作障泥烏賊，學名Sepioteuthis lessoniana，又稱軟翅仔，萊氏擬烏賊，軟絲仔。

分切觸腳

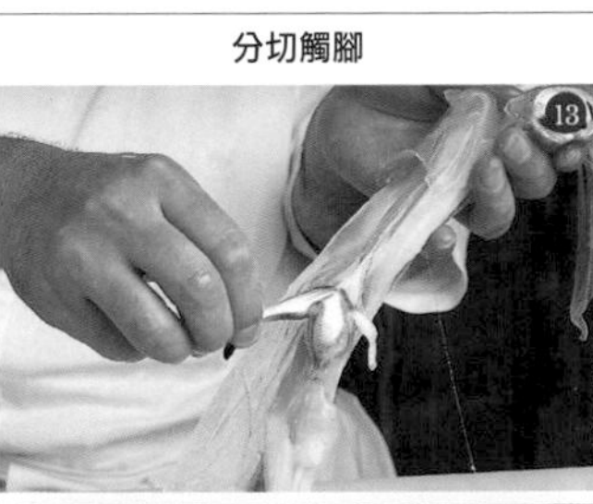

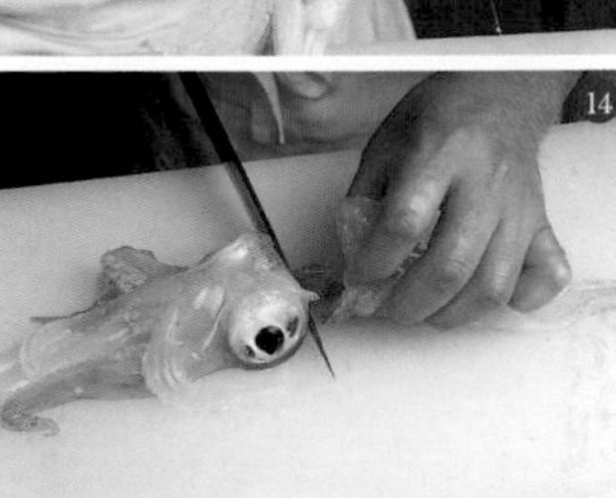

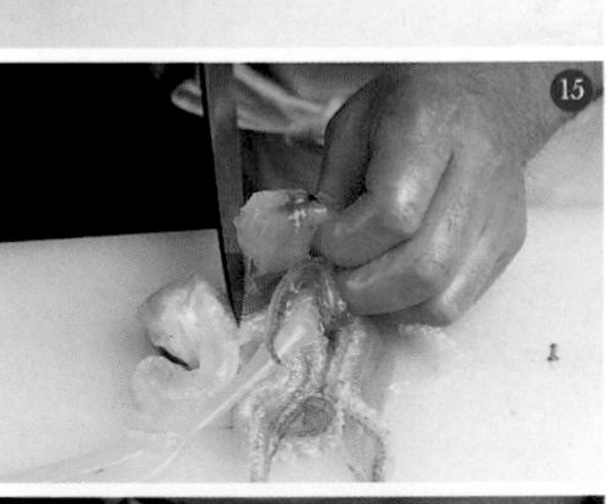

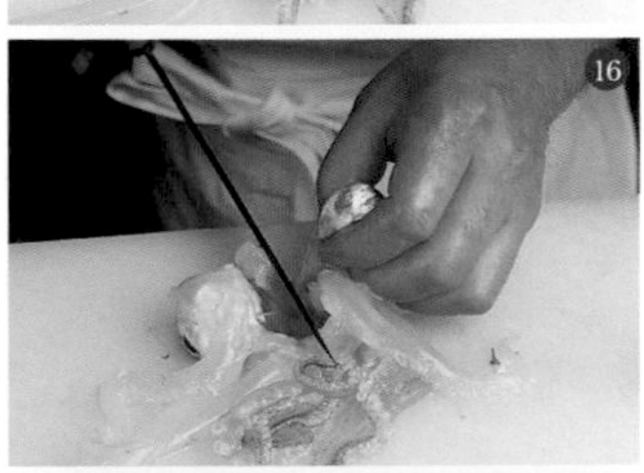

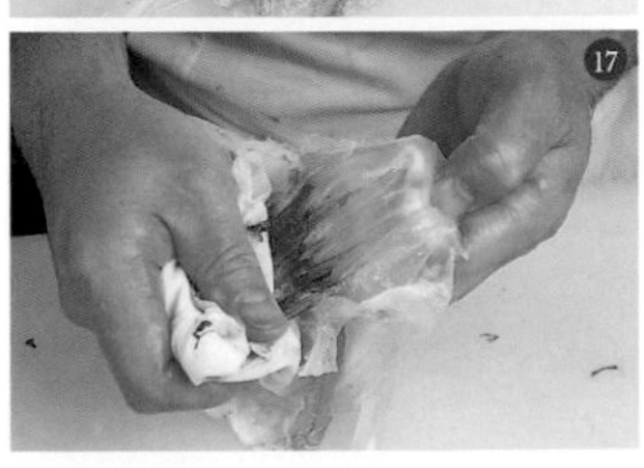

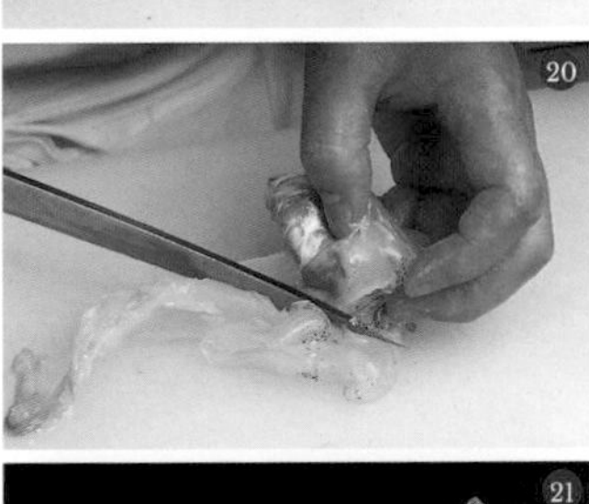

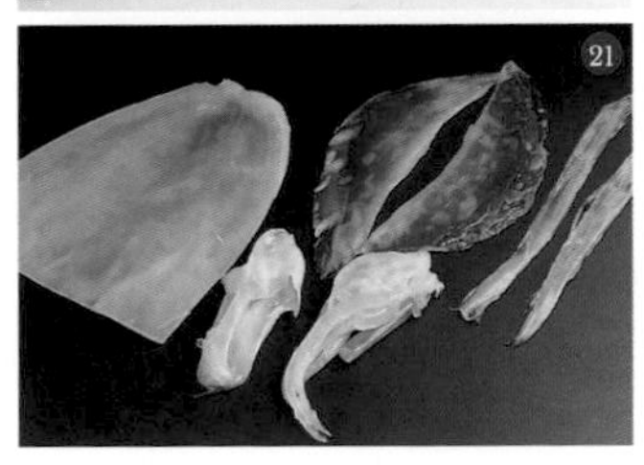

(2) 長槍烏賊[12]

在拉掉內臟時盡量不要有任何殘留在身體裡。

①於接縫處插入手指分離內臟和身體。
②拿著頭和足部的地方和內臟一起拉掉。
③去除墨囊。（觸腳的處理同軟絲）
④將鰭從身體上分離，剝去鰭時一併將外皮剝除。
⑤抓住軟骨後拉出。
⑥將帶軟骨的部位朝右放置，刀刃朝外入刀，由離手較遠的地方朝手邊方向切開。
⑦用布巾去除薄皮。
⑧分切完成的長槍烏賊。

12——學名Loligo bleekeri。

長槍烏賊

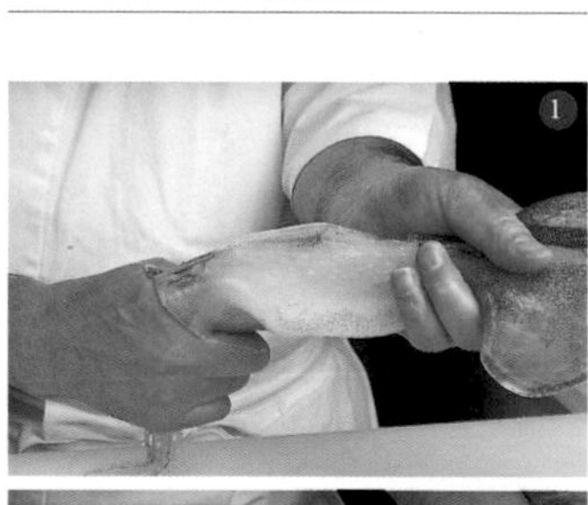

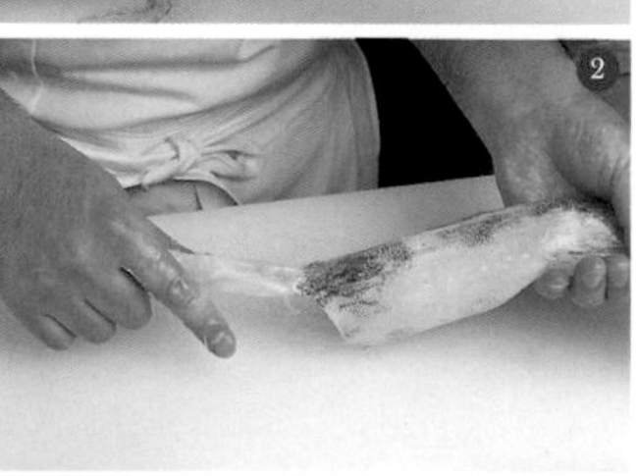

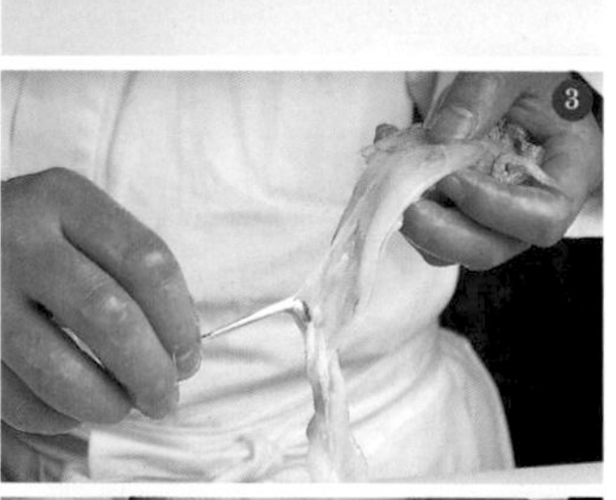

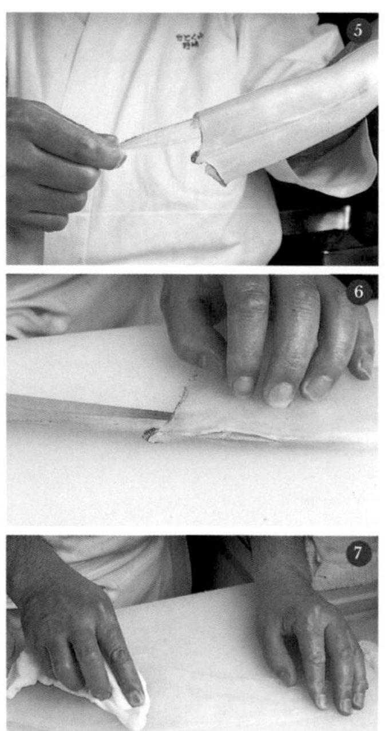

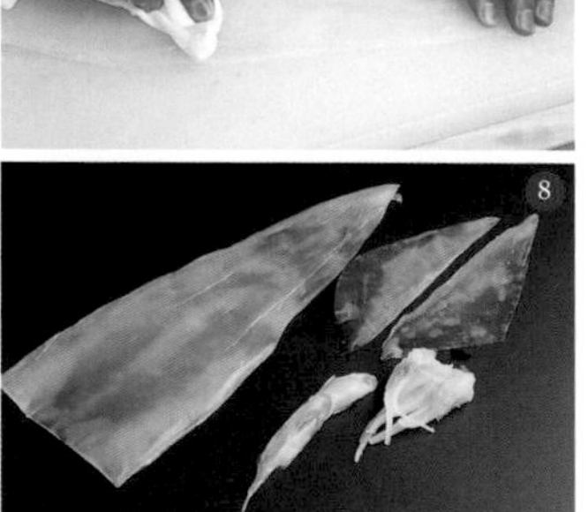

螃蟹的處理

處理螃蟹時要分切成適合入口的大小。

(1) 毛蟹

①水煮或者蒸螃蟹時要將背甲朝下腹部朝上加熱。如此一來蟹膏便不會流失到蟹肉的地方。若一次要水煮大量螃蟹時，可以用繩子將腳綁住。若將活螃蟹突然放到沸騰的熱水中蟹腳會分離，因此要從常溫的水開始煮起。水煮的時間根據體型大小有所不同，大約抓15～20分。

分切蟹體

②將四隻步足伸展開，用菜刀切斷和身體連接的根部。

③切斷指尖和根部。另一邊的蟹腳和指尖也一樣切斷。

④刀尖撬開腹部。

⑤刀尖伸入腹部打開處壓住背甲，將身體向上提使背甲和身體分離。

⑥分離後的樣子。

⑦用菜刀刮除身體兩側的鰓片。

⑧切除口器。

⑨將身體切成兩半。

⑩從帶腳的那側入刀，切成兩半。

⑪帶有背甲的身體側由於呈雙層構造，因此在分層處還要再分切一次。

⑫⑬從另外一邊（步驟⑨將身體分切成兩半時切口的那一側）切時也一樣切成三份。

毛蟹

分切蟹體

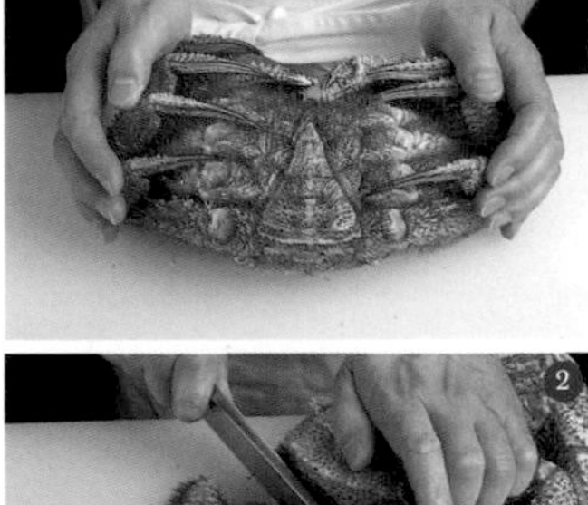

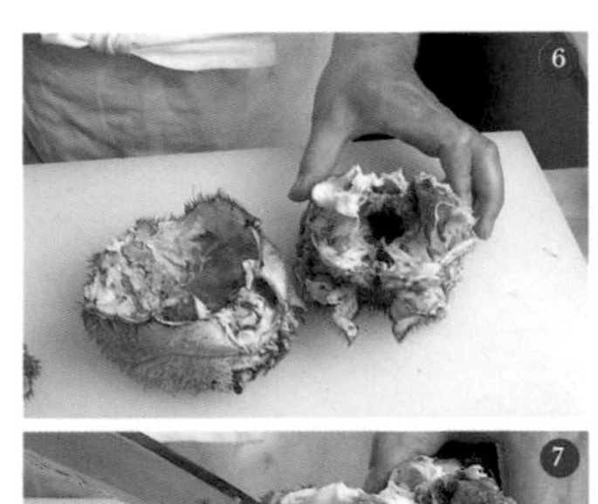

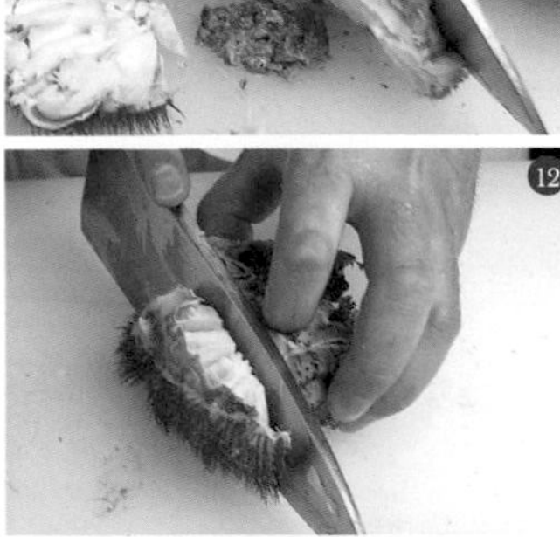

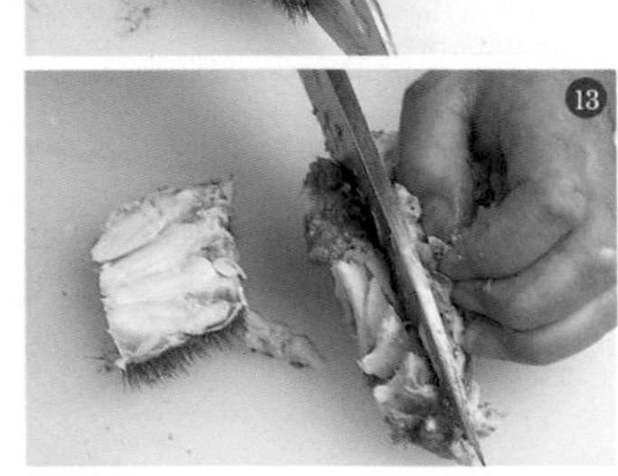

蟹腳去殼

⑭將關節折起呈V字型，將下方的殼切除。

⑮⑯從⑭的切口處入刀切割外殼。

(2) 鱈場蟹

鱈場蟹為寄居蟹的夥伴，因為體型很大故處理起來較容易。

①腳和指尖部分的處理同毛蟹的步驟②③，切斷後再用刀尖撬開腹部。

②刀尖伸入腹部打開處壓住背甲，將身體向上提使背甲和身體分離。

③用手剝除身體兩側的鰓片。

④切除口器部分。

⑤將身體剖半。

⑥將蟹腳一隻一隻分切好。

⑦將每段蟹腳再縱切成兩半。

蟹腳去殼

鱈場蟹

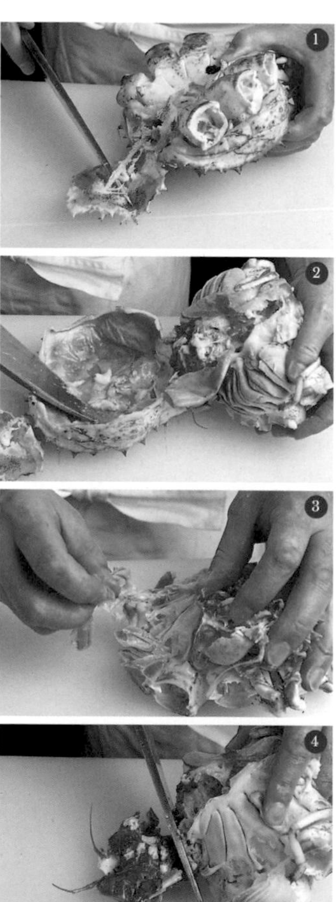

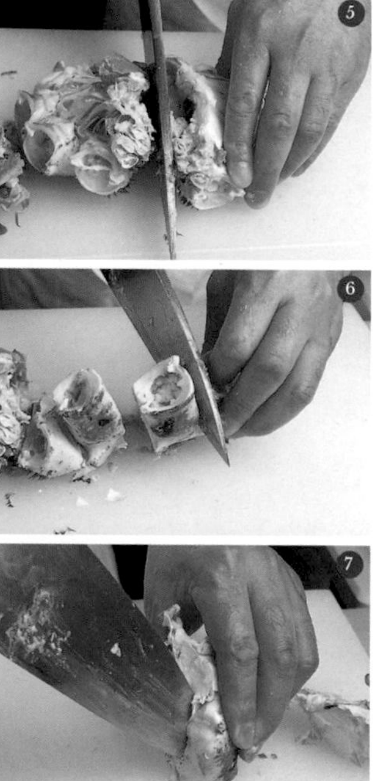

魚類切片的基本種類

此處解說最基本的魚的分切方法，包括三枚切法、五枚切法和大名切法。根據當天料理的內容來應用不同切法自是不在話下。需要好好把握領略不同大小的魚來選擇形狀最適合的菜刀，活用整片刃身來迅速地完成分切動作。

三枚切法（基本）

此為最基本的分切法。步驟①～⑥為止稱之為二枚切。在分切肉質比較柔軟或者體型較大的魚時，也有卸掉上魚身後，不將魚身翻面，而從腹肉處入刀將中間帶魚骨的部分向上推，將魚身調頭切掉背肉側帶骨魚身的方法。

另外，鰹魚或者鰤魚等大型魚種，由於一次無法用完整條魚，可以從背骨上方垂直入刀後沿步驟①～③只卸去腹肉處使用。剩下的部位可依照同樣要領只分切所需要的量。

此外，在分切活魚等魚身富有彈性的魚或者肉質緊實不容易散掉的魚時，也可以不將魚身調頭，從腹肉側到背肉側的方向直接卸去半身。這種方法要做得熟練必須要經過諸多修鍊，但一旦學會後效率會更好。

三枚切法（基本）

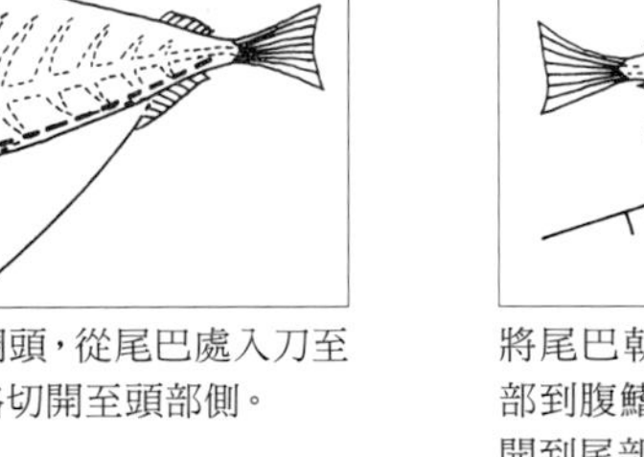
① 將尾巴朝左，腹側朝自己方向，從腹部到腹鰭的根部處入刀，一路沿著切開到尾部。

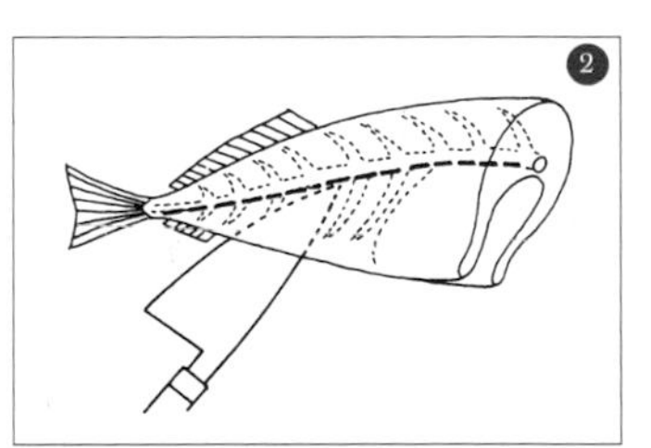
② 入刀至背骨處，沿著中軸骨從頭部側朝向尾巴處切。

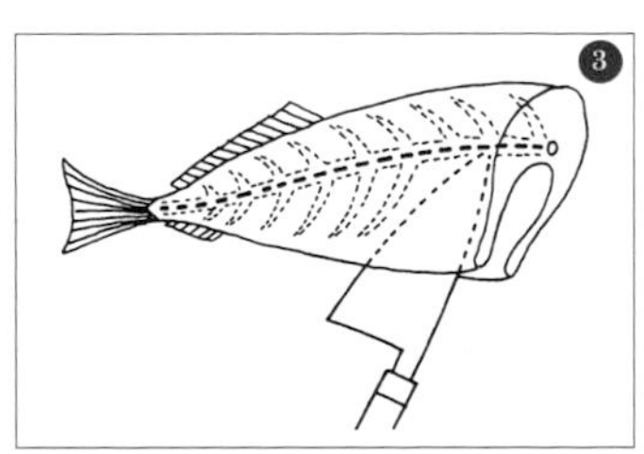
③ 入刀至背骨隆起處，處理背骨較粗大的魚時可以調整菜刀的刀刃些許朝上。

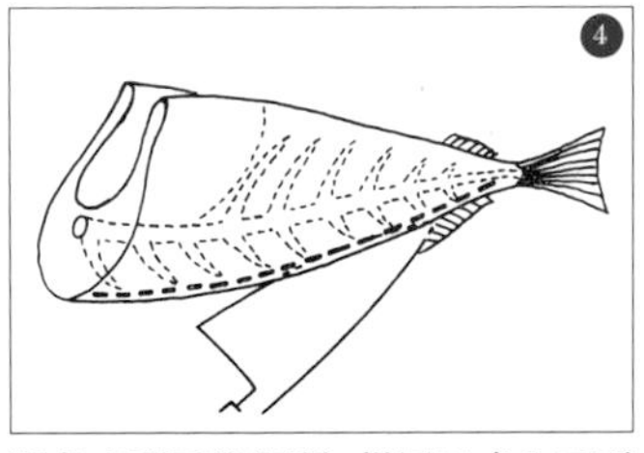
④ 將魚身翻面後調頭，從尾巴處入刀至背鰭根部處一路切開至頭部側。

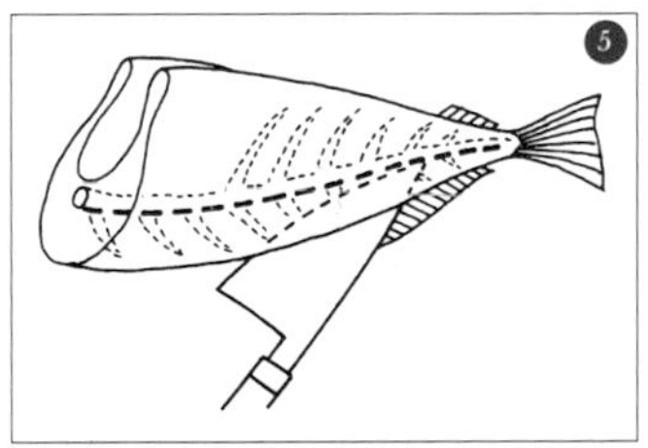
⑤ 沿著中軸骨入刀至背骨處。

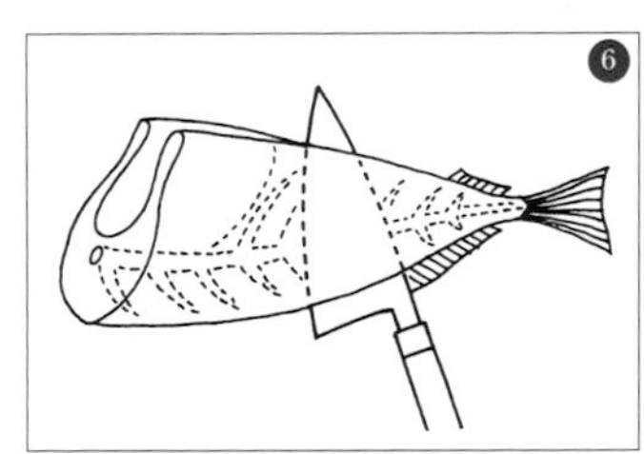
⑥ 從背鰭根部入刀，貼著背骨上方沿著中軸骨從尾部切開卸去魚身。

⑦ 將魚身翻面，將下魚身從背側沿著背鰭根部處切開至尾部。

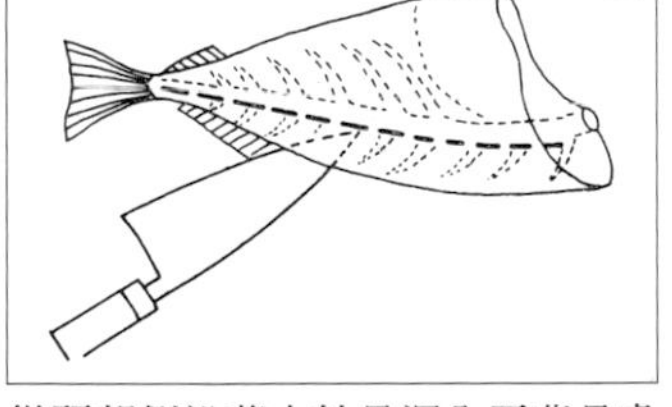
⑧ 從頭部側沿著中軸骨深入至背骨處平滑地入刀。

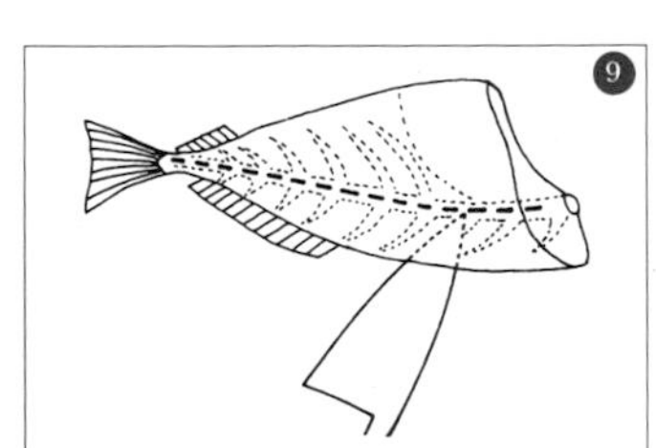
⑨ 將菜刀貼著背骨隆起處切開。

三枚切法（鯛魚）

①切去魚頭。用左手將胸鰭拉起，從魚頭根部至胸鰭後方和腹鰭後方斜斜入刀。

②將魚尾朝左魚腹朝自己方向放置。從頭部側朝向腹鰭根部處入刀，深約到背骨處的一半，一口氣劃開至尾部。切到尾部後，再一次依頭↓尾的方向切開。第三次也一樣依頭↓尾的方向切開，入刀的深度要達到背骨上方。

③分切背側肉。和腹肉相反，由尾部朝頭部的方向，一開始先淺淺地入刀，沿著背骨分成兩次切，直到切到背骨為止。

④從尾鰭根部切開，由尾部朝頭部方向貼著背骨上方隆起部分切，卸去魚肉。

⑤將魚頭朝右卸去下魚身。和上魚身一樣先從背側肉開始分切。

⑥由尾↓頭的方向卸去腹肉。和上魚身時不同，為了使魚肉容易保持形狀完整，要先將尾巴根部切斷。

⑦分離魚身和背骨。到達腹骨處時，將刀刃稍微立起會更好切離。

⑧剔去腹骨。從中軸骨側沿著魚骨生長方向削去骨頭。將殘餘的腹骨切齊。

⑨分切完成的鯛魚。

三枚切法（鯛魚）

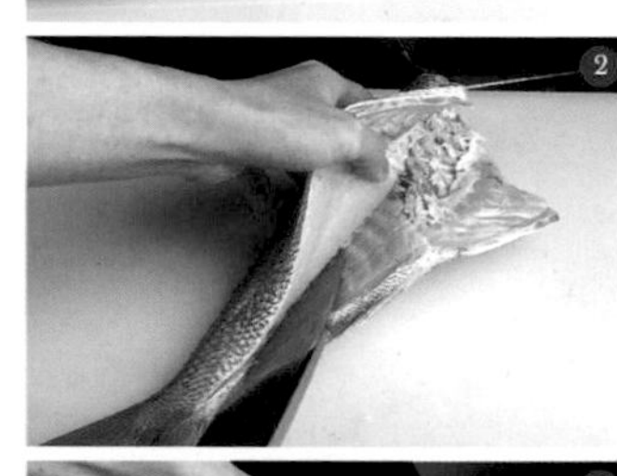

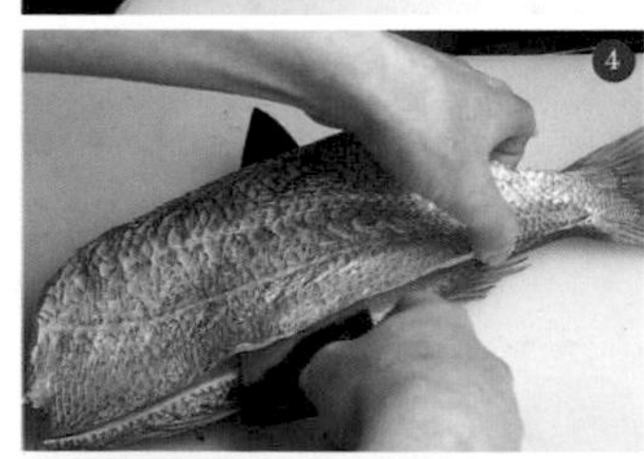

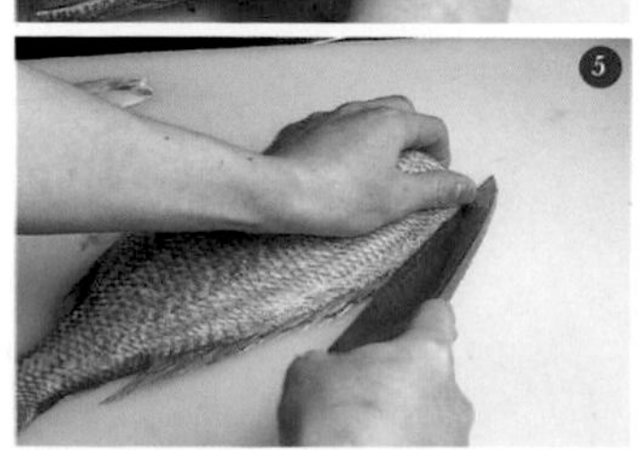

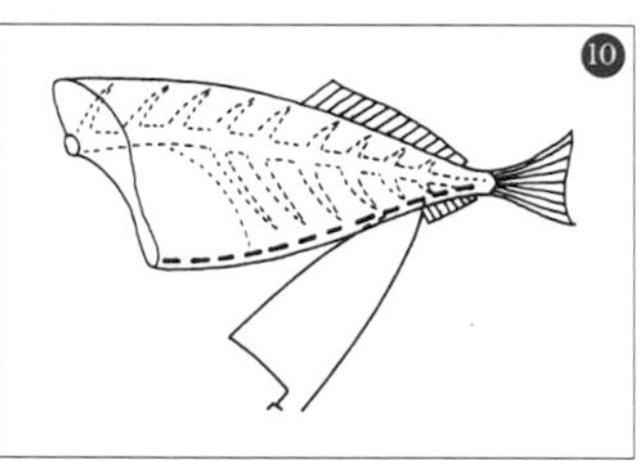

將魚身調頭，卸去腹肉，從尾巴處入刀至腹鰭根部處一路切開至頭部側。

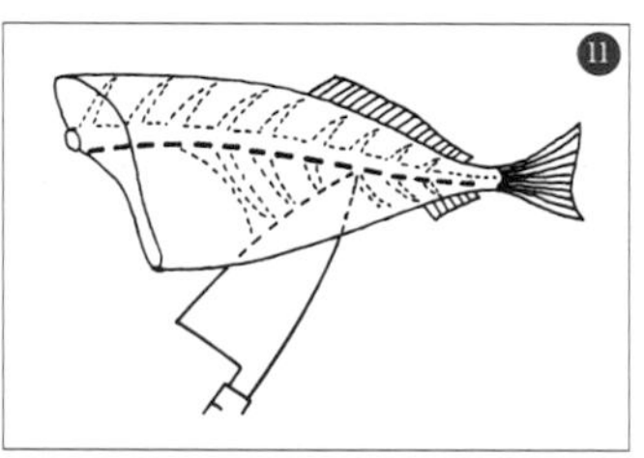

從尾部側沿著中軸骨深入至背骨處平滑地入刀。

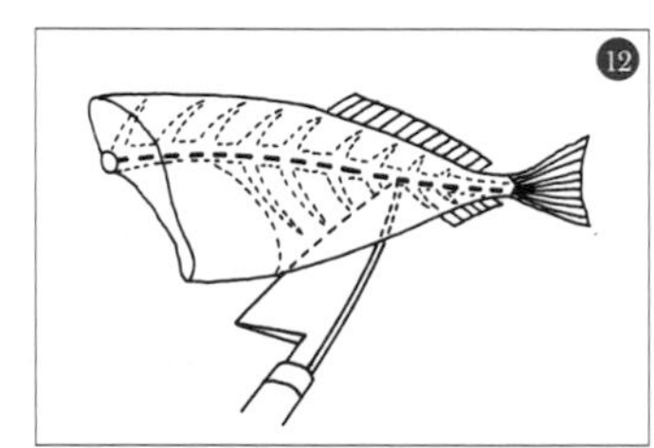

從尾部入刀至背骨上方處卸去魚身。將菜刀稍微揚起做出一個角度壓著腹骨的根部處切開。

三枚切法（竹筴魚）

①切去兩面的稜鱗並刮除魚鱗。
②切去魚頭，剖開魚腹清除內臟，用水清洗腹內後擦乾。
③將魚腹置於靠自己方向，沿著中軸骨入刀切開至尾部。
④換將魚背置於靠自己方向，一樣從尾部朝魚肩方向入刀後，再一次從尾部入刀貼著背骨切開至魚肩處。
⑤將菜刀刀刃朝外切斷尾巴根部卸去半邊魚身。
⑥將中軸骨朝下，背側朝自己方向放置，沿著中軸骨從魚肩切開至尾部。
⑦換將魚腹置於靠自己方向，一樣朝魚肩方向入刀後再自尾部入刀貼著背骨切開至魚肩處。
⑧切斷尾巴根部卸去另一半邊的魚身。
⑨用削的方式去除腹骨。
⑩切去邊緣部位。

三枚切法（竹筴魚）

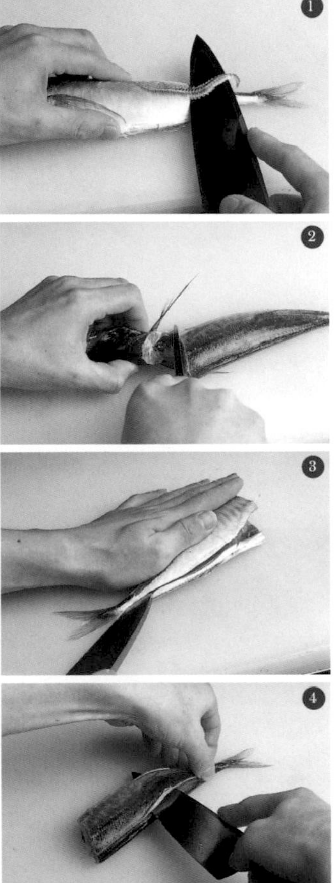

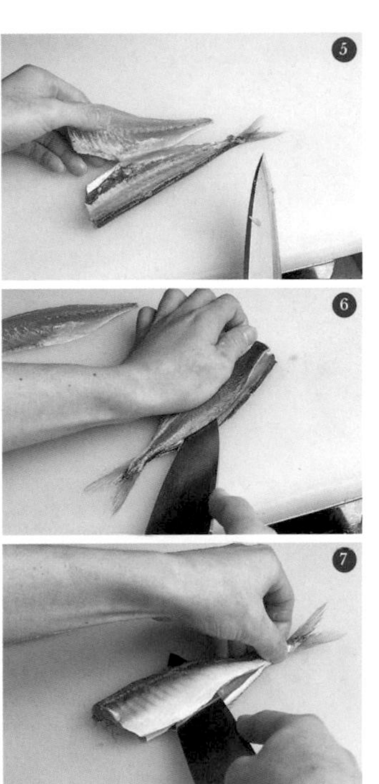

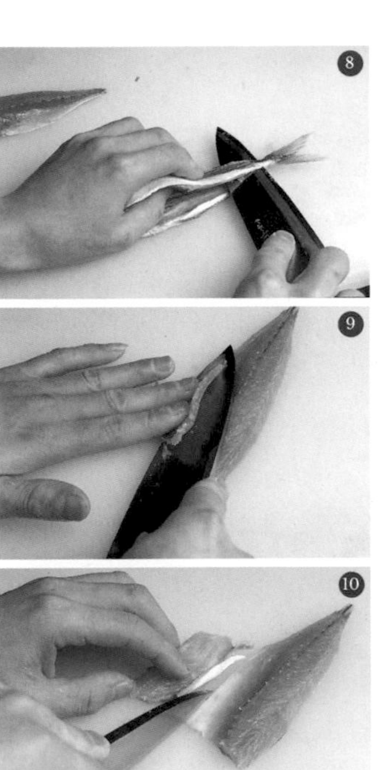

五枚切法（基本）

處理像比目魚、鰈魚這種體型扁平且厚度高的魚種時的切法。分切成帶骨魚身、上魚身腹肉、上魚身背肉、下魚身腹肉、下魚身背肉五片魚肉。

五枚切法（基本）

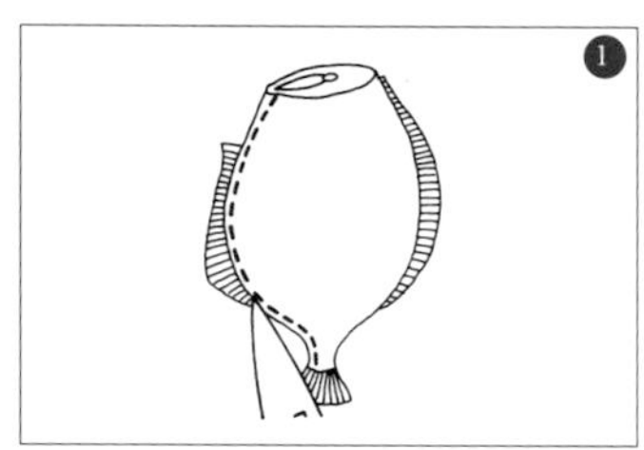

將刀刃朝上（逆刃）用刀尖自尾部沿著鰭邊入刀。

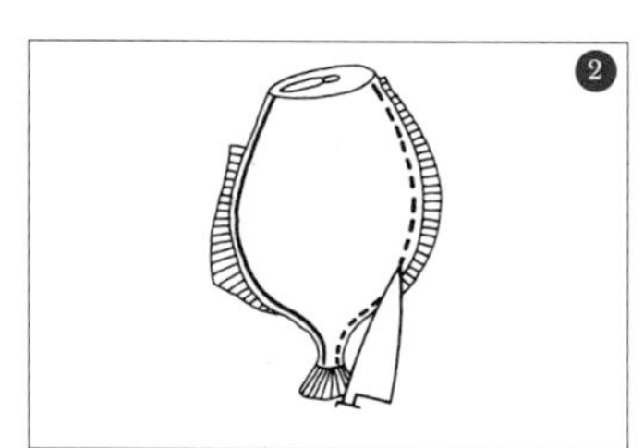

另一邊一樣從尾部沿著鰭邊入刀。

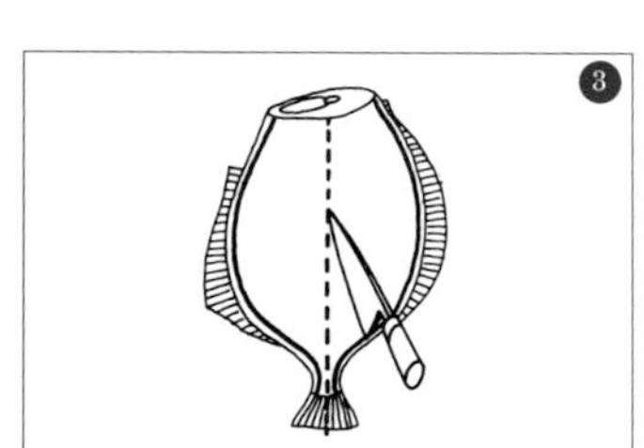

由背骨上方從頭部側朝向尾鰭根部處入刀。尾鰭根部處也要切到。

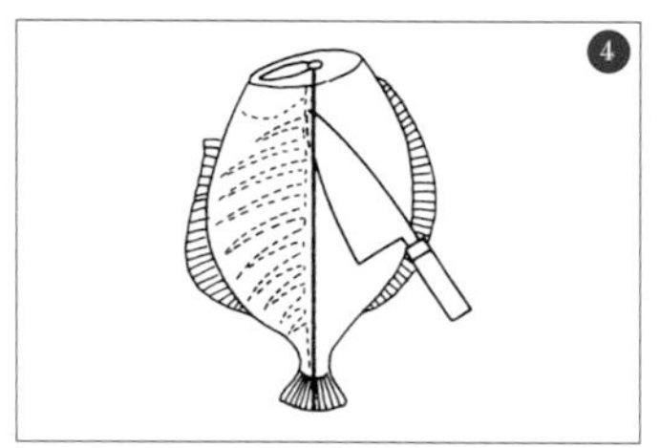

將菜刀稍微立起，沿著背骨切開腹骨根部處，接著繼續切至尾部從背骨上卸下魚身。

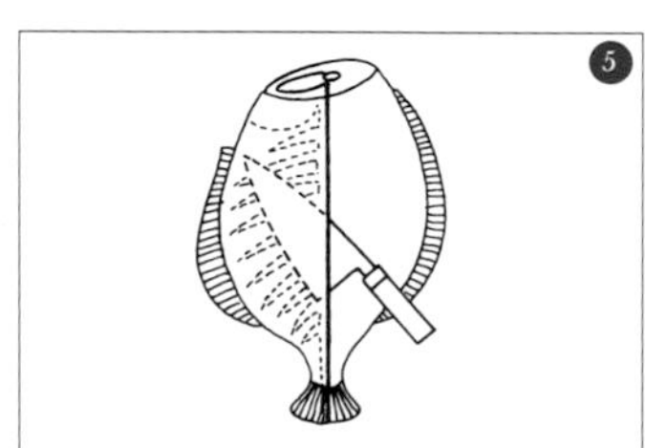

沿著中軸骨卸去靠近尾巴根部的魚身，再從頭部側入刀沿著中軸骨將刀打橫水平切開。

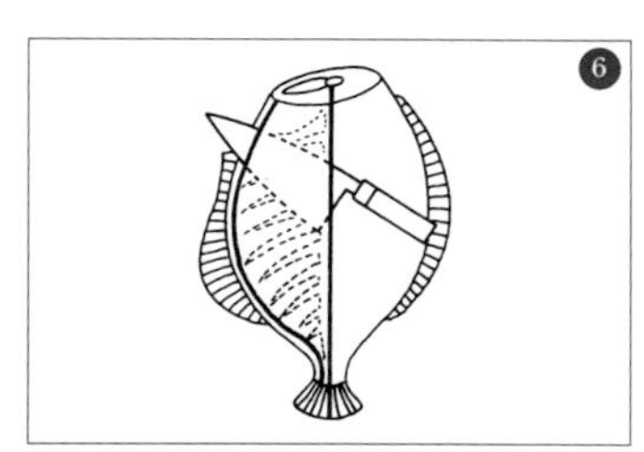

切開至步驟①的入刀處卸去腹肉。

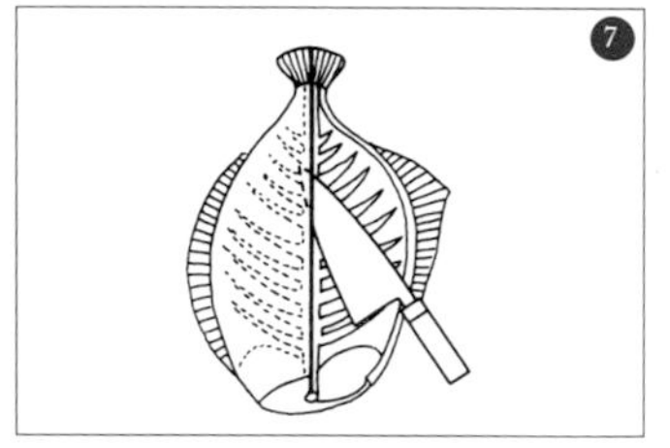

將魚身調頭，立起菜刀由尾部沿著背骨切開，從背骨上卸去魚身。

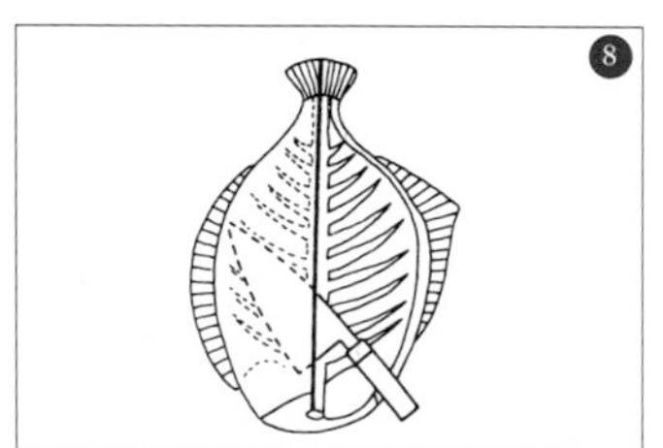

將菜刀放平，沿著背骨由尾部平滑地切開。

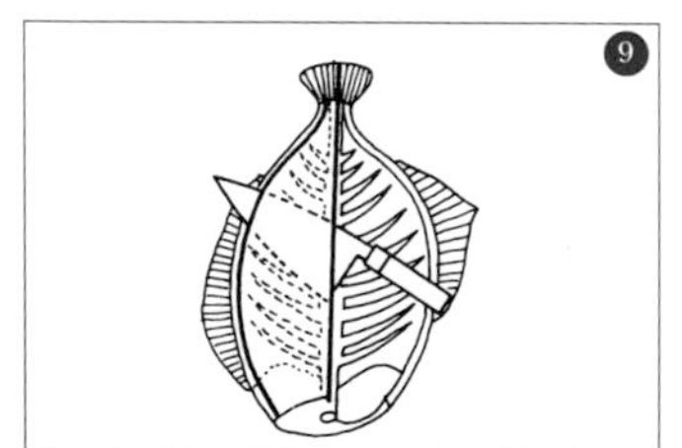

仔細地卸去背肉不要留下鰭邊肉在帶骨魚身上。下魚身一樣按照同樣要領將背肉、腹肉依序分切之。

五枚切法（比目魚）

①切斷尾巴根部。
②握菜刀時將刀刃逆向（逆刃），於上魚身背肉的鰭邊邊緣依尾↓頭的方向入刀。
③接著用一樣方法於腹肉處入刀。
④沿著背骨由頭↓尾的方向縱向入刀將魚身分為兩半。
⑤將背肉側腹骨根部由尾↓頭的方向自背骨上切除。
⑥卸去下巴的根部，取下魚肉。
⑦將魚身調頭，用一樣方法卸下腹肉。沿著中軸骨挖削起腹肉。完全卸下後剔除腹骨。
⑧分切完成的上魚身。
⑨接著分切下魚身。和上魚身一樣，以逆刃沿著鰭邊邊緣入刀後再縱切。
⑩要做成生魚片時，將鰭邊肉整個削去不要殘留在帶骨魚身上。
⑪分切完成的下魚身。

五枚切法（比目魚）

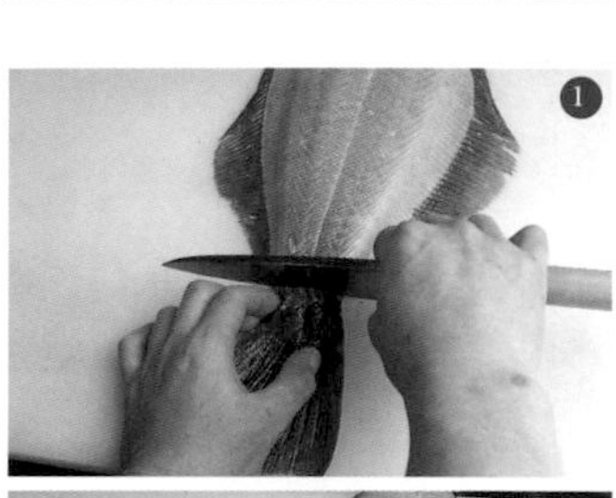
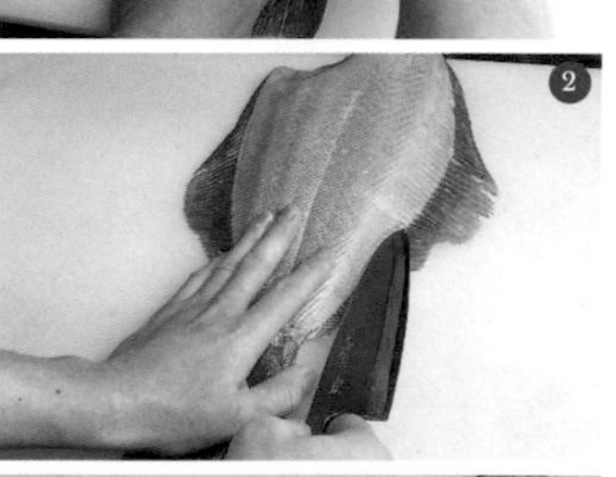
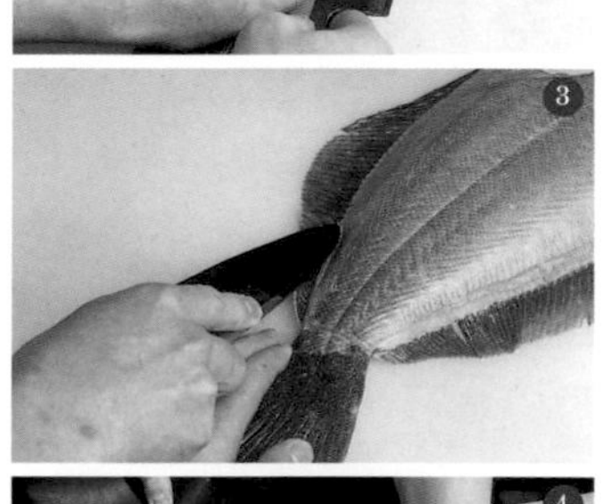
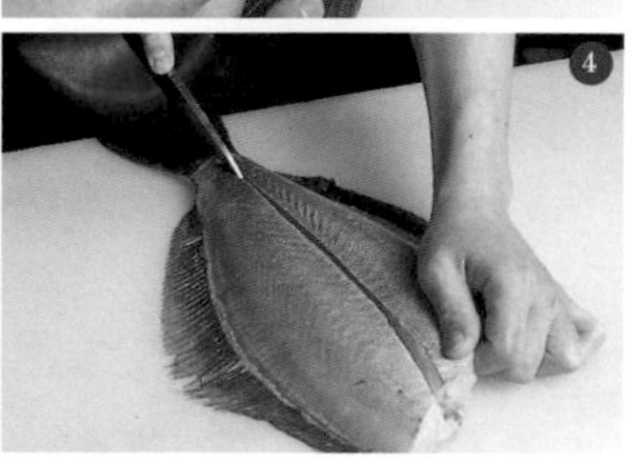

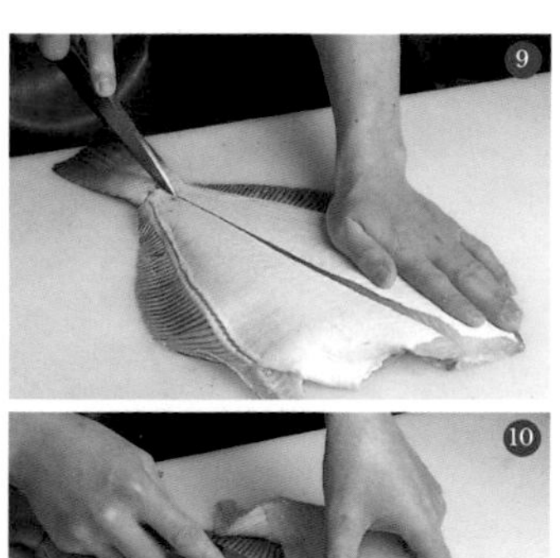

大名[13]切法（基本）

將少許魚肉留在中軸骨上的分切法，因十分奢華而得名。分切時由頭→尾一氣呵成，因此適合用於像沙鮻[14]、水針[15]、秋刀魚等魚肉柔軟的細長魚類。

大名切法（沙丁魚）

①切除沙丁魚頭，用刀根於和中軸骨平行極貼近背骨處入刀。
②順勢用刀尖一口氣卸下魚身。留下中軸骨和魚尾一起。
③④將魚翻面，依同樣方法卸去上魚身。
⑤削去腹骨。
⑥分切完，最後將菜刀立起切離魚皮。

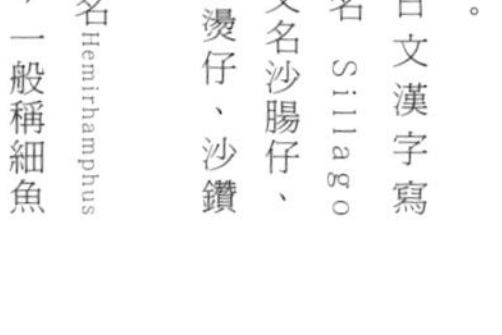

13——諸侯，江戶時代的封建領主。

14——日文漢字寫做鱚，學名 Sillago japonica，又名沙腸仔、kiss魚、沙湯仔、沙鑽（澎湖）。

15——學名Hemirhamphus sajori塞氏鱵，一般稱細魚或水針魚。

大名切法（基本）

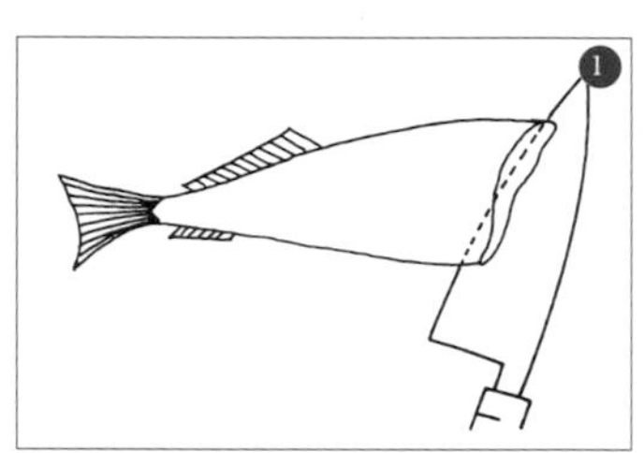

用刀根沿著中軸骨於極貼近背骨處入刀。

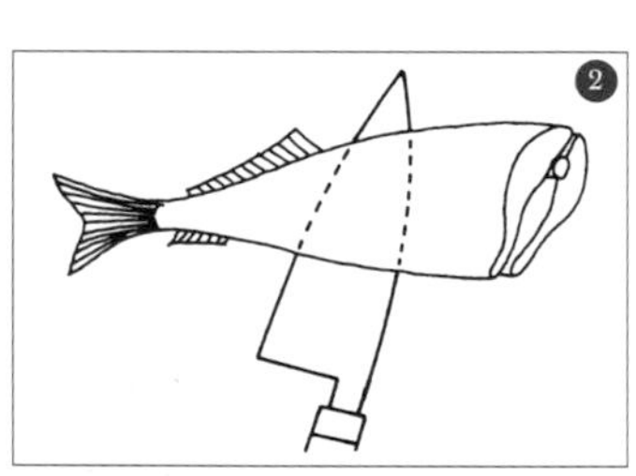

小心不要改變菜刀的角度。

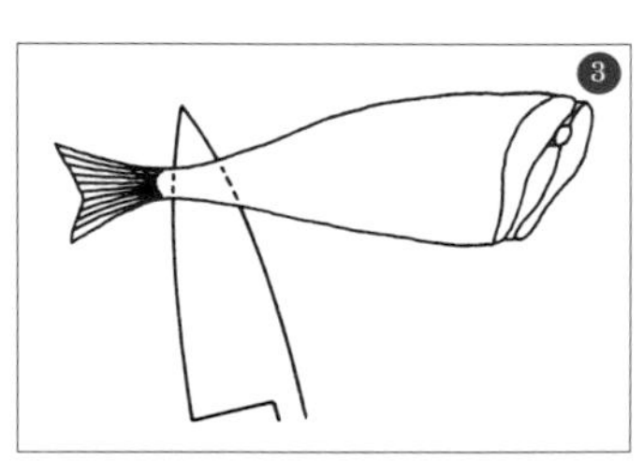

一路順勢切到刀尖，將魚身卸下。

大名切法（沙丁魚）

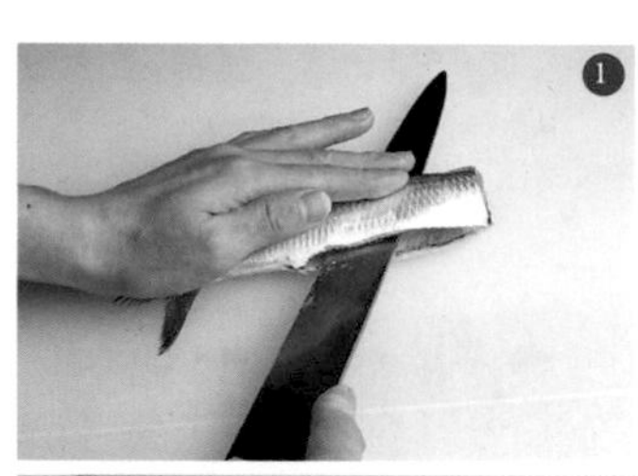
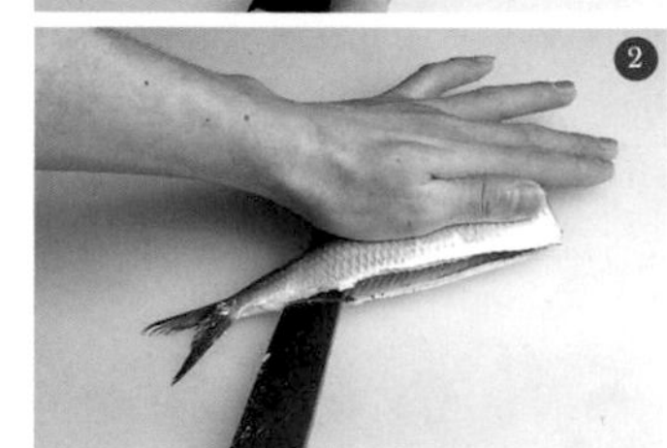
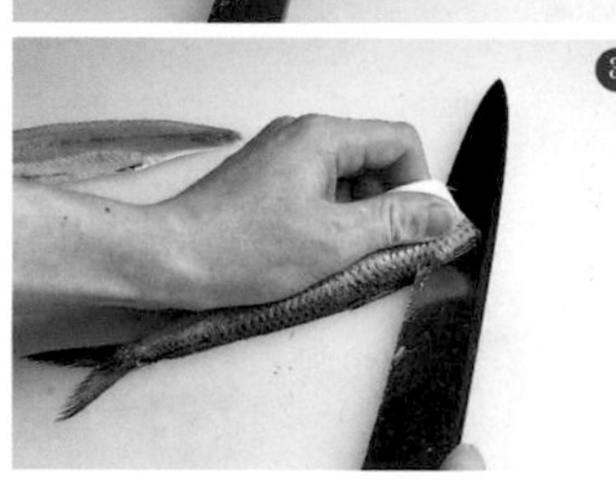
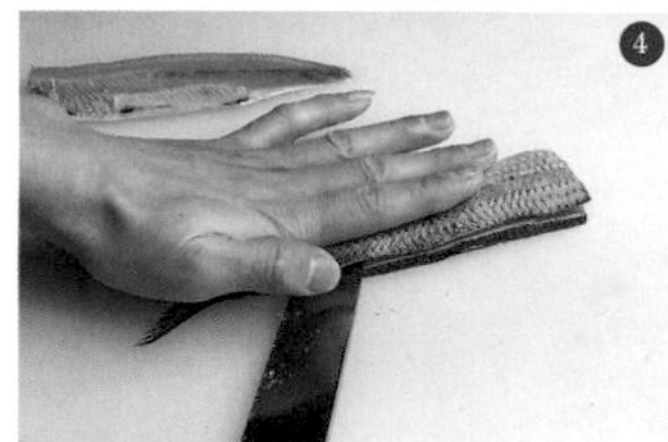

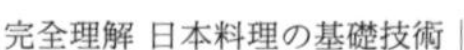

鱉的處理

小心不要被咬傷。一開始先將腹部朝上放置，待其頸部已經伸得夠出來後再緊緊握好，整個處理過程中都不可放開。

切除頭部

①將鱉翻過來放在砧板上，讓牠伸出頸部。
②等鱉為了想翻身而伸長頸部時，迅速地從上方抓住頸部。
③將鱉腹部朝上放置，抓住頸部的手向外側扯扭讓頸部伸出夠長的長度後固定之，再用菜刀刀尖於頸部根部處入刀，切開血管和骨頭。
④抓緊頸部，翻面讓鱉殼朝上後再切斷頸部。
⑤將切口朝下用碗接住放出的血水。

頭部的處理

⑥去掉喉骨。首先於喉嚨處切出一個V字型。
⑦菜刀刀刃朝外將刀身水平插入，從⑥的切口處切除喉骨前端。
⑧使用逆刃菜刀握法切除喉骨（如此便不用再擔心被咬）。
⑨用菜刀的刀根拉出氣管和食道後切斷。
⑩切掉頭部。

鱉的處理

切除頭部

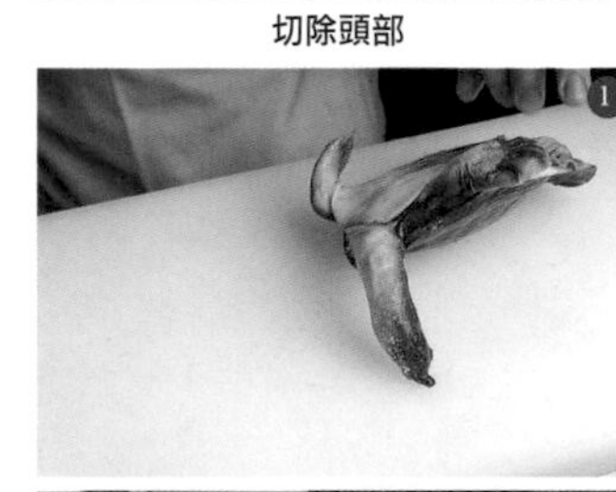

頭部的處理

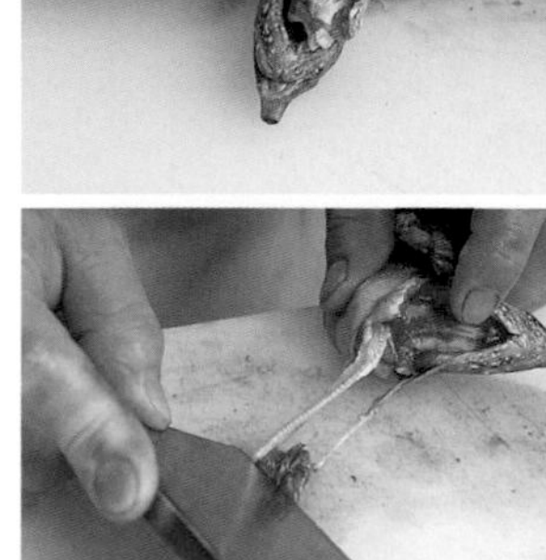

去殼後將肉分切成一半

⑪甲殼的邊緣處有被稱為肉裙的柔軟部位。於肉裙和甲殼的交接處附近用刀尖劃刀。首先從尾部側切出一橫。

⑫接著沿著邊緣切開一圈。注意如果切太深會傷及內臟要小心。

⑬將鱉翻面讓甲殼朝下放置。於切開的切口處用刀尖入刀，移動刀尖切開甲殼內側使甲殼分離。

⑭將腹部朝上放置，在腹甲左右兩處各劃一刀。

⑮從尾部側入刀，削去中央堅硬的圓形部位。

⑯用菜刀刀根壓住切開的甲殼，左手抓住肉的部分輕輕地朝左方向上提起撕開。內臟會附著在尾部側。

處理頭部側的肉

⑰於頭部側的肉兩足中央處縱切，用左手抓住左半邊的肉，將菜刀朝左橫倒（刃朝右）從腹甲上切除一隻腳。接著再切除另一邊。

⑱切除腳尖處。

處理尾部側的肉

⑲切除內臟。

⑳切除膀胱。

㉑切除膽囊。

㉒翻面後於兩足的接合處入刀分切之。

㉓將生殖器和尾骨一併切除。切除足部的爪子。由於細小的骨頭很多，可以切除多一點。

去殼後將肉分切成一半

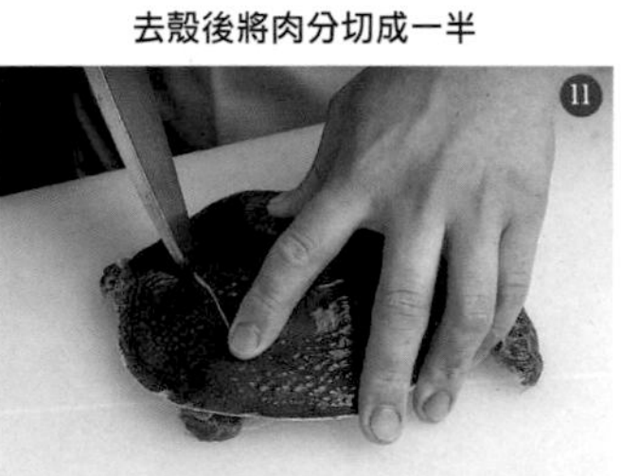

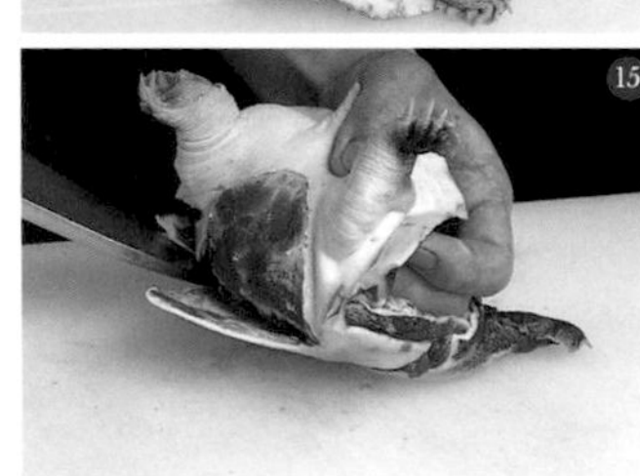

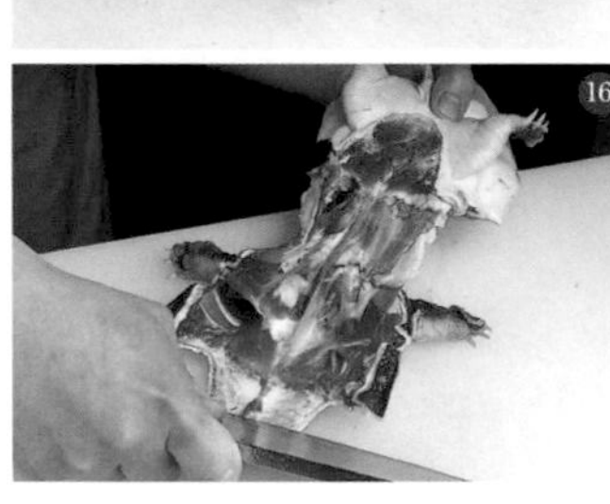

處理頭部側的肉

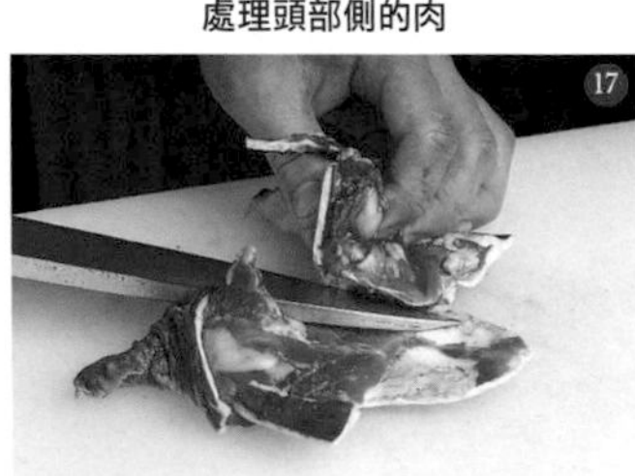

㉔分切完成的鱉。

㉕去除殼上的薄皮。準備可將手指浸於其中2～3秒左右的熱水（水溫約60～75℃），將殼浸在熱水中30秒，剝除薄皮。（肉的部分亦全部霜降處理）

處理尾部側的肉

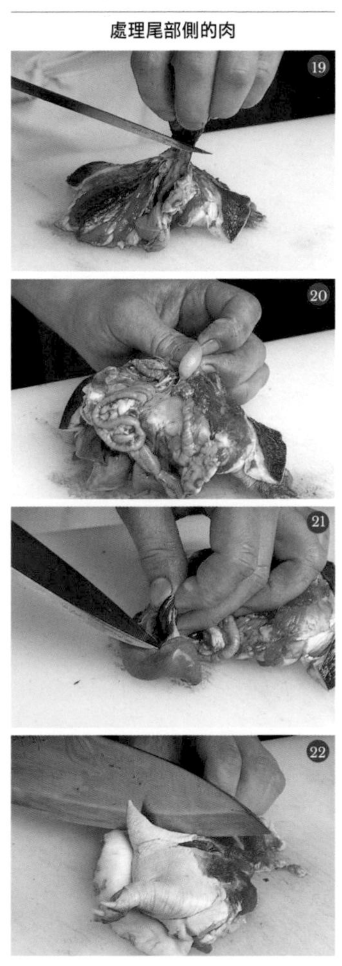

雞的處理（已去除內臟）

必須徹底理解雞的身體當中骨頭和肌理等結構。

分切雞腿

①於雞背的肩膀處至尾椎部的背筋上淺淺劃上一刀。尾椎部處切Y字型分成左右兩半。

②將整隻雞翻面腹部朝上，自左右雞腿根部處入刀。

③抓住左右兩隻雞腿，用手指壓住根部外側將中央向上推，將大拇指伸入②的切口處由內側向外折，卸去關節。

④⑤於雞腿根部處入刀，切離雞肉和雞皮。

⑥用菜刀壓住雞的胴體，扯斷雞腿。

分切雞腿

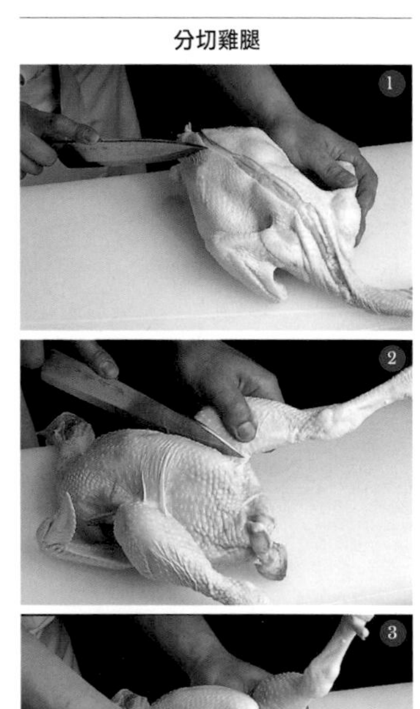

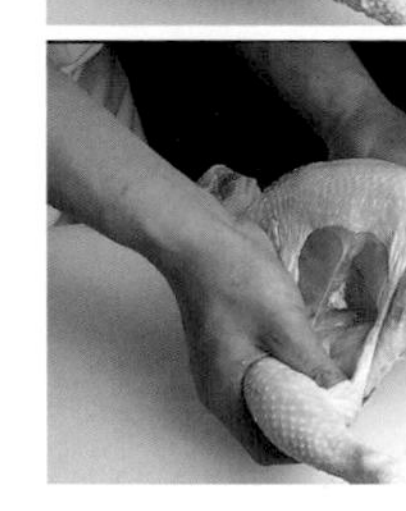

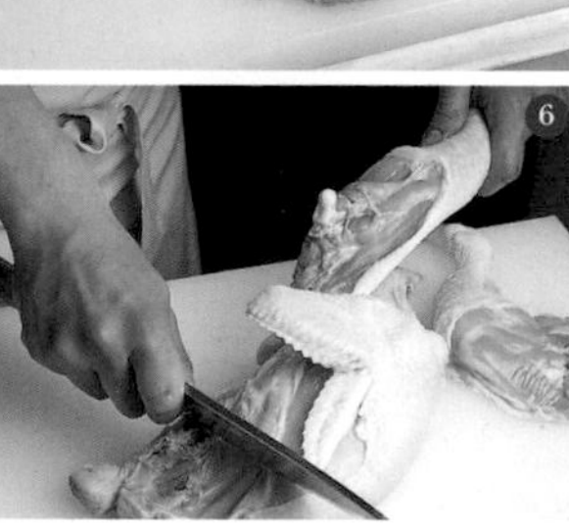

分切雞翅膀和雞胸

⑦用菜刀切斷雞翅膀根部的關節。

⑧將兩手的食指伸入切口處拉開，

⑨沿著胸骨淺淺地入刀，

⑩用菜刀壓著肩膀的骨頭，拉扯雞翅膀剝去雞胸。

⑪⑫依照同樣方法剝開另一半的雞翅膀和雞胸。

⑬自左至右依序為翅尖[16]、翅中、翅腿[17]和雞胸。

分切雞里肌

⑭用菜刀刀尖輕輕插入腹骨和雞里肌之間切開，再切斷兩端的筋。

⑮分切完成的雞腿肉、雞里肌、雞胸、雞翅。

16——翅膀尖端。
17——翅膀上腕。

分切雞翅膀和雞胸

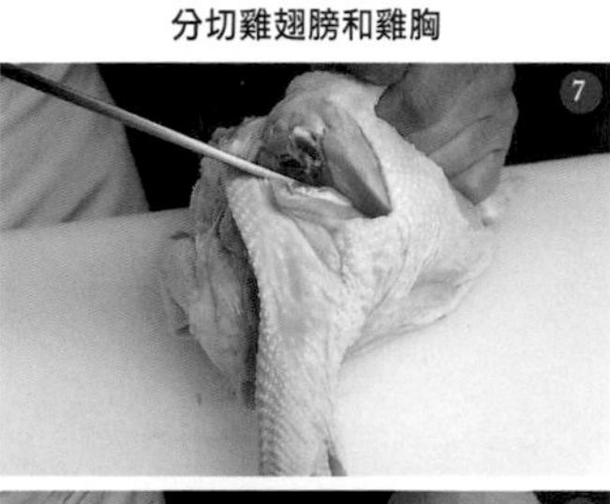

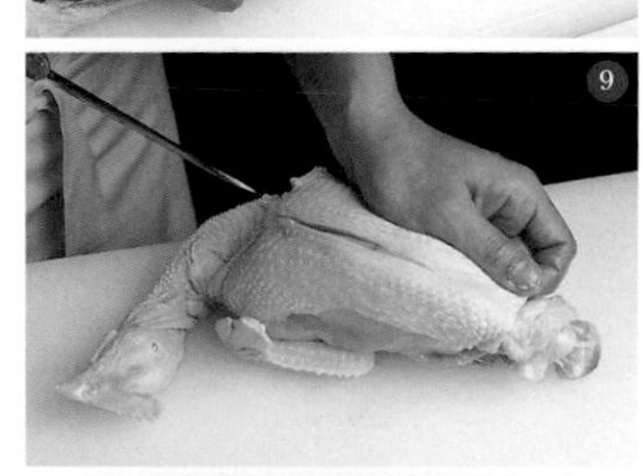

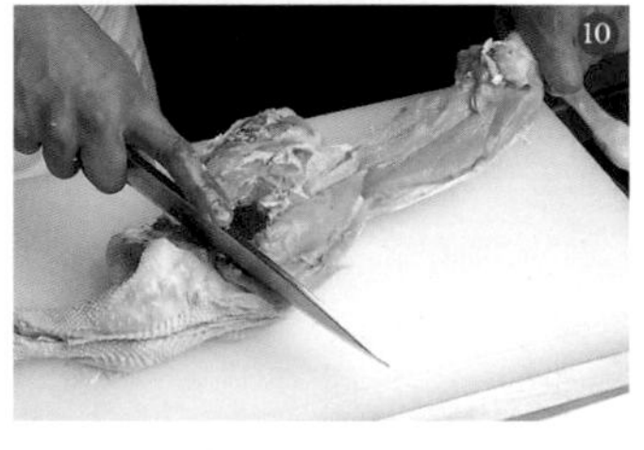

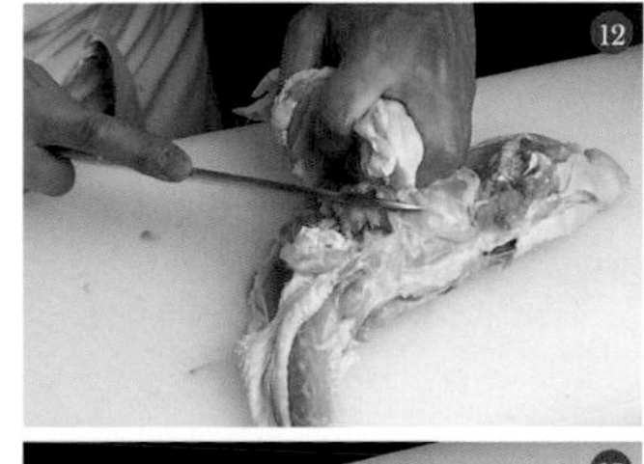

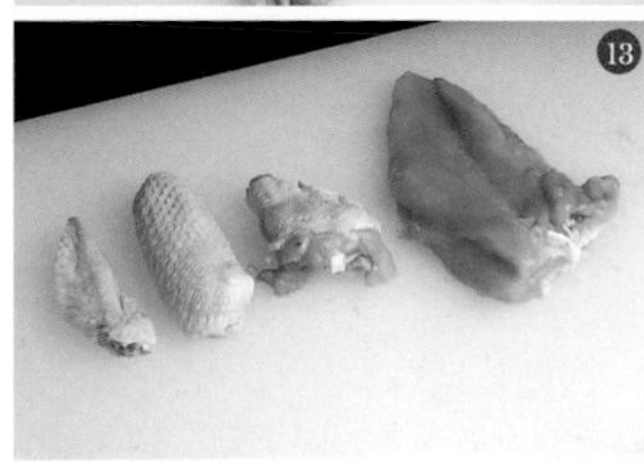

分切雞里肌

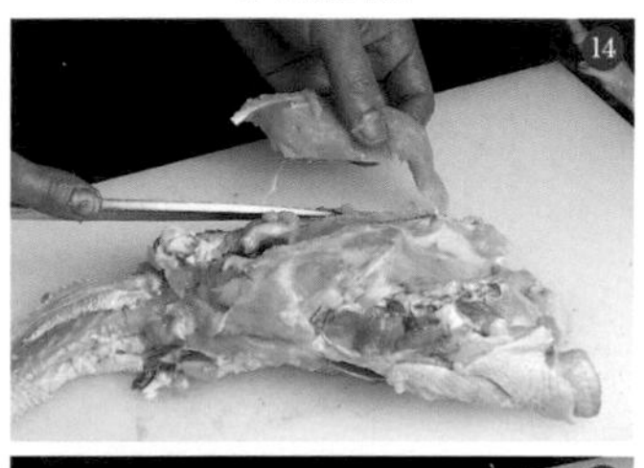

解體雞骨

⑯將肩胛骨自胴體上切除。

⑰⑱用菜刀壓住肩胛骨根部，拉扯頸部根部，⑲自根部處切斷雞頸。

⑳分切後的雞骨。

雞腿去骨

㉑用菜刀刀尖沿著雞腿內側成く字型的彎曲處到根部的骨頭入刀。

㉒用刀尖先淺淺劃一下雞骨兩側。

㉓於大腿骨和小腿骨間的關節處入刀，切斷關節。

㉔折起雞腿用菜刀切斷關節附近的筋。

㉕用刀根壓住骨頭，將肉從骨頭上扯下。

㉖用菜刀在小腿骨兩側劃出見骨切口。

㉗用刀背砍一下靠近雞腳踝處，

㉘折起雞腿，用菜刀壓住骨頭，將肉從骨頭上扯下。

㉙㉚用菜刀在雞腳的皮上劃圈後拉扯左右兩端拔去阿基里斯腱[18]。

雞里肌去筋

㉛在筋的兩端用刀尖輕輕劃刀。

㉜將里肌翻面放置於砧板上，用左手壓住筋的一端，讓菜刀滑過筋的上方剝除里肌的筋。

18 跟腱。

解體雞骨

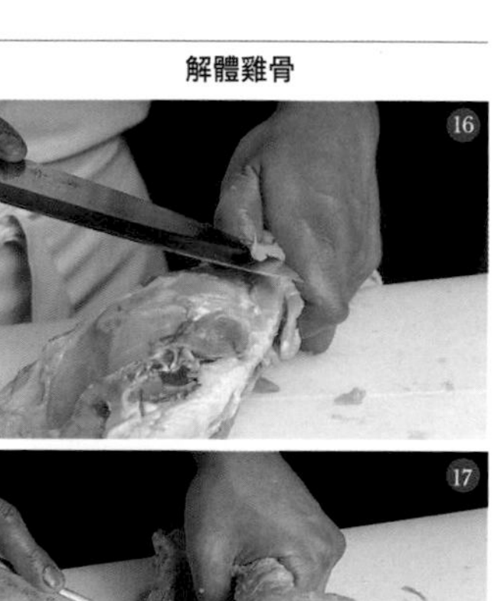

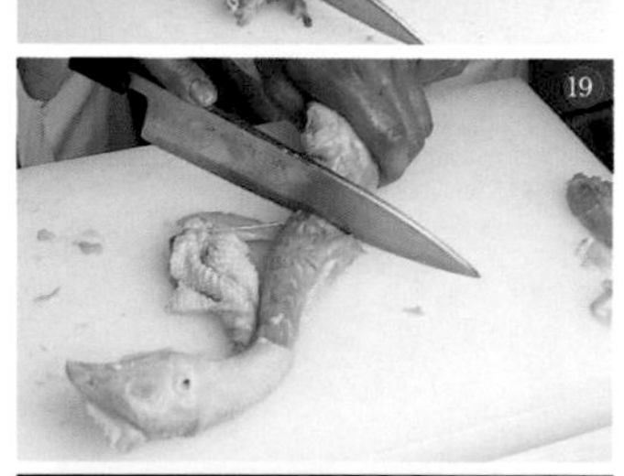

雞腿去骨

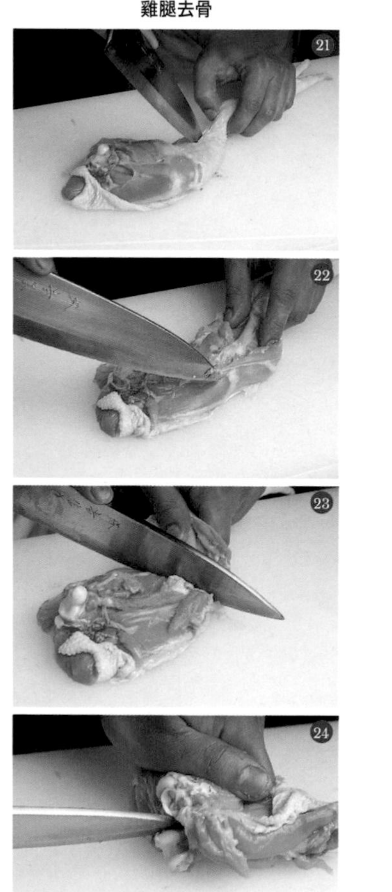

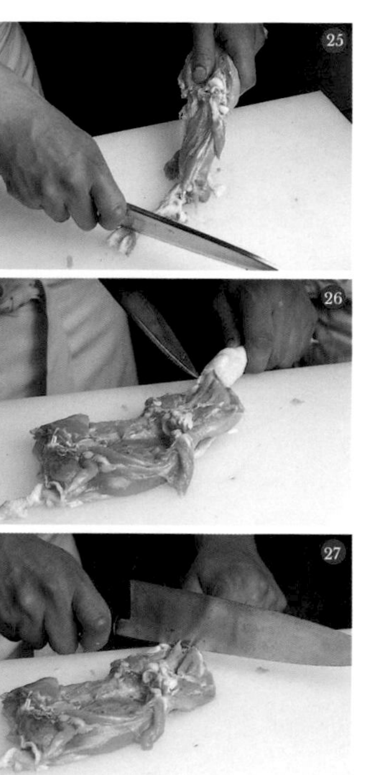

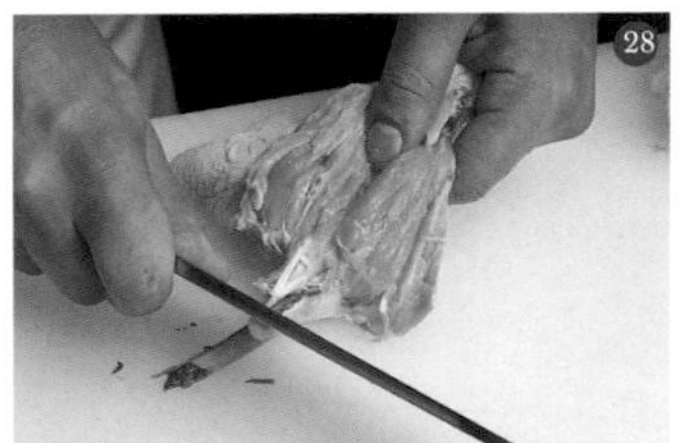

雞里肌去筋

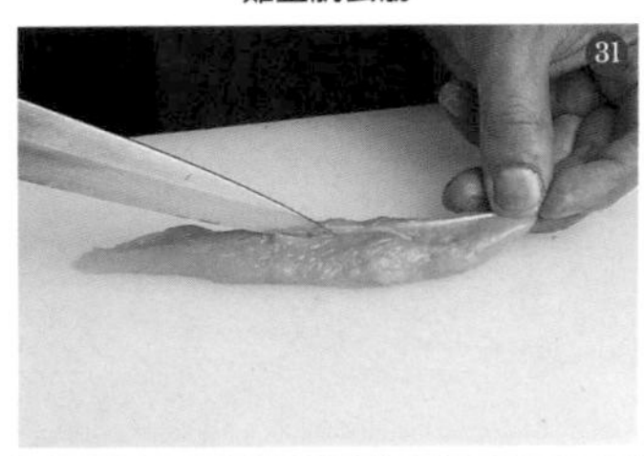

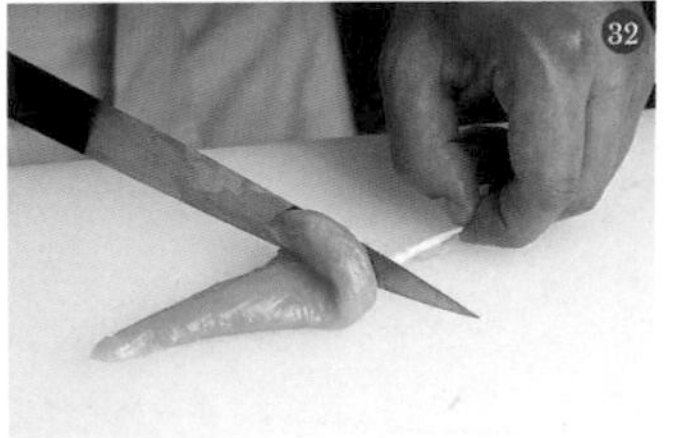

以鯛魚為例，解析工作分配與烹調流程

此節中，讓我們透過使用一整條鯛魚設計幾樣料理來調理的過程，試著來理解脇板、向板的工作內容。鯛魚除了魚肉外，從魚頭、內臟到魚粗[19]等各種部分皆可使用，可變出煮物、蒸物、烤物和生魚片等各式各樣的料理。過程中脇板和向板為了讓烹調能順暢進行，必須在最初的階段便因應各種料理內容做出適當的處理後再將食材送至各個不同的負責單位。關於魚的基本分切方法可參見本書p61～的介紹，然光是拿魚頭為例，凡不同的料理就有好幾種分切的方式。因此如果在一開始的階段就選擇了錯誤的處理方式，便會造成食材的浪費。

由於各店習慣不同，有些地方脇板的工作會由向板負責或者反之由向板負責脇板的工作內容，兩者間的分界會因地制宜，因此以下的介紹中將不會清楚劃分出二者的範圍。

作業流程和脇板、向板的工作

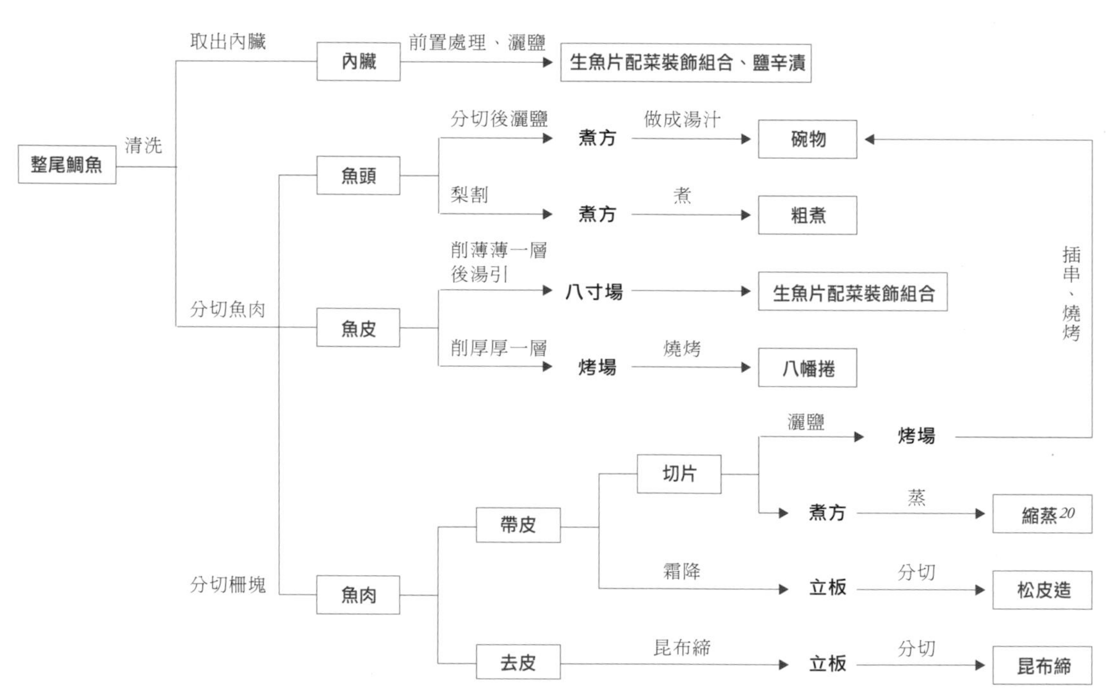

分切鯛魚

①②依照當天的菜單不同，魚肉的使用方式也不同，當然分切方式也會有所變化。例如切除魚頭時要留下多少魚肉部分這都必須先確認過料理內容後才能決定。

③做兜煮[21]等料理時要保留較大魚頭部分。切鰓邊肉的部分時盡量帶多一點魚肉。用水清洗後再取出內臟留作它用。

④使用三枚切法處理魚肉（詳細方法請參照p61～「魚類切片的基本種類」）。從腹側沿著中軸骨依頭→尾的方向切開。

⑤接下來換背側，由尾→頭的方向切。將魚肉從中軸骨上分離，先分切成兩半。

⑥由背肉尾巴根部處入刀。

⑦⑧⑨從背肉部位起，將下魚身分切成三片。中軸骨部分可用於粗煮或者煮湯。

⑩將腹骨剔除。但若要拿來粗煮則不需去腹骨直接將帶腹骨魚肉的部分。

19——アラ（あら），指魚頭魚骨、魚雜等帶骨魚肉。

20——日文原文ちり蒸し，指新鮮食材經熱水燙過時縮小的狀況而得名。主要使用食材為白肉魚和豆腐等。

21——將鯛魚頭煮成甜甜鹹鹹的料理。因鯛魚頭形似武士的頭盔（兜）而得名。

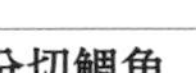

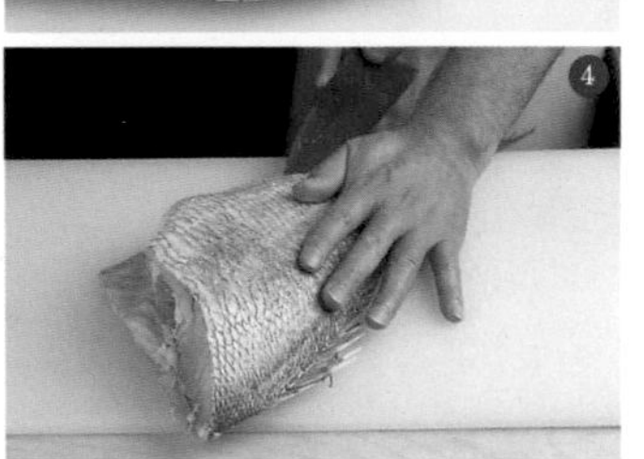

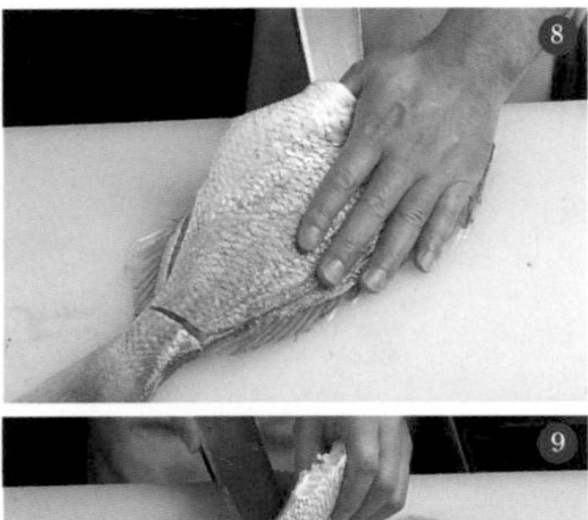

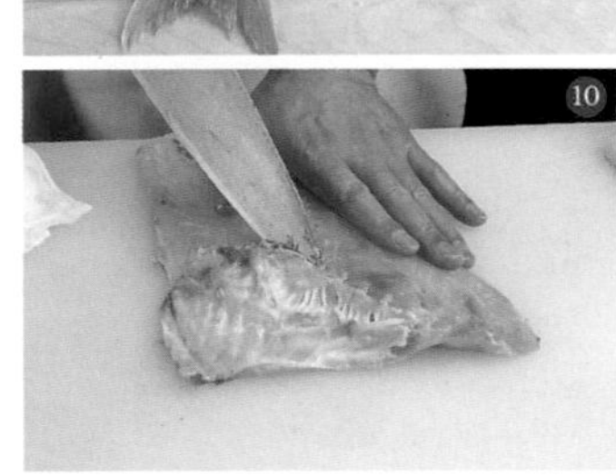

處理內臟

魚經前置處理過後內臟會被取出，依照不同料理內容可有各式各樣的用法。可以水煮過做成生魚片的配菜裝飾組合，或者剁碎做成鹽辛漬。要點是要迅速地處理過後再送到負責的單位。

①將前置處理後取出的內臟分為肝臟、腸和胃。首先先將肝臟切去。

②③將胃和腸分開。用菜刀剔去周遭的髒汙後用水清洗。

④圖右下為肝臟，中央是胃。

⑤將魚腸分切成適當大小後送至煮方處（可水煮後做成生魚片配菜裝飾組合）。

⑥將剩下來的肝臟和胃剁碎。

⑦盛放在篩網上灑鹽，放置3～4小時待水瀝乾。放置一個月以上醃漬後即是鹽辛漬。

分切魚粗

分切完鯛魚後，切下的魚頭和中軸骨的魚粗經常可入菜使用。可以將魚頭切多一點剖成兩半做成兜煮，或者也可將魚頭分切灑鹽後送至煮方處（可用來熬高湯做成碗物）。

①將魚頭剖成兩半（梨割）。先用菜刀刀尖抵住魚唇的正中央。

②拿一條布巾蓋著壓住魚下顎，用菜刀一口氣剖開。

③將下顎的骨頭剁除。

④切去魚鰭前端。

⑤分切魚頭和中軸骨，拿去煮高湯用。（事先

處理內臟

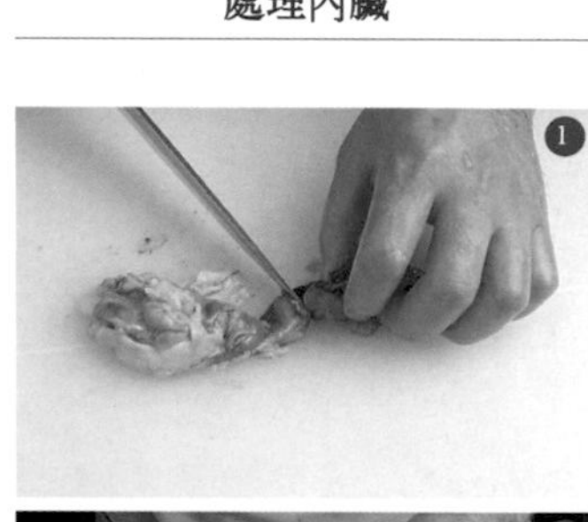

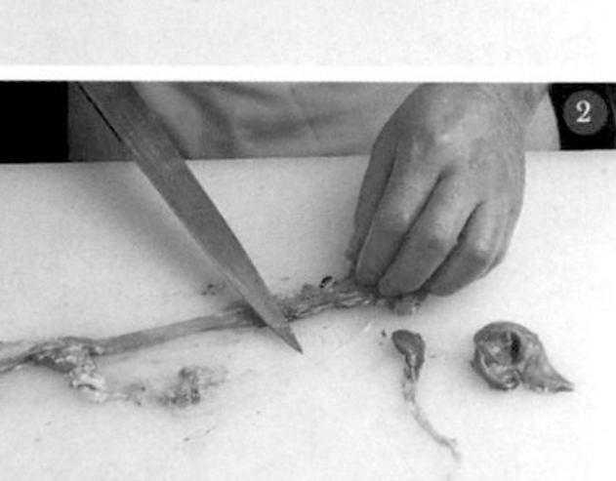

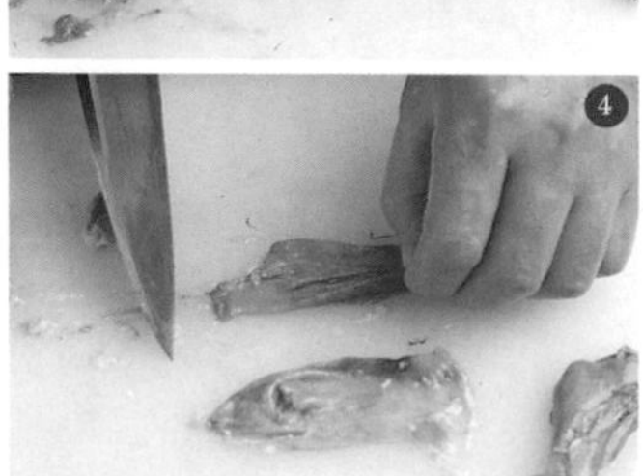

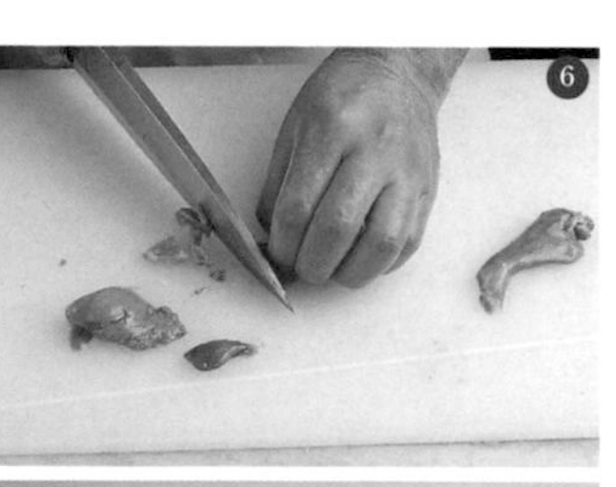

分切魚粗

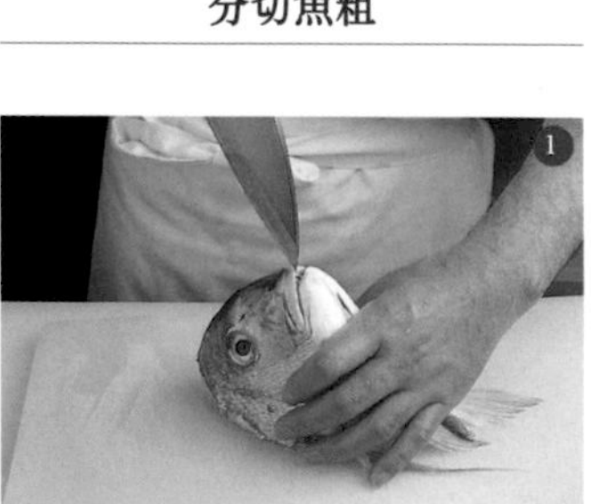

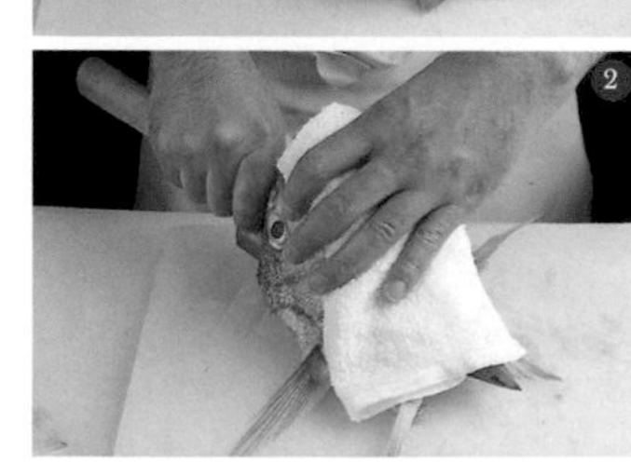

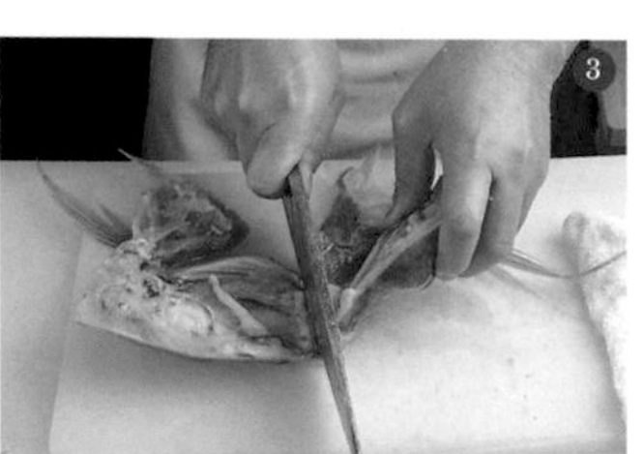

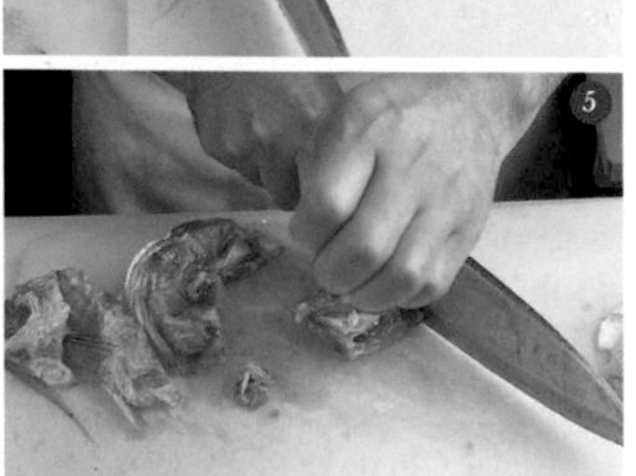

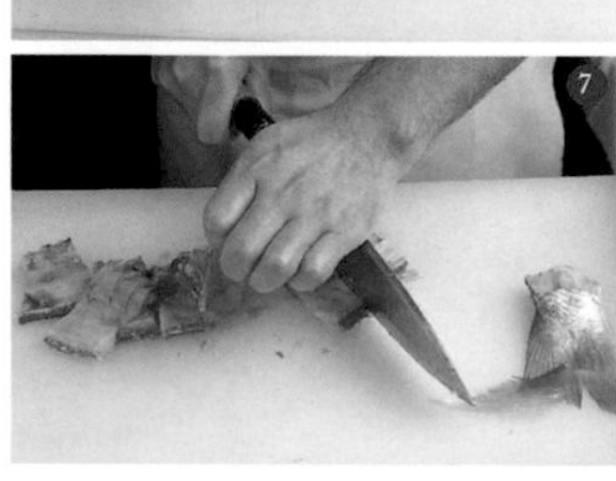

於拔板[22]上灑好鹽）

⑥用刀根剁去堅硬的背鰭。

⑦將中軸骨剁切成數等份。

⑧將剖半後的魚頭再分切成魚下巴、眼睛、魚嘴等六等份。

⑨分切完成的魚頭和中軸骨。將大小一致的小塊放置於事先灑好鹽的拔板上。

⑩從上方均勻灑鹽於全體部分。放置一段時間（30分～1小時）待鹽滲透，使鮮味[23]醞釀。霜降（請參見p82）後送至煮方處。

粗煮[24]（兜煮）

於鍋內加入水、酒、砂糖和醬油混和後煮沸，再放入香菇和牛蒡煮，加入霜降後的魚粗。做粗煮時，前置處理不要在魚粗上灑鹽。

22——抜き板，日式調理器具的一種，長得很像壽司台，木板下有腳墊高。用來暫時放置處理中的食材，也可於調理過程中使用。

23——旨い（umai），在台灣普遍稱之為「鮮味」，日本化學家池田菊苗於1908年定義基本四味（酸甜苦鹹）之外的第五味。

24——粗，アラ（あら），指魚頭魚骨、魚雜等帶骨魚肉。粗煮則指帶骨魚肉的料理方法。

粗煮（兜煮）

做成湯汁（碗物）

①～④將魚粗湯引後去除髒汙和血水。

⑤⑥以每400g的魚粗加4公升水的比例，加入一片12～14cm的昆布，煮滾後將昆布拿起。調味後加鹽做成潮汁，加入葛粉細麵，放入烤過的鯛魚片（p81中烤場處理過後送來的部分），最後盛上配菜裝飾組合即大功告成。

做成湯汁（碗物）

分切柵塊

鯛魚經清洗處理後的魚肉，除了用於燒烤外無論是要用於生魚片或者切片，都需要先分切成柵塊。一般做法為將三枚切後的魚肉的腹骨剔除，切除血合肉等部分後沿著魚身的肌理分切成稱手的大小，不過分切的方式也會因應料理不同而有所改變。以下介紹三種代表性的分切法。

①②剔除三枚切後鯛魚（圖片為上魚身）的腹骨，將變薄的魚肉切除（也可以不切掉）。沿著帶中軸骨的部分分切成腹肉和背肉，去掉血合部分。

③④希望做出偏大的切片時，若是採用上述步驟，則尾部側的魚肉將會太小，於是一開始便將尾部側的魚肉分切成一塊大小後再分切成腹肉和背肉。

⑤希望切出和背肉一樣長的切片時。不從血合部分分切成兩半，而是夾著血合部分將尾部側的魚肉橫跨腹肉部分分切成同樣寬度的魚塊。

⑥下圖為一般分切後的狀態。比較後可發現柵塊全體呈幾乎同樣寬度，全部皆可用到不會有任何浪費。

分切柵塊

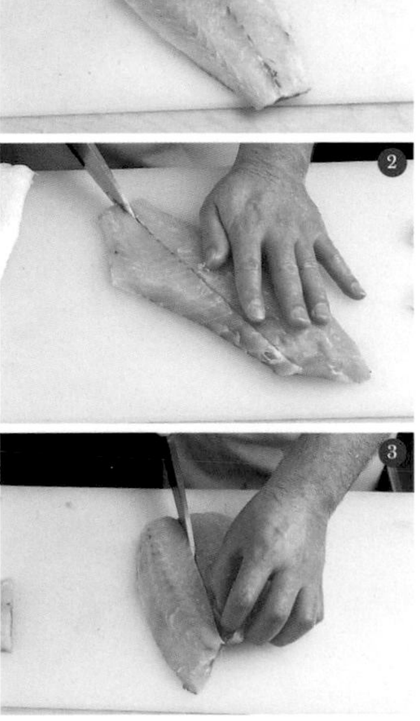

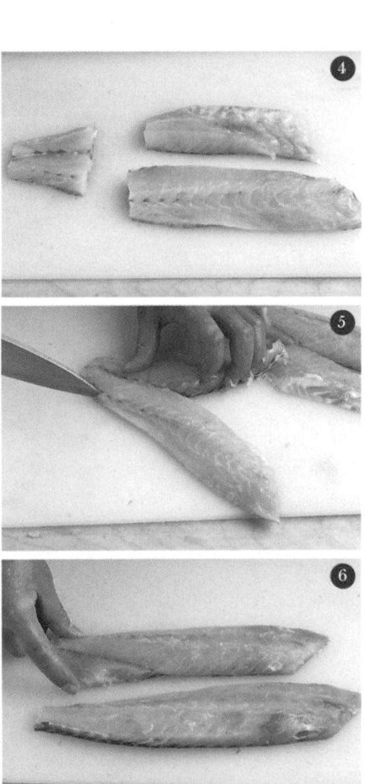

去皮

在分切成柵塊時可分成帶皮和去皮兩種。一般來說去皮時會希望盡量削得越薄越好，但也有故意留下比較多肉以做成八幡捲的做法。鯛魚的皮十分美味，因此就算削成薄薄的一層魚皮，也可以川燙後做成生魚片的配菜裝飾組合。

①②將切成柵塊後的頭部側朝上，魚皮朝下放置，用左手掐住魚皮在接縫處入刀。將菜刀壓住依尾部側→頭部側的方向滑動刀身削去魚皮。①為向外削，②為向內削。

③要做成八幡捲等使用帶有魚肉的魚皮時則要切得稍厚。要用以做八幡捲的食材處理後送至烤場。

④左起為削得厚厚的魚皮、去皮前的魚肉、削得薄薄的魚皮、去皮後的魚肉。

八幡捲

用④削得稍厚的魚皮包住牛蒡再用數支竹串固定，將金屬串呈末廣（參見p96）插入。用木炭或者烤爐燒烤後，澆淋上醬汁後分切即完成。

配菜裝飾組合

將魚皮入水川燙，待魚皮呈紅色即可拿起。可用於生魚片配菜裝飾組合。

去皮

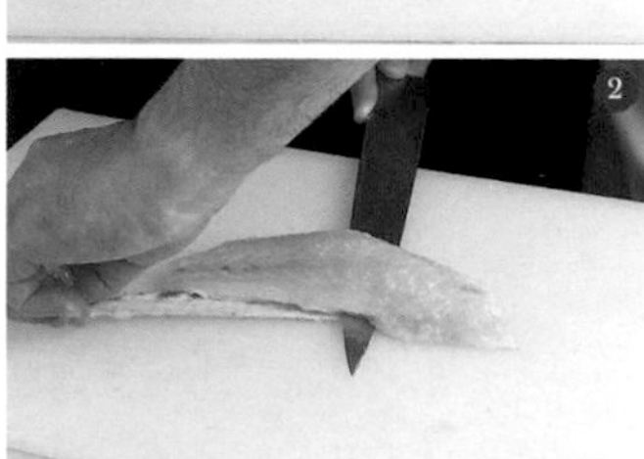

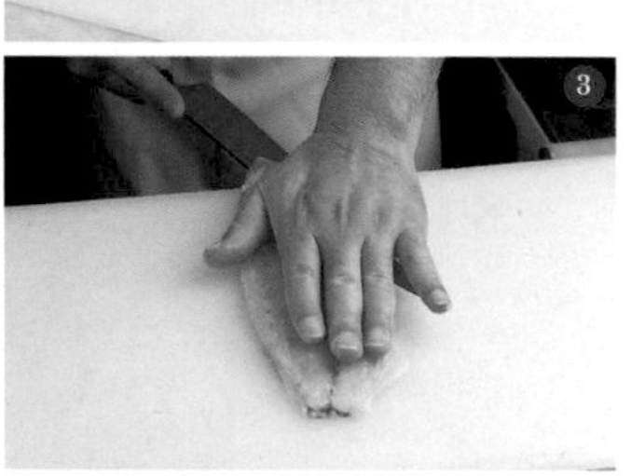

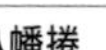

八幡捲

切片

將柵塊分切成適合大小的魚片，再經灑鹽等處理後送至各負責單位也是脇板（或者向板）工作的一環。用於碗物時，將魚粗分切後灑上鹽，送至煮方處做成高湯，又或者是切成碗種用的魚片後灑上鹽送至烤場。如果不能全方位地掌握時間和材料的分配是做不來脇板的工作的。

①將柵塊切成生魚片薄造。將皮目[25]朝下，左手手指稍為打開輕輕從上方壓住魚塊。將菜刀朝右橫倒（刃朝左），使用刀根到刃尖部分，刀身逐漸朝左直立往往自己的方向拉切。

②將魚片排放於灑好鹽的拔板上，再從上方於全體灑鹽後放置30分～1小時後送至烤場。

碗種

待魚片上的鹽已充分滲透，插串用木炭或者烤爐燒烤後，送至煮方處（參見p78）。

25——日文「皮目」，指魚皮較白的那一面，通常會先烤。

切片

配菜裝飾組合

碗種

霜降・湯引

將帶皮的魚用熱水燙過的技法，可分成霜降和湯引兩種做法。湯引法的加熱程度較低，只到表面變色即止。經燙過後魚皮會變得較軟易入口也較好吃，因此常用於做松皮造等料理時。霜降法則是直接將食材放入水中川燙，具有去除魚表皮的髒汙和雜質的功用，因此常用於做粗煮等料理時。要點是不可加熱過度，在燙過後必須立刻用冰水降溫。

湯引

①將切成柵塊後帶皮的部分朝上放在拔板上，蓋上浸濕的棉布。用湯勺將全體淋上熱水。

②持續澆淋數次熱水直到表面因受熱而從兩端開始捲起。

③待表面變色後，浸入裝有冰水的碗裡去掉餘熱。再用布擦乾。

霜降

①粗煮（兜煮）時用。煮沸一鍋水，關火後放入鯛魚頭。

②當表面燙熟後，胸鰭會漸漸立起，可依據此來判斷拿起時間。

③浸入冰水中去掉餘熱。

④去除前置處理時未清除乾淨的魚鱗和髒汙。霜降後魚鱗會比生的時候更容易剝離。處理後送至煮方處。

霜降・湯引

湯引

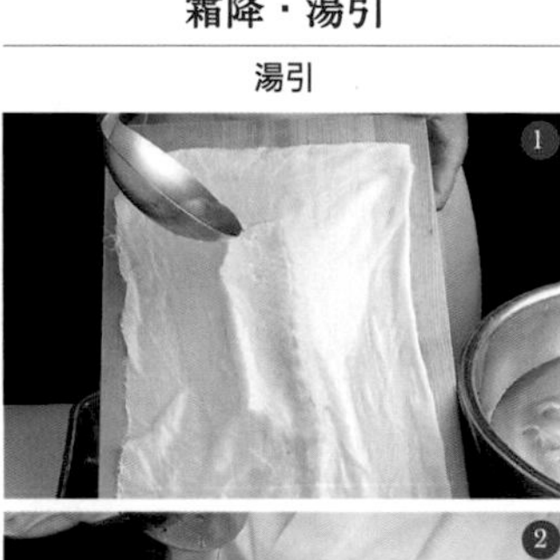

霜降

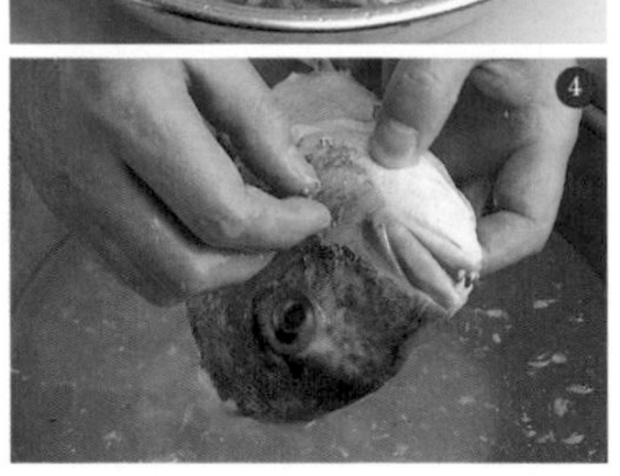

松皮造

①②將快速湯引後的鯛魚（p82）皮目朝上放在砧板上，採平造。平造為最基本的生魚片造型切法，將魚垂直切成小片的一種方法。圖中將一片生魚片一刀下去只切一半不切斷的八重造。

縮蒸

按照料理所需大小分切完成後送至煮方處。從湯引的步驟（有些店則包含分切的步驟起）開始則由煮方來調理。將魚放置在鋪有昆布的調理盤上蒸。

松皮造

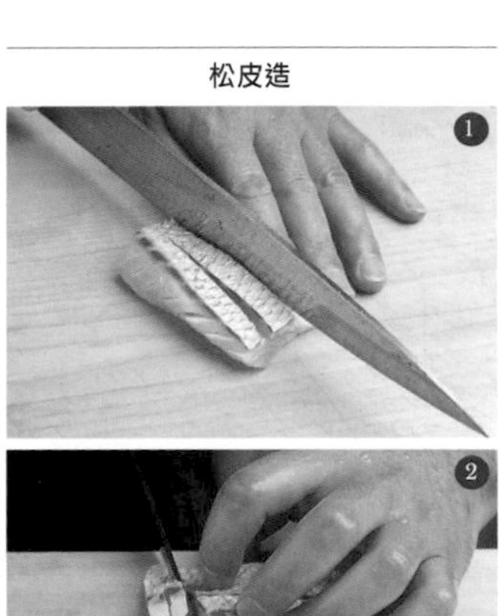

縮蒸

昆布締

昆布締亦是常由向板負責的工作內容。是醃漬灑過鹽的魚使昆布的香氣和鮮味滲入其中的一種手法，常用於白肉魚。

①將鯛魚分切成柵塊，去皮後灑鹽放置30分～1小時後，用水洗去鹽分再用布按壓擦乾。
②將鯛魚浸在加了醋的調理盤中用布按壓，或者用廚房紙巾浸了醋後輕壓魚肉。
③仔細擦拭昆布表面，去除沙子和髒汙。
④在灑了薄鹽的調理盤上鋪滿昆布，將鯛魚排列好後上層再蓋上昆布。
⑤將調理盤重疊數層並壓實，於上放置適當的重石約3～4小時。
⑥可用數條橡皮筋纏繞以代替重石亦十分便利。

昆布締

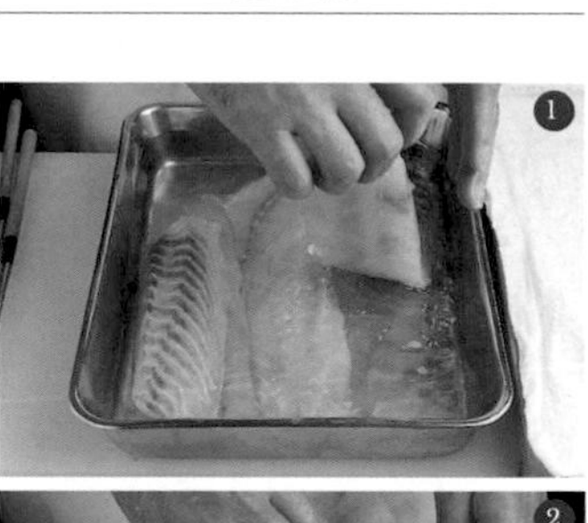

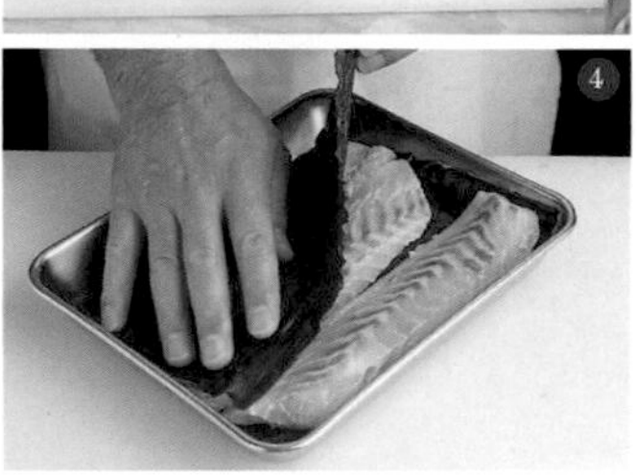

鹽的使用方法

此節解說處理後的食材送到各單位後用鹽的幾種方法。

強鹽法

在製作鹽醋鯖魚等料理時有時需要灑上整個覆蓋住魚肉的厚厚的一層鹽。這稱之為強鹽法，針對容易腐敗的鯖魚等魚種，可使其脫水提高防腐作用。

此處介紹的是在用鹽醃前先用砂糖醃過的手法。砂糖亦幫助進行脫水作用，且因為砂糖較鹽不容易滲透入味，先用砂糖醃過一次將大部分的水分去除後洗淨砂糖，之後再用鹽去醃，可以做成鹽和醋的味道溫和不強烈的鹽醋鯖魚。

①一般用鹽醃時，要將分切好的鯖魚灑上厚厚的鹽後放置3～4小時（較新鮮者1小時30分）使其脫水。圖為用鹽醃之前先灑上砂糖的做法。由於分子大小，砂糖較鹽更不容易滲透入魚肉中入味，可以看到表面呈現水飴狀。因此放置40分後可在不入味的情況下達到某種程度的脫水效果。

②③先洗去砂糖，灑鹽後靜置約1小時30分。同時經過糖和鹽的醃漬可使魚充分脫水，達到較好的防腐效果並且味道不會過鹹。

立鹽法

①利用水將鹽滲透到較薄的魚肉全體的手法。於3％的鹽水中放入昆布，再浸入分切好的魚肉。

②為了保鮮，特別是夏季時必須將水溫維持在10℃以下。圖為正放入冰塊的畫面。

強鹽法

1

2

3

立鹽法

1

2

紙鹽法

此手法利用吸收了鹽分的濕紙讓鹽滲透到食材全體。亦適用於將鹽分滲透至較薄魚肉全體。

①先於砧板（拔板）上灑鹽。
②將和紙噴濕，鋪在①上。
③將分切好的魚（圖中為小鰭[26]）排列於上。
④在上面再覆上一層和紙，並將紙噴濕。
⑤在④上方灑鹽，放置1小時左右。鹽會溶化到和紙中後滲透到魚肉裡。較直接灑鹽的做法，紙鹽法做出來的魚較不會過鹹。

26——鰶魚，學名Konosirus punctatus窩斑鰶，扁屏仔、油魚、海鯽仔，原文的Kohada（小鰭）指的是長約10公分左右的幼魚。

脇板、向板的工作⑧

生魚片料理的配菜裝飾組合與基本擺盤方式

接下來要介紹的是板場不可或缺的工作內容，依序為生魚片配菜裝飾組合的準備和做法，以及基本的擺盤方式。不要操之過急，一步一步地將這些技巧收為己用後，便會對切生魚片大大有幫助。

❶紫蘇葉[27]❷小黃瓜花[28]❸細香蔥[29]❹德島酸橘❺款冬❻油菜花❼山蕨[30]❽花蓮藕❾莢果蕨芽❿大野芋⓫蘆筍⓬生鮮防風⓭白瓜昆布締⓮獨活⓯姬竹筍⓰水前寺藍藻[31]⓱雞冠菜⓲生鮮海藻⓳膨大海⓴海帶芽㉑紅蓼㉒紫蘇芽㉓蘘荷㉔牛尾菜㉕紫蘇穗

紙鹽法

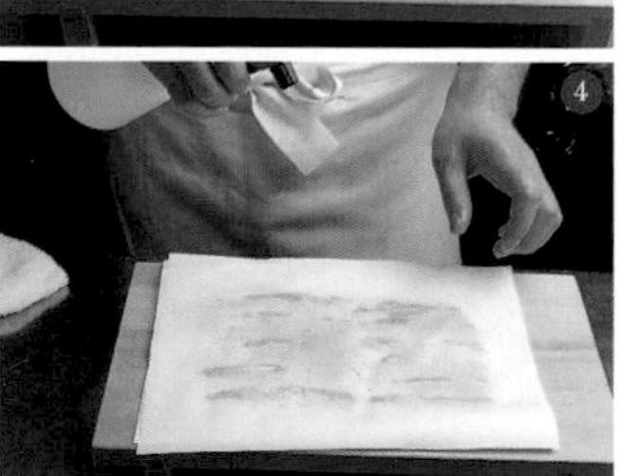

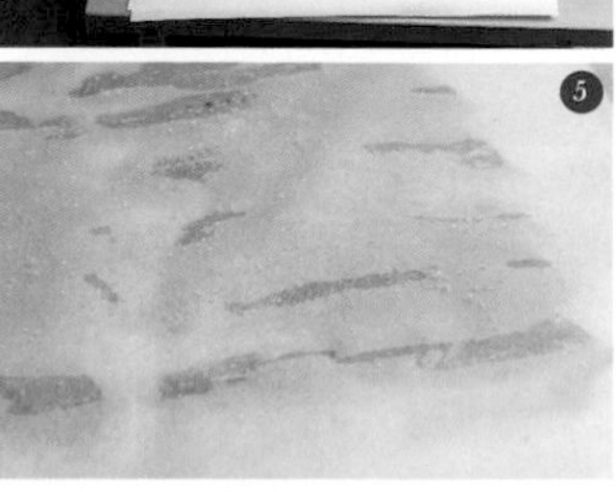

妻[32]

以下介紹代表性的生魚片之妻的製作方法。

妻的功用除了去除魚肉腥味，清新味覺外，同時也有表現季節感的功能。原本妻的作用似乎是幫助消化，經常用於妻的食材除了白蘿蔔等蔬菜絲外亦常用到乾貨和海藻類。

準備妻亦是脇板（或向板）重要的工作。配合食材和季節會做出不同搭配，因此如果能每準備一道菜都做好筆記，將來定會大有幫助。

(1) 劍

劍為最具代表性的妻，其中又以白蘿蔔劍最受歡迎。將蔬菜切成劍後泡在冷水後瀝乾，使其口感爽脆。沿著纖維切絲稱縱劍，而垂直將纖維切斷者稱橫劍。

縱劍

①將白蘿蔔桂削後重疊數片和纖維平行切劍。

②浸泡至水中，用手整理成同方向握成一把後瀝去水分。希望讓劍立起時，先將一頭整理好再將用大拇指壓平另一側（放在下方的那一側）。

③完成。

橫劍

①將白蘿蔔桂削後再切成約三隻手指寬。

②將①重疊水平放置，用將纖維切斷的方向切劍。切好後浸泡至水中，待其變脆後便輕輕擰乾水分。

③完成。因為纖維被切斷，會自然呈鬆散的捲起狀。

❶白瓜劍❷蘘荷劍❸白髮蔥劍❹櫻桃蘿蔔劍❺南瓜劍❻紅蘿蔔劍❼馬鈴薯劍❽白蘿蔔劍❾小黃瓜劍

27——日文稱大葉。

28——日文稱花丸胡瓜。

29——又稱蝦夷蔥或香蔥。

30——蕨，台灣常稱過貓，但此處為日本種。

31——日文稱水前寺海苔。

32——つま，日文漢字為「妻」，為日本料理中專指陪在主菜身邊的固定配菜。各具不同功能和裝飾作用。

(1) 劍

縱劍

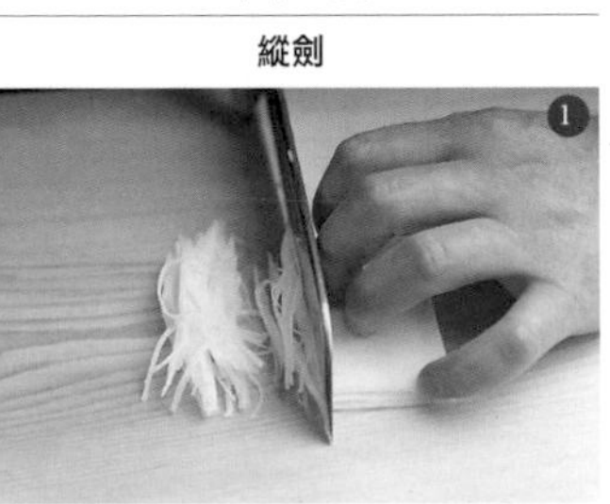

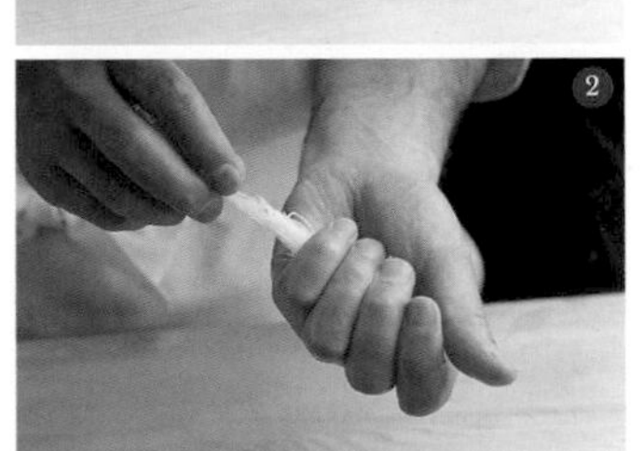

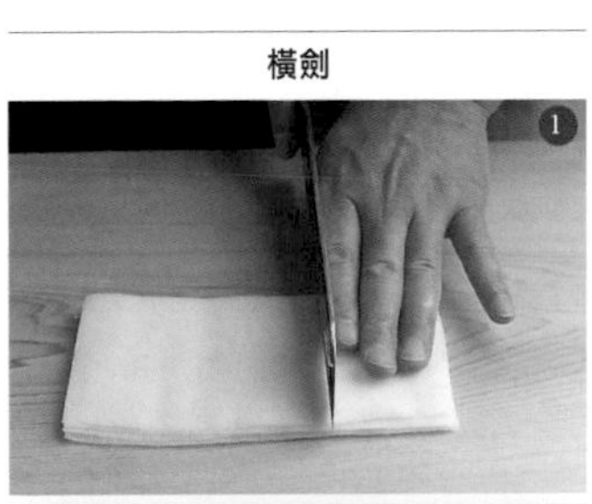

(2) 蔬菜之妻

使用蔬菜之妻可為生魚片增艷不少，更可表現出豐富的季節感。以下介紹幾樣代表性的蔬菜之妻，其中一些附上圖說明製作步驟。另外一併收錄p86的圖中沒出現的唐草蘿蔔葉和網狀白蘿蔔的做法。

小黃瓜花

①於小黃瓜花可食用的花梗處抹上鹽後揉搓之。

②先過一下熱水使其發色漂亮。

③為維持水嫩狀態，在裝水的調理盤上封上鋁箔紙，戳洞後將1支支小黃瓜花插入。

白瓜昆布締

①去除白瓜的芯。

②灑鹽後於砧板上搓一下。側面和內側也要灑上鹽。也有浸在鹽水中的做法。

③用布擦乾淨昆布後鋪在調理盤上，放上白瓜後再蓋上昆布，上壓重石後放置約3小時～半天時間。

小哈密瓜

用絲瓜清潔球搓去小哈密瓜的薄皮，浸到熱水後泡冷水使其發色漂亮。

錨防風

p86的圖片中是未加處理的防風，但有時會將防風的尖端彎曲做成錨防風。

(2) 蔬菜之妻

小黃瓜花

白瓜昆布締

小哈密瓜

錨防風

①將防風莖部尖端處用針縱切成四等份。

②放置於水中一段時間後尖端會自動蜷縮起呈錨狀。

唐草蘿蔔葉

①將蘿蔔葉從莖上去除乾淨。

②③在莖上切出斜口，注意不要切斷。

④將沒切口的面朝下，縱切莖部後泡到水裡。

⑤放置一段時間後，會自然彎曲起來如圖所示。

網狀白蘿蔔

①將白蘿蔔桂削後浸到鹽水裡泡軟。

②如圖，從靠自己方向開始平捲。

③等間隔平行入刀，注意不要切斷另一端。切好後再捲一圈左右，這次於另外一面切口，切時必須和一開始切的切口交互錯開入刀。

④展開後會呈現網狀如圖。

⑤⑥要小心若間隔太大網目會像圖中一樣變大容易破碎。

⑦另一種做法。將白蘿蔔的一端切掉，約切成寬約15cm後將四邊角面取，削成漂亮的形狀。不需要削成完全方正的四角形。於中心處串入竹串。如圖所示，於各邊交互錯開入刀，並切到碰到竹串為止。

⑧⑨切完後將白蘿蔔桂削，浸到鹽水裡泡軟後再用水清洗之。

唐草蘿蔔葉

網狀白蘿蔔

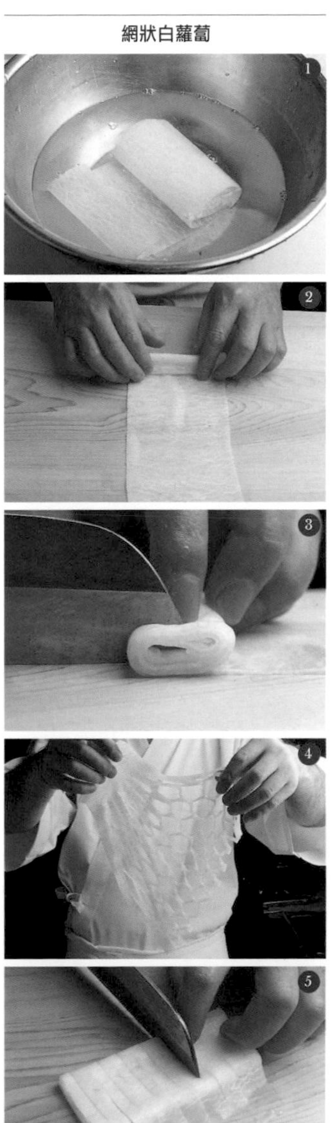

(3) 乾貨、海藻之妻

使用乾貨或海藻之妻有許多都需要浸水泡開或者是洗去鹽分的前置處理，因此在確定菜單後必須盡早著手處理。

膨大海

①膨大海為原產於中國的膨大海樹的乾燥種子（圖右）。很適合搭配油膩的食材。圖中左右分別皆為20粒的膨大海。浸於水中1小時泡開後大約會膨脹為8倍大（圖左）。

②泡開後去除掉表皮。

③將中心處帶的種子一併去掉後放於篩網上瀝乾。

水前寺藍藻

①將暗綠色紙狀的水前寺藍藻用水泡開。

②為了讓顏色更青，放入裝水銅鍋中用小火煮約1小時。

③顏色會呈現圖中一樣青綠。

④左邊為用銅鍋煮過者。右邊為一般泡水後的水前寺藍藻。

石耳[33]

①石耳為地衣植物的一種，特徵為背面呈白色，摸起來觸感粗糙。

②將石耳浸於1公升水加入1.5%的醋當中，為了去除雜質，再加入白蘿蔔泥（亦可使用白蘿蔔汁）後水煮。

③經過3～5分後會呈現圖中的濕潤狀態。

(3) 乾貨、海藻之妻

膨大海

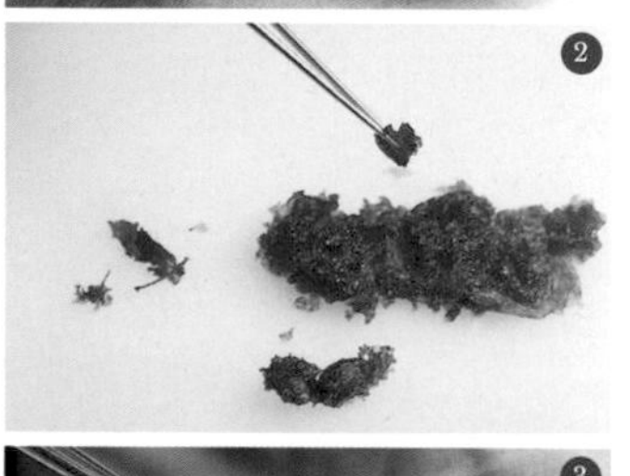

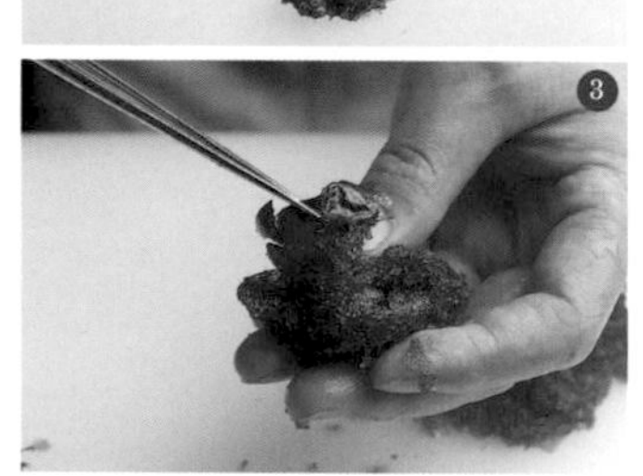

水前寺藍藻

石耳

④浸到水中，用手仔細搓揉去掉髒汙。

⑤⑥用菜刀切除石耳的基足[34]。

山葵、山葵泥容器、白蘿蔔泥

不僅是生魚片，準備山葵泥和白蘿蔔泥的工作也十分重要。p121處將會介紹各種白蘿蔔泥，此處則先解說以山葵為首的實際磨泥方法。此外亦會簡單介紹山葵泥做為生魚片配菜裝飾組合時所使用的容器——山葵泥容器的簡單做法。

磨山葵泥

①將山葵清洗清理乾淨。用刀背削除接近葉柄基部處。接著用刀根削平表面褐色的凹凸處。

②將要磨的前端（莖部基部部分）稍微削尖。

③像畫圓一樣磨泥。使用孔目細小的磨泥器（圖中為鯊魚皮製成的磨泥器）才能磨出具有黏性且細緻的泥。

山葵泥容器

①將紅蘿蔔剝皮後削成圓柱狀。再切出像圖中所示的刀痕。若使用小黃瓜則不再切出刀痕。

②將①像削鉛筆頭一樣轉兩周削成。

③完成。

33——日文漢字寫做岩茸，又名石壁花、石木耳、岩菇。

34——和生長基座連接處的部位。相當於蕈類的菌托。

山葵、山葵泥容器、白蘿蔔泥

磨山葵泥

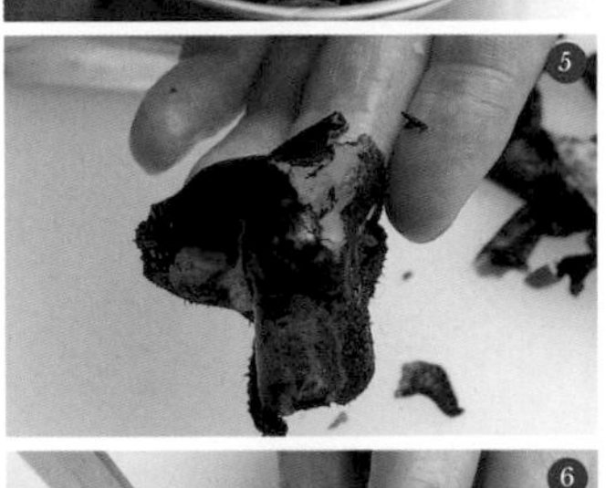

山葵泥容器

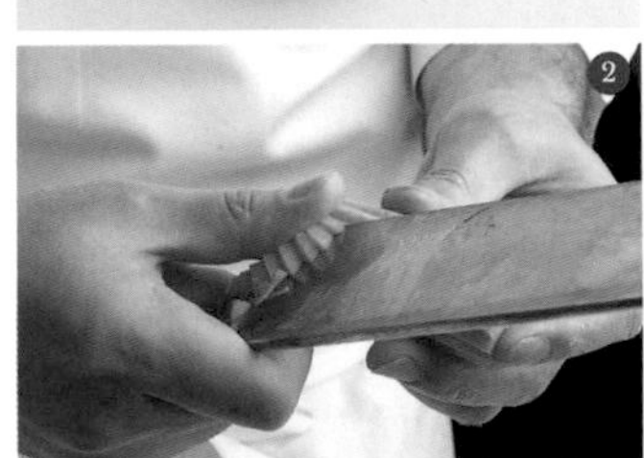

各色磨泥器

紅葉泥

①將白蘿蔔去皮後用筷子等戳出幾個洞。

②將紅辣椒套在筷子上，嵌入洞裡。

③必須立刻磨成泥，這是因為紅辣椒一旦被白蘿蔔的水分所浸濕後會變硬，就無法和白蘿蔔一起順利磨成泥。將白蘿蔔抵住磨泥器便可漂亮磨成泥。

④⑤若無法使用上述方法時，亦可將切成半月片的白蘿蔔夾住三根去籽的紅辣椒後磨成泥。

沾醬用醬油

和炸物要搭配天婦羅醬汁一樣，生魚片必須要搭配菜單內容準備沾醬用醬油。沾醬用醬油由於加了調味料和其他香辛料，具有調和生醬油的味道和去除魚的腥臭味之功效。以下將介紹具代表性的土佐醬油的製作方法。事實上這應該是煮方的工作內容，然調味料和醬油、高湯的配方必須根據搭配的食材來做出調整，因此根據不同菜單內容來嘗試味道並好好記住日後將會大有助益。

土佐醬油

①原本土佐醬油指的是用溜醬油[35]和濃口醬油[36]混和後煮滾再加入柴魚後關火取出柴魚，再經過濾而成的醬油，但WAKETOKUYAMA的土佐醬油特徵是加了高湯後帶出的鮮味和醇厚。按醬油10對上味醂1酒1高湯5的比例加入昆布後加熱。

②煮滾後加入一搓柴魚片，待其再次沸騰後過濾之。

紅葉泥

沾醬用醬油

土佐醬油

其他沾醬用醬油

土佐醬油《使用薄口醬油》（用於白肉魚）

按薄口醬油10：酒2：高湯7的比例在鍋裡混和，加入柴魚和昆布煮滾後過濾再冷卻之。

梅肉醬（用於狼牙鱔、白肉魚）

按煮掉酒精成分（NIKIRI）的酒1：高湯1的比例混和後再加入梅肉和濃口醬油。

香味醬（用於章魚、烏賊、鰹魚土佐燒[37]等）

將白飯50g放入食物調理機中打成膏狀，加入50cc水、30cc濃口醬油、15cc醋、15cc芝麻油、蘘荷3個、紫蘇葉10片後加以攪拌成膏狀。

黃金醬油（用於紅肉魚）

將白飯50g和水煮蠶豆50g放入食物調理機中，加入2顆蛋黃、1大匙味噌、2大匙濃口醬油後加以攪拌，最後再加入白蘿蔔泥和芋頭拌勻。

煎酒（用於經昆布締等事先入味的食材）

將250cc水、250cc酒和3個日式梅干加入鍋中煮至水剩一半濃稠狀(NITSUME)，再放入昆布和柴魚片後過濾。可根據搭配的料理加入薄口醬油調整味道。

綠醬（用於鹽醋鯖魚等青銀色魚）

將白飯80g和水煮後的小松菜70g放入食物調理機中，一邊將100cc水慢慢加入邊攪拌。再加入3～5g鹽和略少於1大匙的生薑泥。

海膽醬油（用於全體魚類）

按生海膽2：蛋黃2：濃口醬油1的比例混和。

海膽醋（用於貝類）

按鹽粒海膽[38]3：醋3：西京味噌1：水4：味醂1的比例混和。於鍋中加入水和醋、味醂混和後煮滾冷卻，再加入鹽粒海膽和西京味噌混和。

擺盤

除了妻和沾醬用醬油的準備外，有些店的脇板、向板還必須負責簡單的生魚片擺盤。雖然生魚片的擺盤方式有無限多種擺法，然有幾個是必須記住的固定樣板。大原則都是為了達成方便吃且賣相美觀的目的，因此不需要想得太複雜。以下介紹兩種魚時的基本擺盤方式。

①於方皿離手邊較遠的對角線處盛上白蘿蔔劍後將紫蘇葉放置於其上。

②將3貫平造後的鮪魚斜倚著紫蘇葉擺放好。基於陰陽思想，原則上所擺放的生魚片的合計數量必須為奇數（陽數）。

③在靠近手邊處擺放2貫鹽醋鯖魚，放的方向必須和鮪魚不一樣。生魚片的擺盤規則之一便是離自己遠處擺得高，而靠近自己處必須擺得低。

④將紫蘇穗倚著鹽醋鯖魚立起。

⑤於最靠近手邊處將膨大海、山葵、紅蓼堆好，香辛料類的妻要擺放在靠近手邊。

擺盤

35——為純大豆製成的醬油。和台灣傳統的純黑豆製成的蔭油一樣，製程複雜且曠日費時。由於台灣原本並無此名詞，進口調味料商通常直接把漢字轉用，為方便讀者購買從之。若按照原料內容或可譯作「黃豆露／純釀黃豆露」。

36——即台灣的濃色醬油（一般豆麥醬油）。然由於日式醬油依然有別於台灣醬油，因此保留漢字。

37——盛行於四國一帶的炙燒方式，原使用稻草所生之火源，或可譯稻燒，然今日多採用其他火源，加以單純翻炙燒無法和一般的炙燒法做區分，故採日本以發源地所命名的通用別名：土佐燒。（土佐以盛產鰹魚出名，所謂的土佐燒也大多使用鰹魚）

38——將海膽的生殖巢加入食鹽者。

烤場的工作

烤場的工作指的是依據當日菜單用烤台製作烤物，包括準備工作到完成為止的一連串作業。除了最基本的烤台的維護和準備外，還有將分切好的魚切片、製作各種醬汁醃漬食材、依據食材和菜單採取最恰當的插串法、灑鹽、製作配菜裝飾組合搭配料理……等各式各樣的工作內容。

「燒烤」這種調理方法單純，和其他手法比較起來較容易為新人用頭腦去記憶，但事實上非常仰賴直覺和經驗，因此要讓身體完全記住是非常困難的。必須要理解每一個用心處理的步驟和時機，並抓住每一個步驟的要點。

切片

若不使用整尾的魚去燒烤，則必須先將魚肉分切成適當的大小。日本料理中針對擺盤有一定的規矩，因此必須先記住這些慣例並依照這些習慣來分切。但雖說如此，這些慣例基本上都只是為了讓成品看起來美觀且方便入口。

鰆魚[1]和鯛魚切片

①分切經前置處理水洗後的鰆魚。由於擺盤時魚片的腹側一定要朝向靠自己這面，因此切時必須注意方向。若切時將魚皮朝下放置，切到最後要將菜刀直立起來，建立一個直線的斷面[2]。如此切出的魚片不只形狀漂亮，且看起來分量會更多。

②切片方向。左邊是正確示範右邊則是錯誤的。按照日本料理的擺盤規定，白色的腹側必須要朝右側或者是朝靠近自己這面，右邊的魚片則相反，靠自己手邊的變成背側。

③如果是分切柵塊時規則又不一樣。擺盤時必須將魚肉較薄（厚度較薄）處朝右或者靠近自己這面，因此切時也要依據此原則。

④圖片的中的魚片為背肉，因此切時要將背側朝右或者朝靠近自己這面。

插串

插串最大的目的就是讓燒烤出來的成品——無論是整尾的魚或者是切片——都能呈現出食材本身最美的姿態。藉由插串，可以在不碰觸到食材表面的情況下燒烤出成品。插串後翻面的作業也變得更簡單，可以輕鬆地將食材全體烤出漂亮的焦色。

選擇插串方法時無論是為了配合食材的魚

切片

鰆魚和鯛魚切片

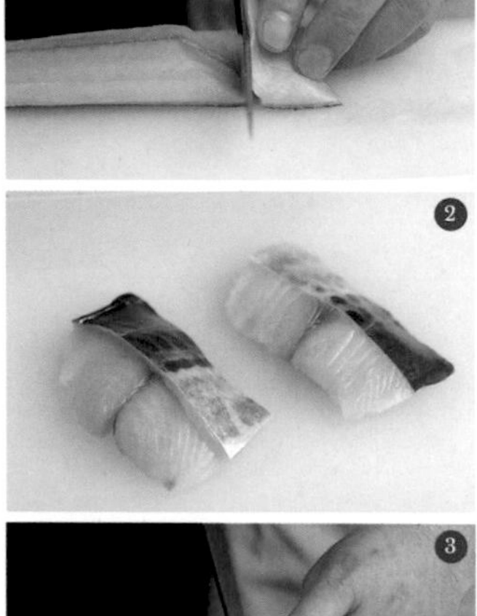

的肉質或者形狀，必定有其理由。除此之外，還需要注意串叉的串入位置和角度，必須一邊做一邊捫心自問為何要這樣處理，徹底理解背後的原因後牢牢記住。

平串

最基本的插串方式之一。要點是串入時要和纖維方向垂直。若是與纖維方向平行，則過火後翻面時會容易因為魚肉本身的重量支撐不住而掉下或散掉。

①將魚片串入串叉。將正片的魚皮面朝下放置，用左手輕輕壓著魚肉將串叉沿著和纖維垂直的方向串入。遇到肉質柔軟的魚時，可先將較薄一端的魚皮稍微捲起來後再串入串叉（詳細請參見「妻折串」的項目）。

②③串叉串入的位置。為了讓翻面時魚肉不易散掉，自魚皮算起約三分之二厚度處串入。

④串入兩片以上魚片時，若是魚片大小不一，則將較小的魚片串在靠近自己處，串時並將串叉尖端稍微向外打開一點。

⑤為了讓燒烤時手較好拿取，插串時可以讓串叉在靠近自己的手邊收束，不過在串平串時，手邊的串叉間要保留一點空隙。

1——日本馬加鰆，學名Scomberomorus niphonius，正馬加。台灣人最熟悉的是台灣馬加鰆，即土魠。

2——讓刀刃的小刃部分也自然呈直立狀態。小刃指的是刀刃部分為了增加刀的耐用度防止刀刃鈍掉所磨出的第二階段的刀尖部分，所呈角度會較第一階段的刀刃還要鈍一點。

插串

平串

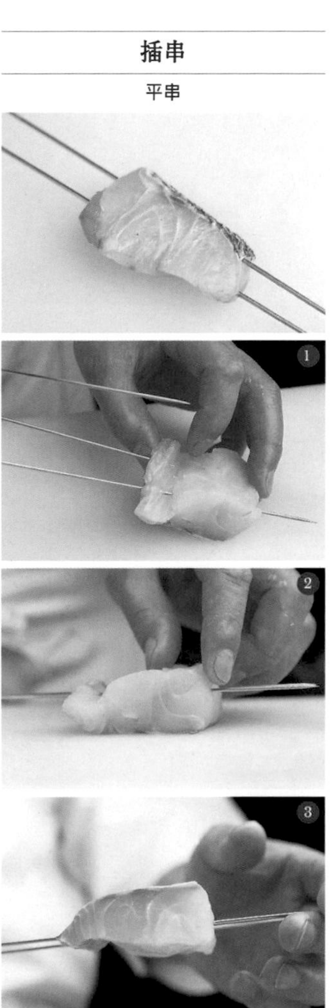

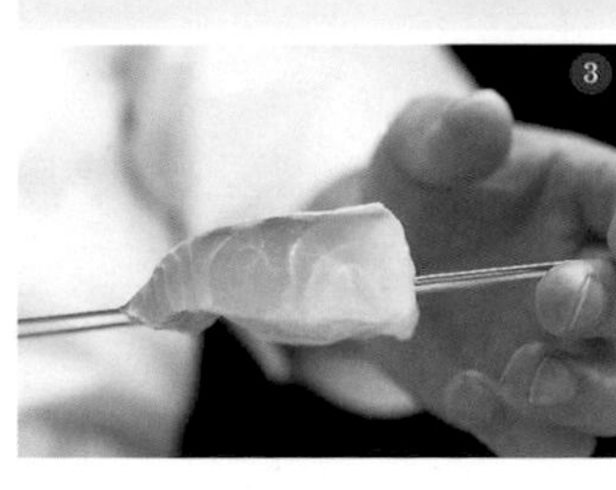

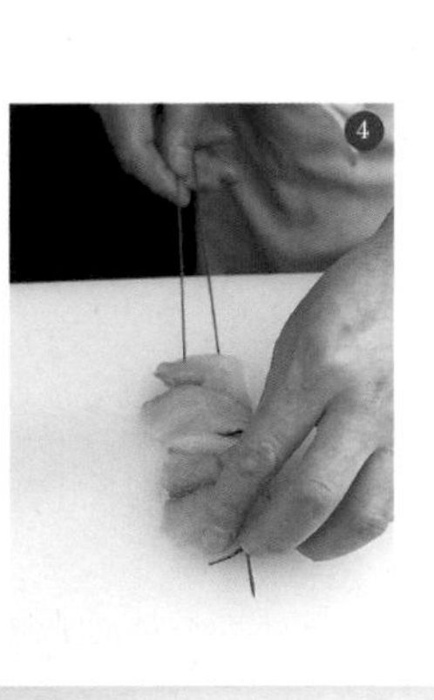

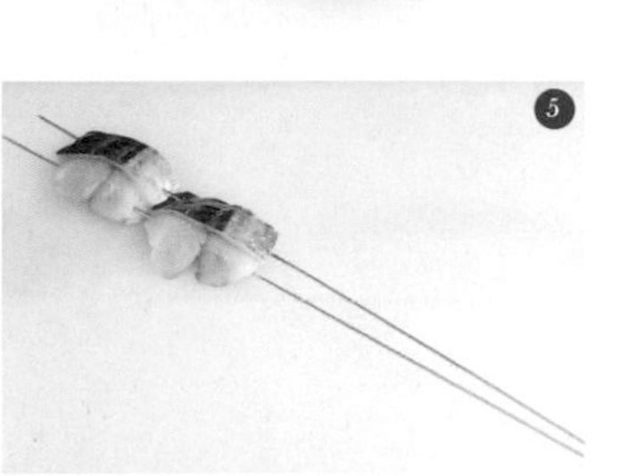

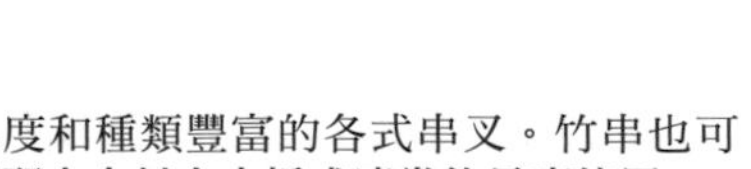

長度和種類豐富的各式串叉。竹串也可以配合食材大小折成適當的長度使用。

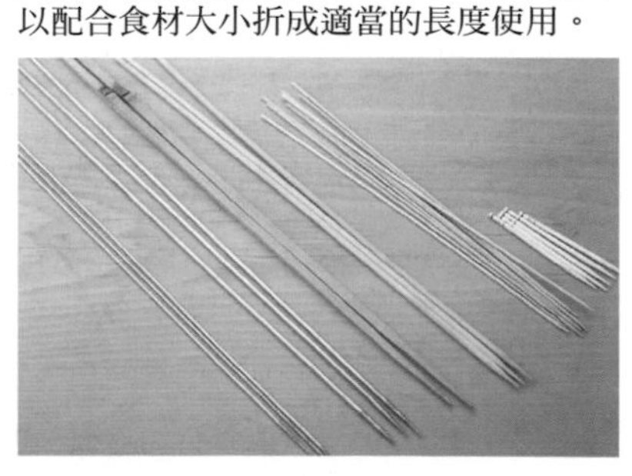

橫串（鰻魚）

從魚肉側邊垂直串入串叉。除了魚片外，亦常運用在鰻魚、星鰻等細長的魚類上。

①為了防止竹串尖端裂開，先過火輕輕燒一下。

②由於尾側的魚肉烤後會縮起來，因此切成兩半時將尾側留稍長一點。取出和圖中一樣的間隔串入串叉。

③④在魚肉厚度的中心位置串入串叉。

⑤失敗範例一。若串入的位置太靠近魚皮，則烤時魚肉會掉下去。

⑥失敗範例二。若是竹串的位置露出表面，則竹串會被烤焦。

⑦完成。考慮到尾側會收縮，將尾側串叉的間隔取大一點。

縱串（狼牙鱔）

和魚肉平行縱向串入串叉。用於狼牙鱔和大瀧六線魚等經骨切[3]處理後的魚。

①將分切好的狼牙鱔寬度較窄的朝向自己手邊，先從右端開始串入1支串叉後依序再串入3支串叉。串入方向必須和骨切時的入刀方向垂直。

②為了不讓魚肉捲起來，加上添串。

末廣

為平串的一種變化，食材和串叉構成扇形狀的插串法。

①將串叉串入呈漸寬的八字型。先串入中心的

橫串（鰻魚）

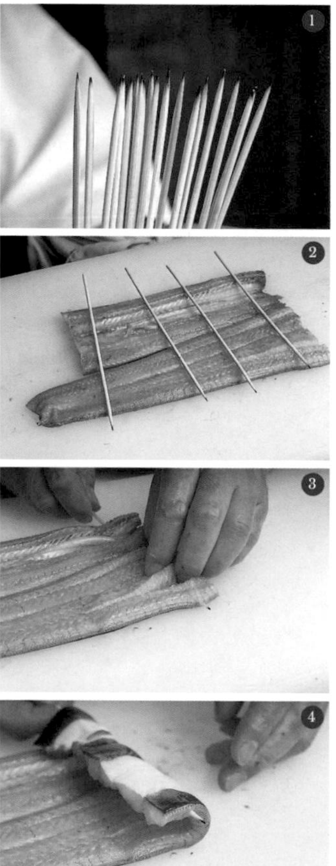

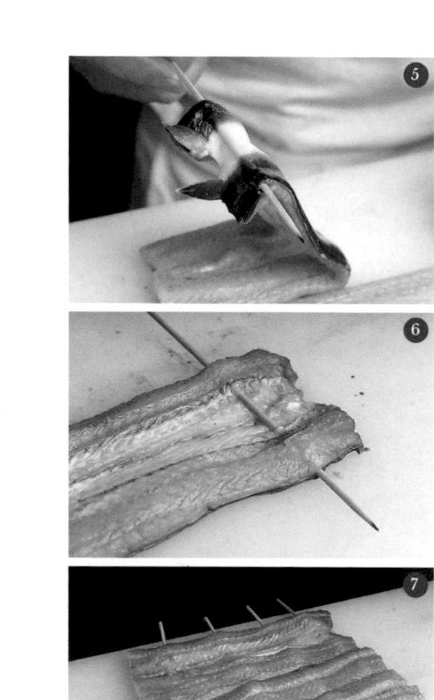

縱串（狼牙鱔）

末廣

串叉。串入位置同平串。

②再串入左右兩邊的串叉。將串叉收束於手邊一處。

③完成。和平串不同，手邊的串叉會集中收束於一處。

④應用於細長型的魚種（圖中為沙鮻）時。首先先串入中心的串叉。串入位置和平串相同，不過為了要在翻面時使中軸骨支撐住魚肉，一定要串在中軸骨的上方。

⑤第二支串叉自魚下巴下方朝頭部上方串入，而尾側的串叉則自肛門朝靠近尾巴方向串入。

⑥完成。圖中朝上的那面即為正面。

妻折串

亦為平串的一種變化，目的是將較薄的食材做出漂亮的立體感。可防止魚肉散掉，並可讓全體均勻受熱。特徵是要沿著魚的纖維串入。

◎兩妻串

①將分切後的魚（圖中為白鯧[4]）魚皮朝下，將肉較厚處置於靠自己這面，將魚肉從靠自己處朝對面內捲摺起後串入串叉，串叉兩端皆要穿過魚皮。

②將對面另一端的魚肉朝自己方向摺起，一樣穿過兩端魚皮串入串叉。

③完成。圖中朝上的那一面為擺盤時的正面，燒烤時從這面開始烤起。

◎片妻串

①只摺起一端魚肉者。將分切後的魚要內捲摺起的一端（魚肉較薄的一端）魚皮朝下置於靠手邊較遠的對面處。將對面端的魚肉朝手邊方向捲起摺好後，從靠近自己手邊處的魚皮處串入串叉穿出另一端的魚皮。

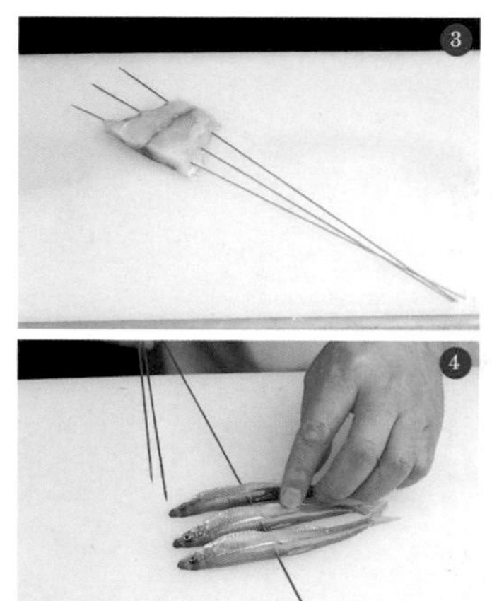

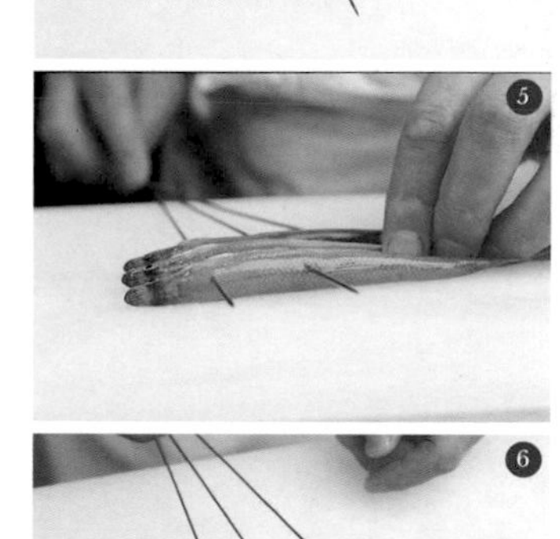

妻折串

◎兩妻串

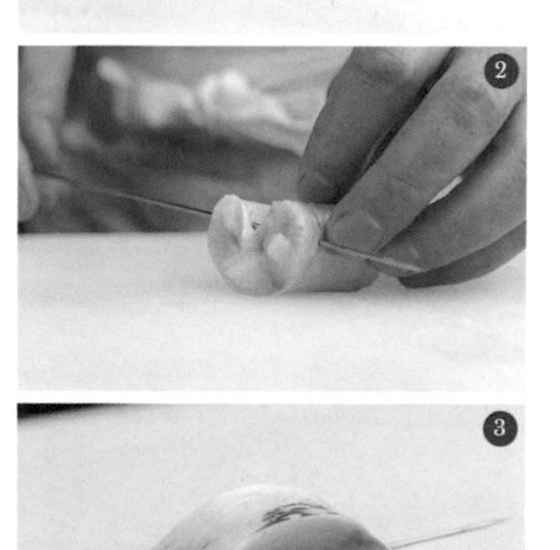

◎片妻串

3——狼牙鱔多刺，因此必須先用菜刀剁斷魚刺後才能食用，剁時不能將魚皮剁斷，為一高難度的處理刀法，日文稱「骨切り」。

4——日文漢字作「真名鰹」，北鯧，學名Pampus punctatissimus，又稱銀鯧、正鯧。

波串

適用於肉質柔軟且厚度較薄的魚片。

①將魚（圖中為白鯧）水洗處理後三枚切，再分切成適當大小。

②魚皮朝下，魚肉較薄的一端放在靠近自己處，用左手將靠自己手邊的魚肉翻起從魚皮處串入串叉，再從魚肉上方處穿出。

③用左手將彎曲魚肉做出弧度，使串叉串入魚肉處，自魚皮穿出後再自魚皮處串入，將魚肉串成波浪型。最後串叉必須從魚皮處穿出。

④完成。

登串・舞串（竹筴魚）

適用於烤整尾魚（姿燒）時。由燒烤成的魚姿態如正在舞動一般而得舞串之名。另外也有人認為形似魚兒沿著河川溯溪而上故稱登串。稱登串時大多是指河魚。

①將水洗處理後的魚（圖中為竹筴魚）魚頭朝左將串叉自魚眼旁邊串入。（為了讓讀者看得更清楚插串的位置，圖中的竹筴魚已事先卸去了半個魚身）

②③將串叉從中軸骨串入上方穿出，依中軸骨下方→上方的順序交互串入串叉，使串叉在中軸骨上下交錯。這可以扭轉魚身，使燒烤後的成品更具有立體躍動感。

④最後將串叉自中軸骨下方（成品的背面）穿出即完成。

波串

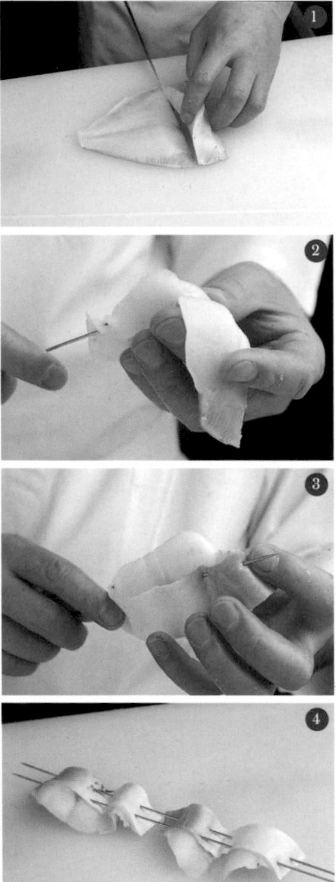

登串・舞串（竹筴魚）

舞串（鯛魚）

燒烤

此處介紹的燒烤方式為使用烤台的炭火燒烤。和烤爐不同，需要生火作業，如果不熟稔火力強弱調節的話往往無法隨心所欲做出想做的料理。光是燒烤的火力便可大大左右成敗，因此需要多加挑戰練習後記住訣竅。使用烤爐時的要點和使用炭火時大同小異，故也可作為參考借鑑。

除此之外，因應菜單需要調製許多不同的醬汁、醃醬、味噌，這也是烤場第一線必須習得的重要工作內容。首先將這次介紹的基本配方記熟，之後便可根據料理作出不同的變化。

最後介紹13種最具代表性的烤物配菜裝飾組合。至於這些配菜裝飾組合該和哪些烤物作搭配才會最對味，請好好觀察平日的工作內容並學起來。

生火

①首先將元炭（麻櫟或者是橡木）點著後移至烤台。

②將備長炭拿至烤台上敲斷。

③備長炭和元炭的差異。備長炭（左）的密度較高較容易維持火力，溫度也較高。櫟木炭（右）比備長炭含有更多氣泡，較容易生火，因此適合用來做成元炭。

④火力過強之時，將木炭分開拉大間隔，打開烤台下方的氣窗讓空氣流通。

⑤此時若在上方蓋上一層鑽有小孔的鋁箔紙，可讓空氣朝下方流去，較容易降溫。

⑥反之，若火力過弱，則將木炭往中央集中，再用摺好的鋁箔紙圍起來。這也適用於想用少量炭火加強火力的時候。

⑦想要做出上火時，可於烤台上放上包有鋁箔紙的磚塊，放上金屬網後再將點燃的木炭放置其上加熱。想要堆疊食材燒烤等時可用這個方法，十分便利。

燒烤

生火

基本燒烤方法

鹽燒

①將點著的炭放入烤台，架上金屬網，從擺盤時朝正面的那側魚肉（圖中為竹筴魚）開始烤。可以用鋁箔紙包住容易烤焦的魚鰭和魚尾予以保護。

②開始熟了之後，若是烤舞串時，必須將火力較為集中的一面也包上鋁箔紙。

③翻面烤背面。燒烤的比例分配採正面四成背面六成。

④魚眼開始變白是判斷是否快烤好的基準之一。

⑤在烤像公魚[5]等魚身又細又小的魚類時，應盡量避免過度地翻面，特別要確實保護魚尾不被燒焦。此要要注意不可以烤過頭。

⑥⑦完成。

＊使用烤爐等有上火的燒烤器具烤時步驟一樣，只不過烤的時候正面朝上。

白燒

①在烤鰻魚等長條型食材時，串叉基本上必須要通過魚肉的中心處。此外，由於靠尾側的魚肉容易收縮，可以像圖中所示一般，串尾側串叉時取較寬的間距。

②白燒的要點為從魚皮烤起，待已經烤得差不多了再翻面。如果一開始不先烤久一點，反而最後烤出來的魚肉會變硬且很腥。由於長條型的魚全體肉質皆很柔軟，因此處理時要十分細心。特別要注意過火後魚肉容易散掉，拿的時

鹽燒

1

2

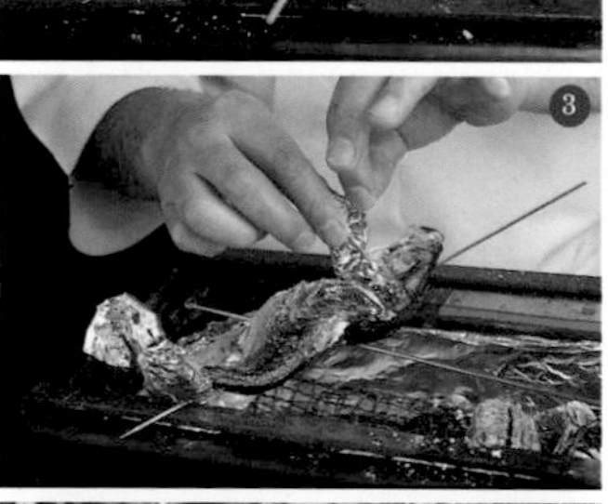
3

4

5

6

7

候必須時常將魚肉維持在水平狀態。

漬燒（柚庵漬燒）

將等量的醬油、味醂、酒混和均勻便是漬燒的基本醃漬汁（柚庵底）的基礎配方。此配方不過是最基礎的比例，每家店會根據自己的情況改變比例。也有人將有加入柚子輪切片的寫為「柚庵」，沒有加的則寫作「幽庵」。「柚庵漬燒」的做法是將鰆魚或白鯧等切片用柚庵地醃漬15～30分後從魚皮烤起。醃漬時間則要根據魚片的厚度來調整。

淋燒

①改變一下配方來製作淋燒。用高湯3、酒2、醬油1的比例混和，加入剁碎的山椒嫩葉作成醬汁。將魚灑上鹽，先烤魚皮側，待八分熟時再淋上醬汁燒烤。

②重複以上步驟數次即大功告成。

③完成。

5——西太公魚，學名Hypomesus nipponensis。

白燒

漬燒（柚庵漬燒）

淋燒

雲丹[6]燒（烏賊）

①將鹽粒海膽放在篩網上磨細。記得選擇品質良好的海膽。

②加入海膽兩倍量的蛋黃後攪拌混和。

③在烏賊上劃上隱藏刀（若不劃刀烤後肉會變硬，並且裹不住蛋黃）。串入串叉和添串。

④將②塗在③上燒烤。重複塗抹兩次，最後用遠火烤乾即成。

⑤完成。

利久燒（金目鯛[7]）

使用芝麻的料理會被冠以利久之名。

①將金目鯛的魚片醃漬在混和了濃口醬油1：味醂1：酒1：熟芝麻碎1的利久醬中。串入串叉後拿去燒烤。

②完成。

6——指海膽。

7——紅金眼鯛，學名Beryx splendens，又名紅魚、紅皮刀、紅大目仔。

雲丹燒

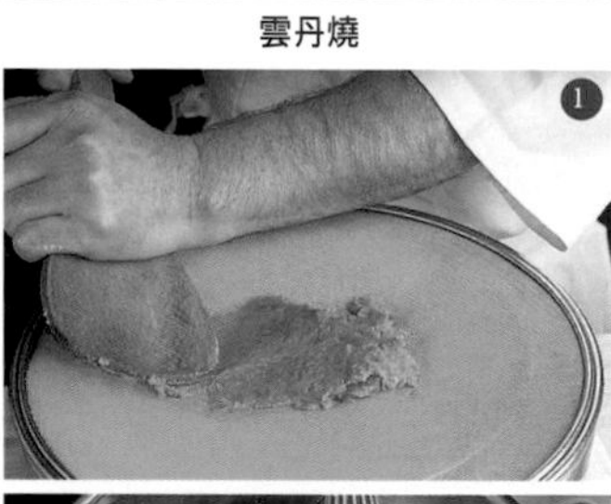
1

2

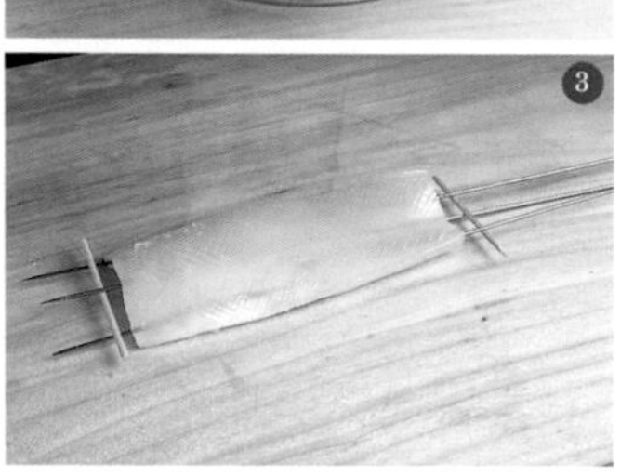
3

4

5

利久燒

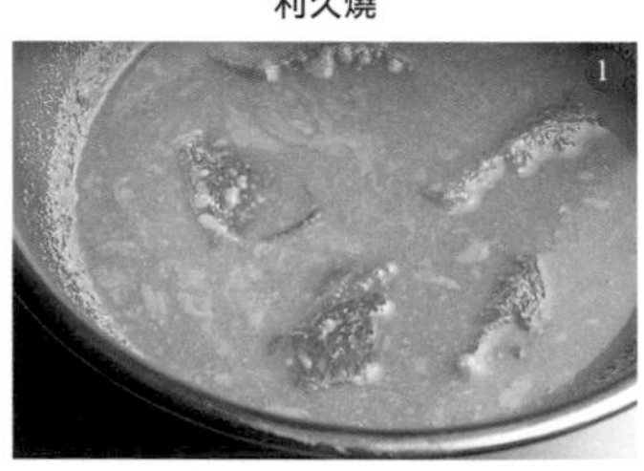
1

2

照燒

①製作醬汁。首先稍烤分切後的魚（圖中為鱒魚）的中軸骨至香脆。

②醬油味醂各2公升對上粗糖1kg混和後煮滾，這便是照燒醬的基本配方。追加醬汁時，用2公升對粗糖800g的比例，如果不這樣逐漸抑制甜味則味道會越變越濃。將①的魚骨浸漬到此基本醬汁中。

③再烤一次魚骨，待其烤出焦香味後再浸回醬汁裡，重複數次這樣的步驟。

④於完成的醬汁上蓋上廚房紙巾吸去表面多餘的油脂。

⑤將魚（圖中為鱒魚）切片，浸漬到醬油、味醂、酒混和而成的醬汁（和漬燒使用者同）裡使其入味。事先浸漬10～15分可讓魚片看起來更有光澤。

⑥串入串叉，採和鹽燒相同的方式燒烤，待烤到八分熟時，將食材沾上幾次醬汁燒烤出光澤。也可以用刷子刷上醬汁。若是將整串浸漬到醬汁中，則記得要擦去串叉尖端焦掉的部分，否則焦掉的苦味會汙染到醬汁。完成前塗上味醂可以增添光澤。

⑦完成。

照燒

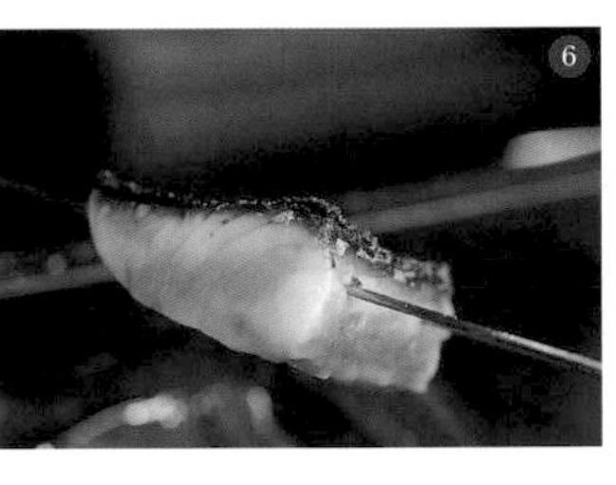

田樂燒

①製作田樂味噌。分紅白兩種。白田樂使用放在篩網上磨細的白粒味噌[8]（西京味噌）每200g加入蛋黃1個、酒、味醂各30ml、砂糖1大匙、濃口醬油少許後用大火煮，再用木杓攪拌混和而成（見圖）。紅田樂用櫻味噌每250g加入蛋黃2個、砂糖60g、味醂和酒各50cc、芝麻油1大匙混和，作法同白田樂。作好的田樂味噌可以再對上其他調味料調合亦可作其他用途。將食材直接燒烤後刷上田樂味噌烤成。

②完成。

西京燒

①將西京味噌用磨缽攪拌研磨或者在篩網上磨細，再加入味醂和酒攪拌混和。考慮味噌的醃漬時間（從醃漬起到使用間的時間）用酒去調節柔軟度。在調理盤上鋪上完成的味噌，蓋上紗布後將魚片（圖中為鰆魚）排好，再蓋上紗布後鋪上味噌。於上再加上一層紗布後用手確實按壓。醃漬時不讓味噌直接沾到魚的表面，因此烤的時候不容易焦也較方便作業。浸漬一段適當時間（圖中為兩天）後串成平串，再燒烤至香脆。

②完成。

8——保留顆粒狀的味噌。

田樂燒

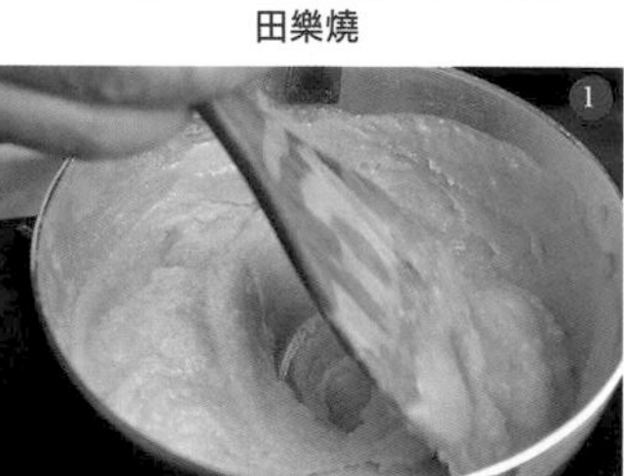

西京燒

基本烤物和烤醬（依序為醬汁名稱、材料、作法、使用方法）

照燒（魚醬）

濃口醬油１公升、味醂１公升、粗糖[9]４００g

◎煮滾後將魚骨和魚皮烤過後浸漬到醬汁中重複數次以增加鮮味。

◎可用於淋燒（將魚片浸漬於等量的醬油、酒、味醂混和而成的醬汁中約10分後再淋燒）。

照燒（雞醬）

濃口醬油１公升、味醂１公升、粗糖６００g

◎煮滾後將雞骨烤過後浸漬到醬汁中重複數次以增加鮮味。

◎可用於淋燒。

鰻醬（蒲燒醬）

濃口醬油１公升、味醂１公升、粗糖５００g

◎煮滾後將鰻魚、鯛魚等魚骨和魚頭烤過後浸漬到醬汁中重複數次以增加鮮味。

◎可用於淋燒。

味噌醬

濃口醬油１公升、味醂１公升、酒１公升、粗糖５００g、櫻味噌２５０g

◎混和後加熱待沸騰後加入洋蔥、紅蘿蔔、西洋芹、大蔥後用小火收乾，再用篩網過濾。若烤雞則用雞骨，烤魚則將魚骨燒烤後加入醬汁中增加鮮味。

◎可用於淋燒。

柚庵燒（柚庵底）

濃口醬油１：味醂１：酒１、柚子輪切片

◎將材料混和。

◎烤魚片時將魚片浸漬於醬汁中15～30分後用淋燒。

＊若加入木芽[10]則稱為木芽燒、加入款冬則為款冬燒。

利久燒（利久醬）

濃口醬油１：味醂１：酒１：熟芝麻碎１

◎將材料混和。

◎將食材醃漬後用淋燒。

若狹燒（若狹底）

高湯３：酒２：薄口醬油１：山椒嫩葉、紅蓼、柚子等當季的香辛佐料

◎將材料混和。

◎事先將魚灑鹽後再用淋燒。

鋤燒（鍋照燒）

酒１００cc、砂糖１½大匙、醬油１小匙、溜醬油１小匙、味醂１小匙（或者味醂６：酒６：濃口醬油１）

◎將材料混和。

◎灑上麵粉和馬鈴薯澱粉於食材上，平底鍋裡放入沙拉油，將食材煎到兩面都有煎的痕跡。將油倒掉後加入醬汁煮到醬汁收乾。

田樂燒（白味噌）

白味噌２００g、蛋黃１個、酒、味醂、砂糖各１大匙

◎混和後加熱並攪拌，使其充分受熱。

◎將食材直接燒烤後刷上醬汁烤成。

田樂燒（田舍味噌）

田舍味噌２００g、蛋黃２個、酒、味醂各２大匙、砂糖６大匙

◎混和後加熱並攪拌，使其充分受熱。

◎將食材直接燒烤後刷上醬汁烤成。

田樂燒（紅味噌）

紅高湯味噌２５０g、蛋黃２個、味醂50cc、酒30cc、砂糖60g、芝麻油15cc

◎混和後加熱並攪拌，使其充分受熱。

◎將食材直接燒烤後刷上醬汁烤成。

雲丹燒

海膽泥、蛋黃

◎將海膽泥放到篩網上磨細後加入兩倍量的蛋黃。

◎當食材已烤到九分熟時塗上醬汁，為避免海膽過度受熱，用遠火烤，重覆抹醬兩三次後烤乾即完成。

黃身燒

蛋黃、鹽或者薄口醬油

◎將材料攪拌混和。

◎當食材已烤到九分熟時塗上醬汁，和雲丹燒一樣，重覆抹醬兩三次後烤乾即完成。

鹽釜燒

鹽1.5kg、蛋白50g

◎將材料攪拌混和。

◎將食材用竹葉或荷葉包起，用鹽包覆住全體後放置烤箱裡蒸烤。

9——精製特砂，外觀似冰糖般透明，結晶較細砂大，為高純度的砂糖，在日本主要用於製作高級和菓子。

10——指山椒嫩葉。

配菜裝飾組合

將烤物盛放至器皿擺盤時不可或缺的，便是和料理相輝映的配菜裝飾組合。除了可以襯托出烤物的風味，並使食用後口中餘味清爽，同時更可以表現出季節感。首先你必須先觀察因應何種季節會有哪些配菜裝飾組合並熟記住。

醋取[11]蘘荷

將蘘荷縱切成兩半，放置滾水中燙個30秒～1分後放到篩網上，灑鹽後用團扇搧涼。再將蘘荷浸漬到甘醋（醋和水各500cc中放入砂糖120g、鹽5g煮至融化）中（1小時以上）。

醋漬蓮藕

將蓮藕去皮後泡到稀釋後的醋液中，用加入濃度5%的醋的熱水水煮後放到篩網上。冷卻後再浸漬到加了鷹爪辣椒的甘醋中（1小時以上）。

菊花蕪菁

將蕪菁去皮後刻成菊花狀，泡在加了昆布，濃度1.5%的鹽水當中。快速川燙一下後浸到冷水中，擦乾後再浸漬到加了鷹爪辣椒的甘醋中（1小時以上）。

柚子蘿蔔

將白蘿蔔切成拍子木片，泡在加了昆布，

白蘿蔔泥

醋漬蓮藕

柑橘類（檸檬、德島酸橘、柚子）

菊花蕪菁

醋取嫩薑[12]

柚子蘿蔔

醋取蘘荷

濃度1.5%的鹽水後再浸漬到膾醋（高湯3：醋2：味醂1：鹽0.2～0.3）當中。之後再換到新加入柚子皮的全新膾醋醬汁裡浸漬。

醋取牛蒡

用菜刀將牛蒡削皮後切段，水煮後放置篩網上。按高湯3：醋3：醬油2.5：砂糖1.5的比例混和，煮滾後待其冷卻加入熟芝麻碎後浸泡。

款冬辛煮

水煮款冬300g後放入冷水中，剝皮後切成長5cm段再瀝乾。在鍋裡加入1大匙沙拉油熱鍋後炒一下款冬，再加入鷹爪辣椒2根、濃口醬油2大匙、味醂1大匙後收乾湯汁。最後完成時加入芝麻油1小匙和熟白芝麻1大匙。

蠶豆蜜煮

將蠶豆剝去豆莢，快速地川燙一下後放到水1.2公升對砂糖100g的糖水裡快速煮過，在全熟前撈起，讓糖水冷卻。冷卻後再將蠶豆放回糖水中浸漬。

杏桃甘煮

將杏桃蒸過後放到水1公升對砂糖350g的糖水裡煮至入味。

11 ——醋取，取是先用醋水煮，與醋漬不同，漬是不經過這個過程。

12 ——此處嫩薑芽。

獨活

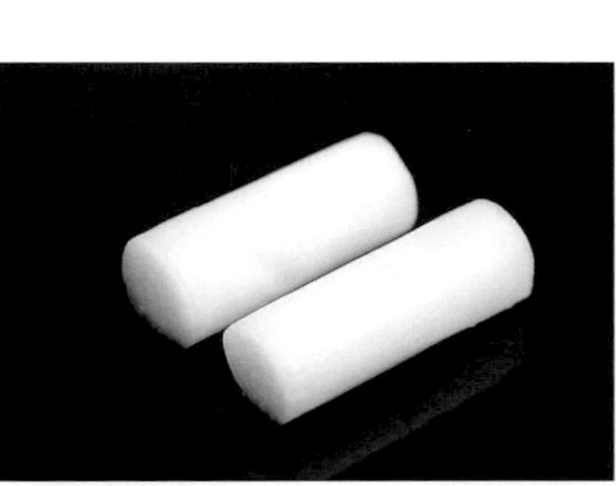

山藥

醋取牛蒡

款冬辛煮

蠶豆蜜煮

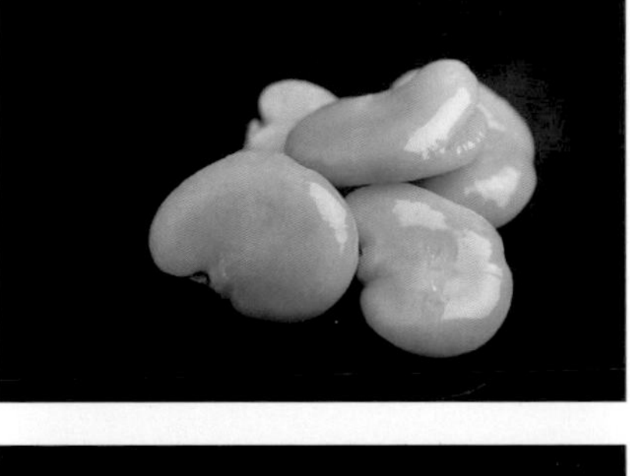

杏桃甘煮

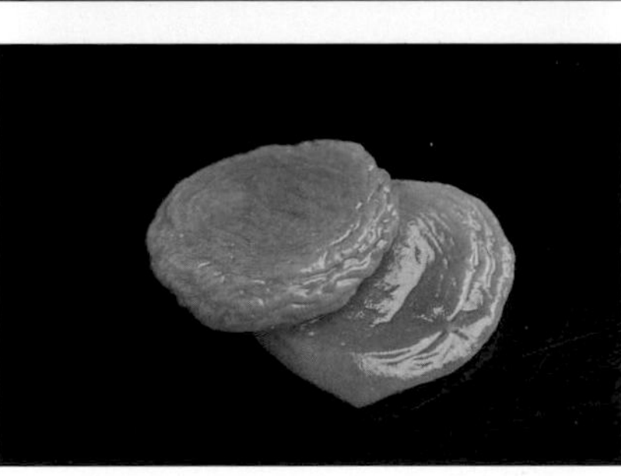

炸場的工作

接下來我將以天婦羅的製作為中心來解說炸場會學到的基本技術。炸場為負責所有炸物的單位，忙碌的程度被認為僅次於烤場。和烤場一樣，必須深諳食材的特性，配合菜單內容來選擇最適當的處理方式。炸場的工作會用到油，因此是危險性最高的工作。在學習過程中或許會經歷到火燒起來的驚慌狀況。不過總歸一句話，「不要讓它焦掉」是最重要的。注意安全，循序漸進地進行作業並將周邊環境整理乾淨也十分重要。可以將厚棉巾隨時放在手邊方便取用。

能夠一邊調節油溫一邊俐落地油炸食材絕非一朝一夕之工。我當學徒時也曾有過「或許我一輩子都沒辦法炸天婦羅」的想法。但不需要擔心，只要將每一個工作內容不慌不忙地好好學習起來，必定可以將工作做好。

首先你必須先理解一個概念，「天婦羅專賣店的天婦羅和日本料理店的天婦羅是不同的」。日本料理店的天婦羅和專賣店的天婦羅的油炸溫度不同，出菜的方式也不同。為了發揮日本料理特有的本質，日本料理店的天婦羅從麵衣到天婦羅醬汁和蘿蔔泥、佐料等皆不應為既定規則所囿，作出多采多姿的變化。

炸場的必需道具

小洋蔥

剝皮後水平切成兩半插串。

西京青辣椒燒

切除萼片，於中心靠近蒂頭處串入串叉

蔬菜

茄子

為了使它更容易熟，先用菜刀事先刻出刀痕。

蘘荷

切除根部後縱切成兩半。

款冬

水煮後放至冷水中剝去表皮。切成三等份後插串。

葉生薑

去除掉兩端後切成容易入口的相同長度。

蘆筍

削去根部部分的硬皮再切成容易入口的大小。

銀杏

去殼後剝去薄皮插串。

蓮藕

斜切成容易入口的厚度。

玉米筍

圖片為生的玉米筍。切除根部後剖成兩半。

莢果蕨芽

去除根部堅硬的部分，切成適當相同大小。

南瓜

切成較容易熟的薄片。

茖蔥[1]

切除莖部後切成相同大小。

姬竹筍

水煮後去皮並切除掉根部。

香菇

去掉蒂頭後於菇傘劃上裝飾刀。或者也可將香菇切半。

刺嫩芽

在切口處劃上十字隱藏刀讓它更容易熟透。

1——學名Allium victorialis L.，日文或稱行者蒜或山蒜。

大眼牛尾魚[2]

水洗處理後從頭側到尾側的方向劃上２刀，在尾巴根部處切除中軸骨。刮除腹骨後切除飽含水分的尾巴尖端。

帶頭蝦

從頭部的接合處折一下蝦頭，從斷面處挑出蝦腸。接著繼續抓著蝦頭剝去蝦殼並保留蝦腳。留下蝦腳可以讓炸好的蝦子口感更好，並且增添外表的美觀。用菜刀於蝦腹劃上數刀，注意不要讓蝦肉摺到。在飽含水分的尾巴根部入刀切除尖端。只要炸蝦頭時要先去除掉口器。

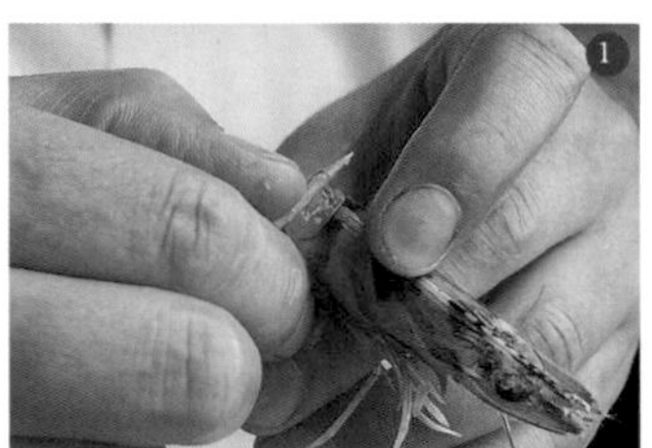

魚介類（保存方法）

將廚房紙巾鋪在調理盤中，把食材排列整齊後覆上保鮮膜保存。油炸作業首重速度和流暢的動作，因此食材的排列方向以及方式必須考慮到如何讓下一個作業作業更順暢。

2——學名Suggrundus meerdervoortii，又名竹甲、狗祈仔、牛尾。

烏賊

為了防止烏賊肉捲起且助於炸熟，將分切好的烏賊水洗處理剝去薄皮後斜切，並於烏賊肉的正反面劃刀，正反面的刀痕必須呈交錯狀。

沙鮻

水洗處理後從腹側剖開。切除飽含水分的尾部尖端。

星鰻

分切好後為防止蜷縮，在魚肉兩側分別劃上幾刀。

幼香魚

直接使用。為了品嘗幼香魚帶有苦味內臟的美味，應選用鮮度高者。

麵衣製作方法

製作天婦羅麵衣時，大家常告誡不要過度攪拌以維持炸過的麵衣酥脆度，但說穿了只要避免讓麩質產生黏性就好，不用太過神經質。此外，炸蔬菜時的麵衣濃度要薄一點，才容易炸透。

①將低筋麵粉100g過篩去除結塊的顆粒。

②製作蛋液。在1顆蛋黃裡慢慢加入200ml的冰水並一邊用天棒[3]（攪拌麵衣或呈現如開花般的狀態所使用的道具，就像是較粗的筷子。為了不要讓麵衣產生黏性可以用天棒輕輕攪拌混和）拌開。使用冷水是為了抑制麩質的活性。一旦溫度超過10℃，麩質的活性便會增加容易變黏。

③徹底混和均勻。

④加入過篩的低筋麵粉。

⑤混和低筋麵粉時將勺子從天棒上方輕敲天棒慢慢倒入。

⑥如果不習慣用天棒，也可以改用攪拌器。

⑦完成。

⑧黏性過高的失敗例子。請和⑦比較看看。

3——專指天婦羅料理器具的木棒。

麵衣製作方法

麵衣濕度之比較

放入油鍋時

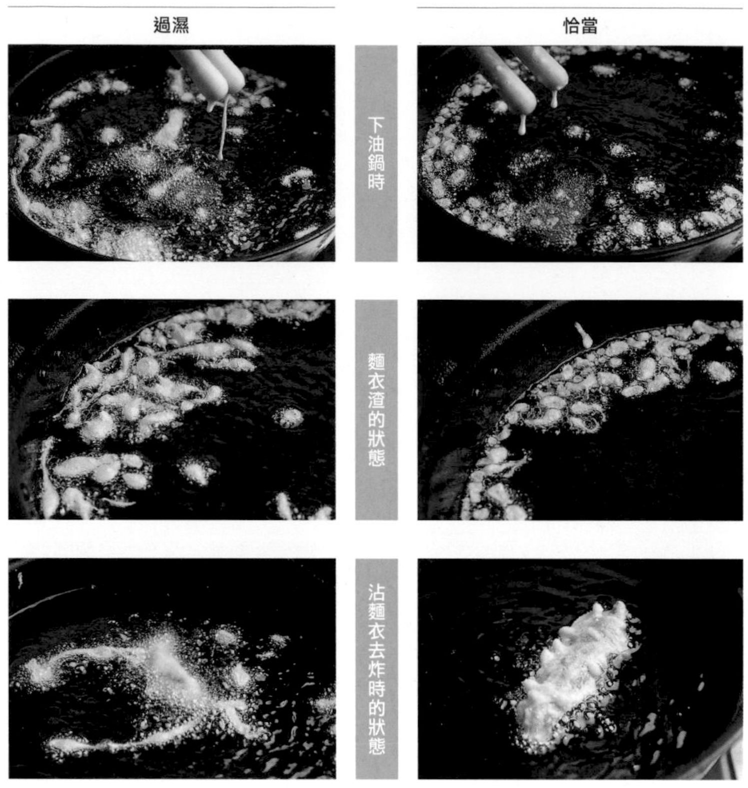

炸好後

較裡面的為厚薄恰到好處的麵衣。若是麵衣太黏則厚度會太厚，下鍋時麵衣渣會牽絲呈細長條狀。

油炸方法

為了要正確地油炸食材，必須要能夠適當地調整油溫。最初可以使用溫度計等工具輔助來幫助學習火力大小和起鍋時機。除了設置有吧台座位能夠立刻出菜給客人的店家外，一般日本料理店出炸物時會距離炸好後有一段時間，因此若食材炸得不夠（含水量太多）時水分會滲出到麵衣。也因此日本料理店會比天婦羅專賣店用更低的油溫（天婦羅專賣店約180℃，日本料理店約170℃）去炸，將水分炸掉後使食材呈酥脆狀態。

基本油炸方法

①將油倒入鍋內加熱。注意油量不可超過鍋子的七分滿。這是由於下食材時油位會上升，變得容易噴油或濺出。待到達適當溫度（約170℃）後將裹好麵衣的食材（圖中為蝦子）輕輕下鍋。

②一旦放入食材時會一度沉下油鍋中後立刻再浮上表面便代表溫度恰當。要勤撈起油鍋中四散的麵衣渣不然油的鮮度會下降。

③用天棒沾取麵衣下到鍋中食材上作出如開花般的狀態的麵衣。如此可作出外觀搶眼且口感酥脆的麵衣。

④開始發出些微聲響以及氣泡開始越變越細時代表快要炸好了。必須要靠顏色、香氣和聲音等各種感官來判斷炸好的時機。

⑤炸好的天婦羅。右邊為作出開花麵衣的例子。

油炸方法

基本油炸方法

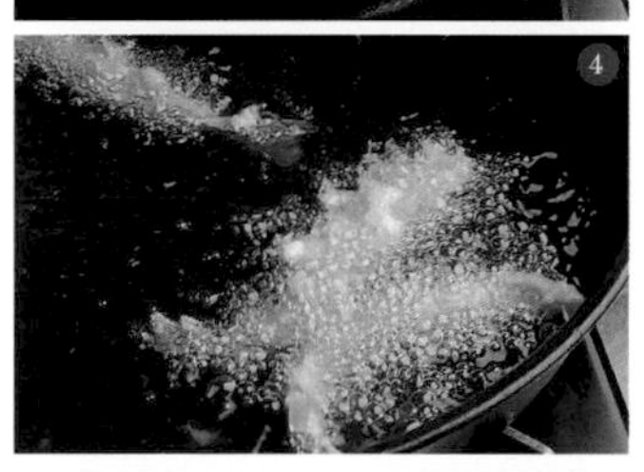

溫度過高時

①炸天婦羅時，麵衣會無法漂亮地散開而固著於食材周圍。同時顏色也會炸得過深。

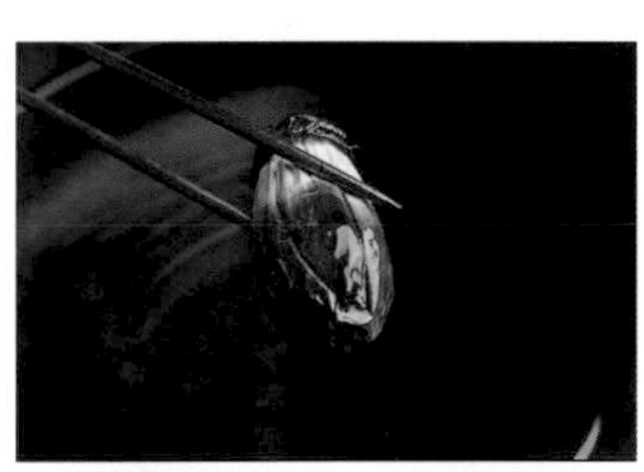

②素炸炸蔬菜時，食材的顏色會變得過深不好看。茄子等食材會被炸成褐色。

油炸方法的應用與變化

低溫油炸

低溫油炸用於食材本身特性不適合用高溫油炸者或者像飛龍頭這種需要花時間慢慢將中心也炸透的料理。此外，低溫油炸也是日本料理中前置處理（先將食材炸過後再送到煮方處）的工作內容之一，是用略低溫將食材所含的水分炸去，將美味濃縮的一項技術。請熟記以下所舉的幾個例子。

・蛋液麵衣炸物

①②③因為麵衣使用蛋黃因此很容易炸焦。炸時必須要時時調節溫度於150℃以下。

④完成。左側為溫度過高的失敗例子。可以看出麵衣顏色較黯淡。

・揚出[4] 豆腐

①將含水量多的豆腐裹上馬鈴薯澱粉後於150℃以下的溫度時下鍋。

②耐心地將水分炸除，溫度也會逐漸上升。等到豆腐漸漸浮起來時便可以起鍋。炸好後再送至煮方處。

・堅果類

含油量較高的堅果類如果用高溫去炸會容易變苦。應用低溫（120～130℃）慢慢油炸到焦香。

蛋液麵衣炸物

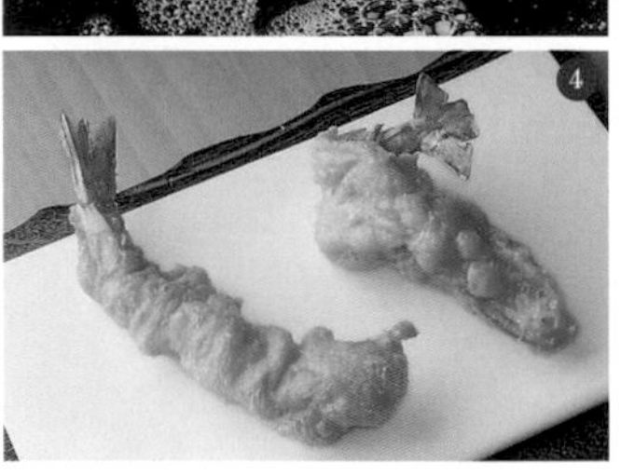

揚出豆腐

堅果類

油煮

• 油煮

①除去食材裡富含的水分，將味道濃縮的一種技法。將油加熱至放入食材也不會飛濺的低溫（１２０～１３０℃）後輕輕地放入蔬菜（圖中為白蘿蔔）輪切片去煮並攪動之。

待脫水到一個程度後起鍋瀝掉油，再澆上熱水徹底去油。有些料理油煮後要再送到煮方等不同的負責單位去。

為茄子增色

①茄子的表皮顏色不太漂亮時，可以裹上偏厚的麵衣再用１７０℃左右的油去炸熟。

②瀝去油後剝去麵衣，會發現茄子的顏色會變得比下鍋油炸前來得鮮豔。

炸渾圓狀食材

①在炸小茄子和青辣椒等呈渾圓狀食材時，有時會發生食材滾來滾去不易翻面，老是在炸同一面的情形。遇到這種情況時，可事先用竹串將數個食材串起後再下鍋。

②用金屬筷子將呈竹筏狀的食材翻面，如此一來食材便不容易轉動。

4——特指炸完後轉到煮方，再淋上吸物底……等的料理方式，與炸豆腐不相同。

為茄子增色

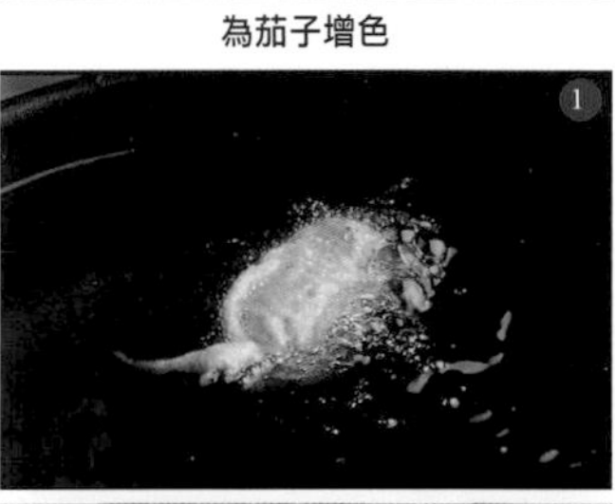

炸渾圓狀食材

天婦羅醬汁的製作方法

低溫油炸

日本料理店的天婦羅醬汁往往不侷限於一種，而可以根據料理、食材和搭配的佐料來調製出數種不同的配方。此外，炸物的沾醬也不僅限於天婦羅醬汁，也可以搭配柑橘醋或者生醬油、山葵醬油等食用。可以用筆記記下當天的料理內容中，甚麼樣的食材應該搭配甚麼樣的天婦羅醬汁（或其他調味料）。此外，製作天婦羅醬汁基本上是屬於煮方的工作。

基本天婦羅醬汁

①在鍋裡加入高湯、醬油（照片中使用薄口醬油，一般則是使用濃口醬油）、味醂以4：1：1的比例混和後加熱。

②煮滾後加入柴魚片。

③在醬汁再度沸騰前關火。一旦煮沸則風味會流失，必須小心留意。

④用布巾過濾，讓溫度降下。有些店會讓天婦羅醬汁時常處於保溫狀態，但為了不使風味流失，應該於每次使用前再加熱。

鹽與蘿蔔泥的應用與變化

對炸物來說，搭配的鹽和蘿蔔泥就和天婦羅醬汁一樣不可或缺。此處介紹將鹽搭配上香辛料（鹽1比上⅕～1倍的香辛料）共5種，將蘿蔔泥搭配上各色各樣的佐料共12種做法。因應料理和季節可讓客人品嘗到令人愉悅的多彩搭配，這種豐富的變化正是唯日本料理店才能展現出的精髓。

天婦羅醬汁的製作方法

基本天婦羅醬汁

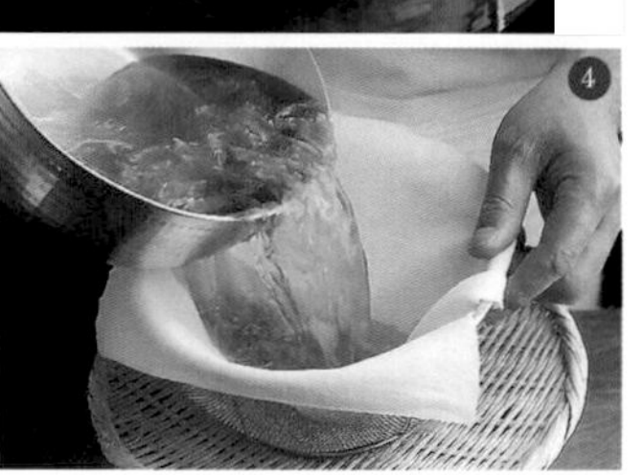

鹽與蘿蔔泥的應用與變化

芝麻鹽

抹茶鹽

胡椒鹽

山椒鹽

咖哩鹽

山葵白蘿蔔泥

蛋黃白蘿蔔泥

青蔥白蘿蔔泥

紅葉泥
（鑲入紅辣椒磨成）

綠蘿蔔泥
（和小黃瓜泥混和而成）

木芽白蘿蔔泥

紫蘇白蘿蔔泥

紅蓼白蘿蔔泥

柚子白蘿蔔泥

香辛料白蘿蔔泥
（將蔥、紫蘇、蘘荷等切末混和而成）

生薑白蘿蔔泥

海苔白蘿蔔泥

分切生魚片

生魚片種類

立板的主要工作內容就是分切生魚片。這個單位和煮方並列，為僅次於板長（花板和料理長）的重要位置（有時會由板長兼任），非常要求熟練的刀工技術。由於立板為視覺上最出風頭的單位，因此有許多年輕的新人皆以成為立板為目標而持續努力修行。

不過凡事切忌操之過急。新人一拿到菜刀每每急著想要切生魚片，但若基本功未訓練紮實，則會強烈影響到日後的工作技術。新人必須要抱著一步一腳印做好每個工作環節以磨練自己的技術為日後之用的心態確實地去學習。

本書的目的是為了讓大家能找到現在自己正在學習的工作內容究竟在將來的工作中占有如何的定位，方便大家去掌握整體的大方向而寫成。希望大家藉由看立板的工作來學習如何活用脇板和向板的工作內容和技術。

我希望大家第一個記住的立板工作內容，比起做生魚片的實際技術，反倒是在日常工作中很難一次學全的生魚片造身[1]的種類。此節中介紹如何分切鮪魚生魚片塊和22種生魚片的刀工和適用的魚種。

分切鮪魚柵塊

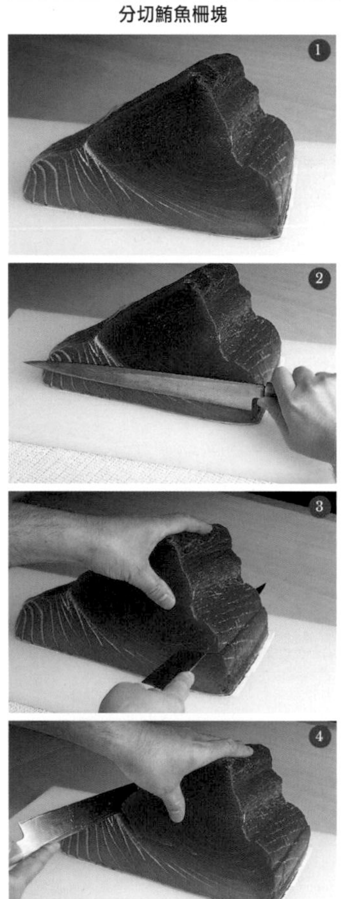

分切鮪魚柵塊

①鮪魚塊。
②先決定要分切成幾塊柵塊後，將菜刀抵在生魚片刀刃寬的1.5倍高左右處確認寬度。
③量好高度後在②處水平入刀。持續水平切開將筋切斷。
④遇到油脂較豐富的筋時，可沿著筋的方向切除之。
⑤決定生魚片寬度後垂直入刀，
⑥將魚肉從魚皮上切除。
⑦分切完成的柵塊。
⑧靠近自己處為切錯筋的方向之例。較遠的那一塊為正確例。
⑨自腹背的分界處入刀，分切為背側肉（中腹肉）和腹側肉（大腹肉）。
⑩切除魚皮。
⑪沿著筋再分切成兩半。
⑫將筋切斷，分切成魚片。

造身種類的應用與切法①

以下介紹基本造身的種類和作法以及適用的魚種。

1——指刺身（生魚片）的造型，為擺盤運用。

2——引き重ね，又可稱為「拉造重疊」，拉造的變化應用，但以刀尖做出角度，重ね是指切完後把生魚片一片一片往右送出的重疊狀。

造身種類的應用與切法①

平造

將分切成柵塊的魚從一端垂直分切。此切法主要應用於分切成柵塊後的大型魚類。圖中為鮪魚大腹肉。

角造

分切成柵塊後切成細長條，接著再分切成相同大小的立方體。適用於肉質厚實且柔軟的魚類。圖中為鮪魚赤身。

削造

將分切成柵塊的魚斜削成薄片。可以使肉質較硬的魚變得較容易入口。圖中為鱸魚。

絲造

為細造的一種變化形。切成寬度較細造更細的細絲。

薄造

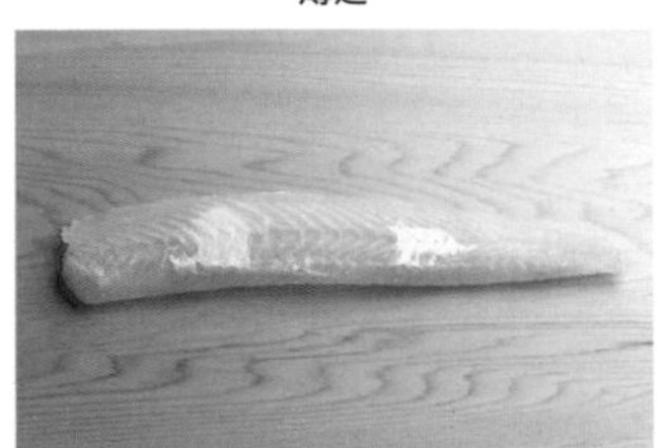

將魚切成較削造更薄的薄片。可營造出晶瑩剔透感，因此多用於白肉魚。圖中為鰈魚。

引重[2]

為了讓分切成柵塊的魚肉形成角度，以斜切入刀。圖中為鰹魚。

鳴門造

薄造後的食材上平形劃上數刀，再捲入海苔後從一端開始切成小卷小卷的切法。主要用於烏賊。

博多造

據說因形似博多腰帶的多層織紋[3]而得名。主要用於烏賊，將切成薄片的食材夾上海苔後疊上數層後分切之。

波浪造

在切食材時一邊移動菜刀一邊讓刀刃交互立起橫躺做出波浪狀的切口。主要用於肉質較硬且有彈性者。圖中為酒蒸鮑魚。

花造①（烏賊）

將烏賊切細造後擺盤，將一條一條的烏賊絲整成像花瓣的弧形。

花造②（白肉魚）

將白肉魚切薄造後整成花瓣狀，擺盤時從中心處起捲成漩渦狀。圖中為鰈魚。

鹿之子造

將食材表面斜切出交叉的飾刀切法，可以使肉質較硬有彈力的魚更容易入口，並製造視覺上的美觀效果。圖中為竹筴魚。

磯邊造

指將海苔覆於食材上的做法，但此處將海苔鋪上後還用刀劃出縱橫交錯的十字紋。圖片為魷魚。

八重造

於分切後的魚片上以 2mm 的間距先劃上一刀淺淺的縱切口不切斷後，第二刀再縱切切斷。由於魚片中間有一個切口，上菜時淋上醋等調味料時較容易入味，可以去除過多的油膩感。圖中為鯖魚。

細造

將切好的生魚片再切成寬 4 ~ 5mm 的拍子木片。適用於肉質富彈性或者是魚肉部分很少不容易切出具厚度和分量感的造身的魚種。

3——ね織り，指紡織品的縱絲和橫絲，皆運用兩種以上不同纖維織成的織法。

造身種類的應用與切法②

此處集合了在製作生魚片中除了刀工外的必要技法。除了本頁外，還可以參照p84的昆布締和p82的霜降的解說。

背越[4]

指將體型很小的河魚等先切段（筒切）後後再用洗的技法。一般會從一端開始切成約 1 ～ 2mm 寬。圖中為香魚。

燒霜

將分切後的魚片將串叉呈末廣，用噴槍將魚皮炙燒後立刻泡到冰水裡使肉質收縮的技法。可將像鰹魚等味道較強烈的魚種去腥。

4——日文原文為背ごし，指將香魚等魚去掉魚頭魚鰭和內臟後保留中軸骨直接切成段的切法。

洗

將食材切薄片後浸在冰水中使其質地緊實待其翻翹起為止的一種締法。可去掉腥臭味和油脂，讓即使是肉質偏硬的白肉魚也可吃起來清爽不膩。圖中為鱸魚。

湯引（皮霜）

湯引法為用熱水澆淋在分切好的魚上後泡入冰水裡的技法。詳情請參考 p82。將帶皮的鯛魚肉燙過後切片者（引造）被稱為松皮造。圖中為鯛魚。

落下

湯引法的一種，主要用於狼牙鱔的技法。將狼牙鱔分切好後魚皮朝下，一邊進行骨切處理切斷小骨一邊分切魚肉成寬約 2cm 大小。放到熱水中約 5 ～ 6 秒後撈起浸到冰水中。

唐草造

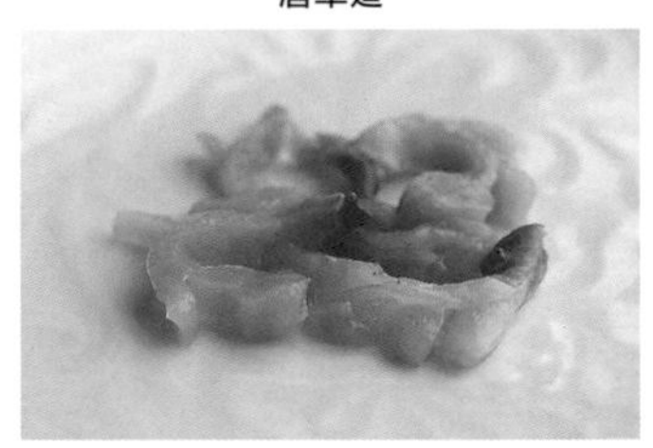

主要用於赤貝，為將食材切為細唐草紋樣的做法。和蔬菜切成唐草形狀的方法相同（請參考 p89），於食材上劃上數刀後使其轉 90 度後再切細絲，最後將貝類甩上砧板敲擊使肉質緊縮後便會成為唐草紋樣。

蝶造

將食材（主要用於赤貝）片開後甩上砧板敲擊之，將開口處做成像蝴蝶造型的做法。

立板的工作②

河豚的處理

此節針對河豚詳細解說魚的分切方法和生魚片的切法。一般來說河豚被認為是較特別的魚種，但只要能把握住要點，其實河豚的處理並不困難。

一整隻河豚可以用於各種用途：魚肉做成生魚片，魚皮湯引後做成魚皮生魚片，魚粗下鍋去炸，魚鰭乾燥後還可泡成魚鰭酒。

首先要注意的是，在分切河豚時，最重要的不是想辦法將最多的魚肉保留做成生魚片。當然，因為河豚生魚片的售價最高，有些店會教人在分切時，盡可能的減少魚粗帶的魚肉讓可做成生魚片的部分越多越好。不過，就算是魚粗亦可做出相當有價值的應用，例如將帶有肥厚的魚肉的魚粗炸成魚塊或者做成河豚火鍋[5]，因此我接下來會選擇介紹如何讓魚粗保留魚肉的柵塊分切法。

最重要的是，切的時候如何沒有一丁點浪費物盡其用以及如何才能將一整尾河豚的價值發揮到淋漓盡致。這個想法其實適用於鯛魚等其他諸多魚類。能夠根據用途臨機應變改變分切方式，不產生任何浪費，就算從做生意的觀點來看亦是很要緊的。

此外，處理河豚需要通過河豚調理的考試領有執照才行。但此處我介紹的處理方法並不為考試內容所囿，而是以我自己認為最有效率的處理方法為主。因此會看到一些考照時沒有的思考方法和步驟，請大家務必先理解這一點。

1 活締殺魚法／清洗／切除魚鰭

選擇魚眼清澈者為佳。採買時通常會進活締處理過的整尾河豚或者是已經去除有毒部分的身欠河豚。如果是進活魚時必須要先經活締殺魚法處理過才可使用。

活締殺魚法

①這裡使用的是活的虎河魨[6]。

②用菜刀切斷頭部上方的延髓部分活締處理之。

清洗

③河豚的表面帶有黏液，因為很難處理，可以用絲瓜清潔球將黏液和髒汙一併刷洗乾淨。

1 活締殺魚法／清洗／切除魚鰭

活締殺魚法

清洗

切除魚鰭

④從內側處朝和魚鰭生長方向相反的方向切除背鰭。

⑤用相同方法切除腹鰭。

⑥再切除胸鰭。

⑦將切下的魚鰭平鋪於砧板上整好形狀，經一夜時間陰乾後烤，用來做成魚鰭酒。

2 分切口器

將口器切開可做為河豚火鍋的料。注意入刀的位置。

①從左右魚頰處入刀。

②由上至下切，不要一口氣切到底，只要切到有一個球狀突起（脇骨的尖端）上方處就停住。

③用菜刀的刀根壓住未切斷的部分，將口器朝內側凹折。

④於球狀突起的下方入刀，切除口器。

⑤將菜刀刀根刺入切下的口器上唇處兩塊齒板間，將上唇切半。

⑥魚皮朝下，抓住中央處黏膜，將菜刀於左右兩邊入刀切除之。

5——日文原文為ちり鍋，特指用白肉魚切片加上蔬菜豆腐去煮成的鍋物。

6——紅鰭多紀魨，日文漢字作虎豚。學名Takifugu rubripes，台灣稱虎河魨，又名氣規、規仔。

切除魚鰭

2 分切口器

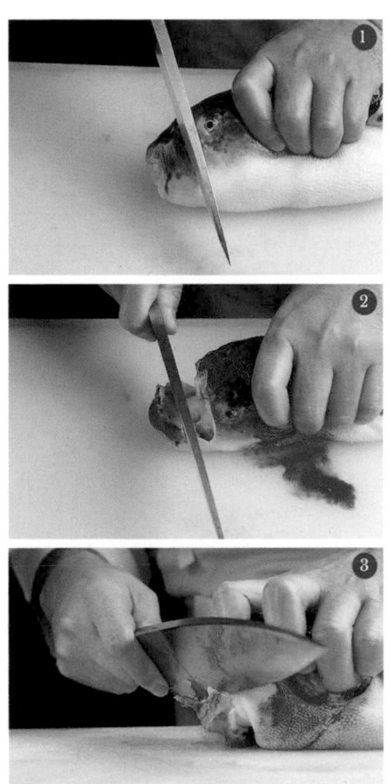

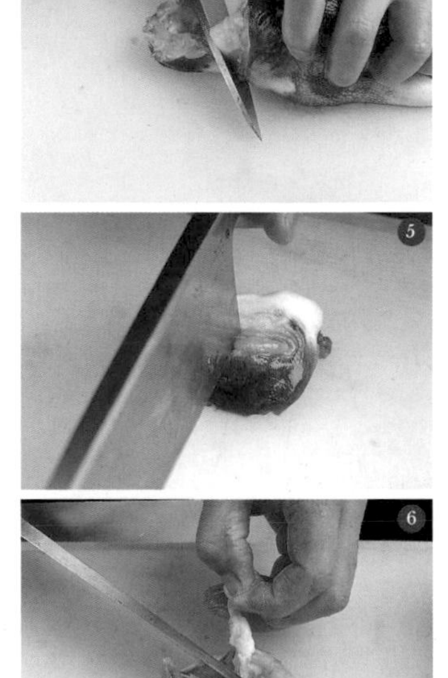

3 剝皮

河豚的皮分為背皮（黑）和腹皮（白），剝皮時必須分開處理。不過亦有一次剝下整張皮的處理方法。魚皮湯引後可做成魚凍或者魚皮生魚片食用。剝皮時要小心不要傷到魚肉。

①掀起從切除胸鰭的切口處到魚頭止的背皮和腹皮的分界線（顏色的分界）後入刀。

②③沿著胸鰭的痕跡切弧將魚皮剝去，再將刀刃反過來將魚皮抵著切開。

④將魚皮朝魚頭方向拉緊做出張力，用菜刀繼續將魚皮朝尾部切開。

⑤改變方向，一樣繼續切開魚皮。

⑥⑦沿著魚身弧度朝向尾部方向順勢讓菜刀橫倒切開。

⑧最後抓住背皮於尾巴根部處切斷。

⑨將分離的背皮拉起，將菜刀插進魚皮和魚肉間剝去魚皮。

⑩一口氣將魚皮剝至魚頭處。

⑪最後將菜刀插入魚的頭骨和魚皮間切斷。

⑫白色的腹皮的處理方式亦同，首先揪住腹皮從尾鰭根部處切斷。

⑬拉起腹皮從肛門連接處切斷。

⑭接著切除魚腸。

⑮一口氣拉起魚皮剝掉。

3 剝皮

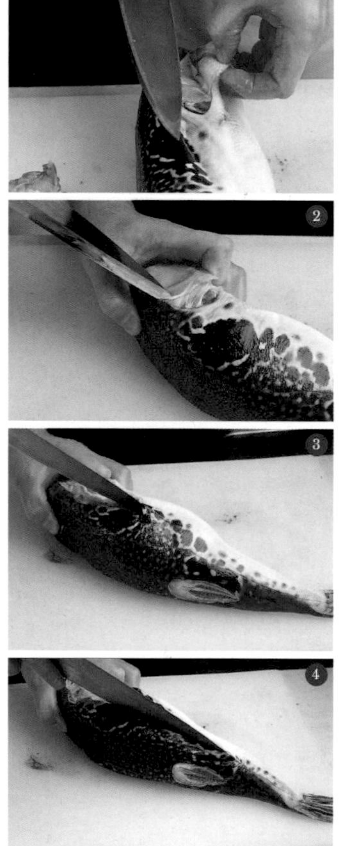

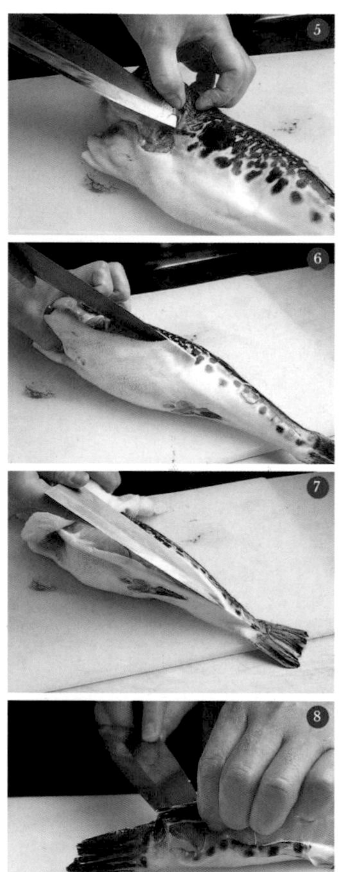

4 去除眼睛和黏膜

①②將菜刀刃尖插入兩側眼球旁，剜出眼球。
③於下顎處入刀。
④去除下顎到魚腹處的黏膜。

4 去除眼睛和黏膜

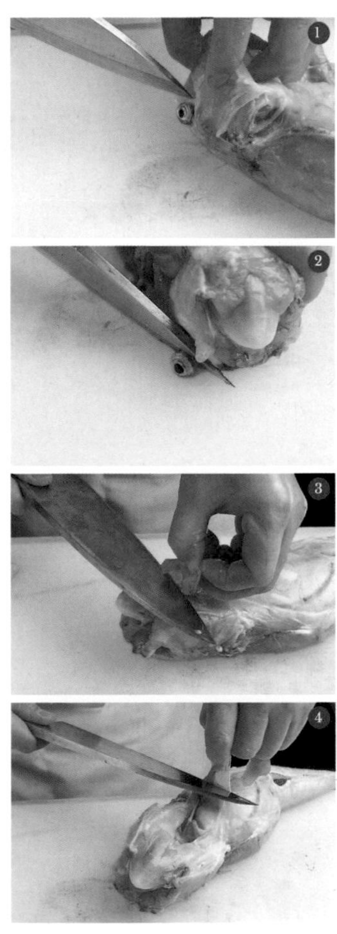

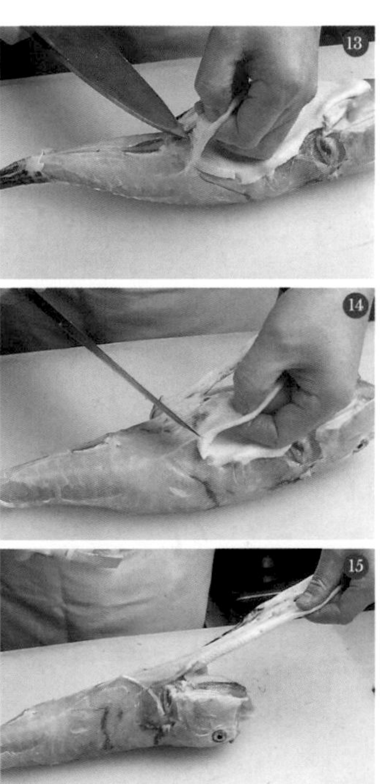

5 處理內臟

河豚的內臟除了白子[7]外全部不可食用。通常不會分切而是整個摘除。由於黏膜、血管和血液均帶有毒素，處理時應將菜刀的使用限縮到最小限度，盡量使其能自然地分離。

①河豚的白子價值很高，為了不傷到白子，先小心地將白子取下。

②從靠裏側的下顎骨處入刀。

③④於靠近外側、較大的下顎骨處入刀。處理另一側時也一樣分成兩次入刀。

⑤將菜刀插進下顎骨和魚下巴間切到背骨處。

⑥再次入刀，將靠裏側的下顎骨卸下。

⑦用手抓緊魚下巴，一邊拉開魚鰓一邊用菜刀切斷魚鰓連接處。立起菜刀切斷側面的下顎骨。

⑧用刀根輕輕切靠近背部尖尖的魚骨。另一側也要切。

⑨用菜刀抵住下顎骨，抓住魚鰓。

⑩剖開魚頭，用刀尖切斷魚鰓連接處根部。

⑪用菜刀牢牢抵住下顎骨，拉出內臟。

⑫先暫時將內臟放回原本的位置，將內臟連接處根部的黏膜沿著魚身一路切除到肛門連接處。

⑬抓住魚鰭根部。

⑭用菜刀抵著將魚鰓和心臟一併扭轉取下。

⑮切除的魚鰓尖端附著的就是心臟。

⑯將右側的腎臟和魚下巴切開。

⑰將左側的腎臟也一樣自魚下巴處分離。

⑱用菜刀抵住魚下巴後拉扯即可使殘餘的內臟

5 處理內臟

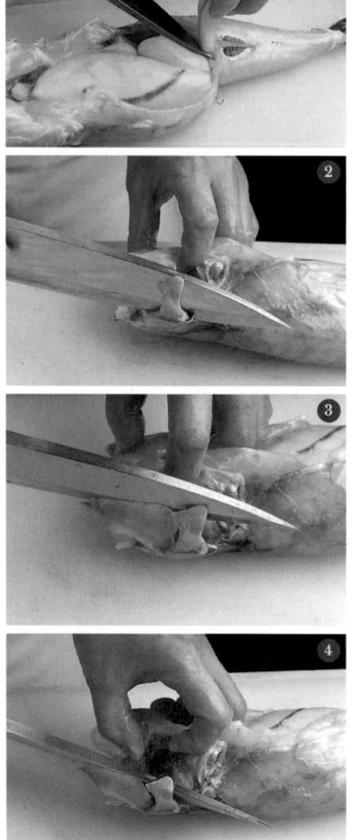

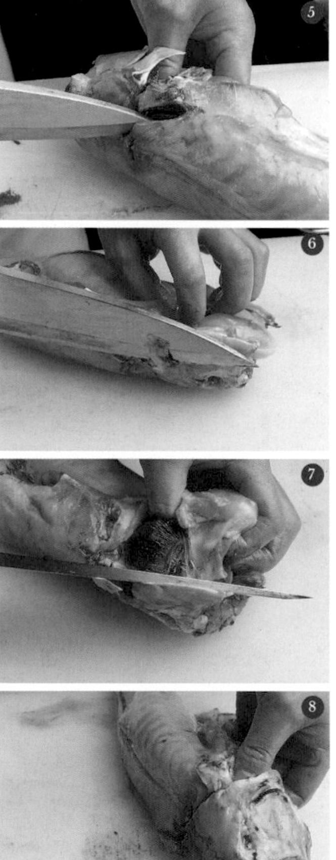

分離。

⑲剩下的魚下巴可用於河豚火鍋。用刀根刮去黏液和血合部分。

6 切除魚頭後分切

魚頭可做為河豚火鍋的料或者拿去炸。河豚的腎臟不可以食用因此切下魚頭後要確實去除掉腎臟部分。

①將頭部和背骨切開。

②於背骨四周輕輕入刀。

③將頭部的魚骨剖半，剖開後用菜刀挖出在連接處根部所殘留的血合狀腎臟。

7——日文白子（シラコ）即指魚的精囊。

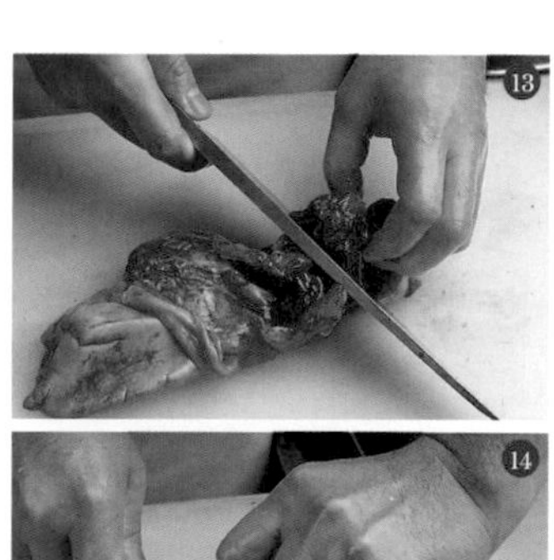

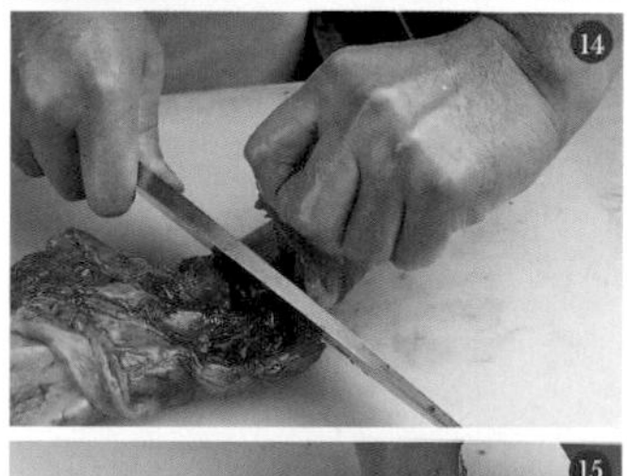

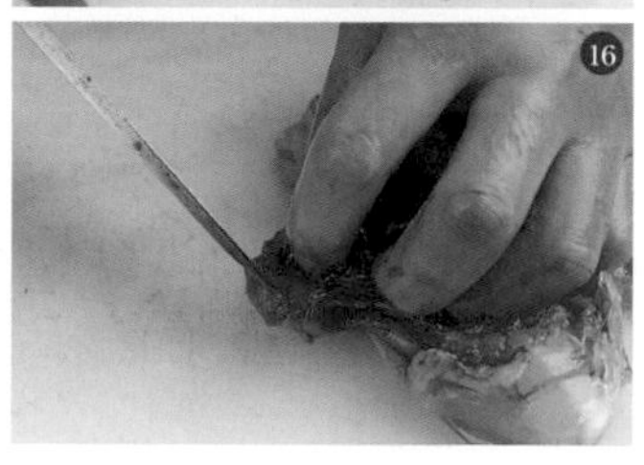

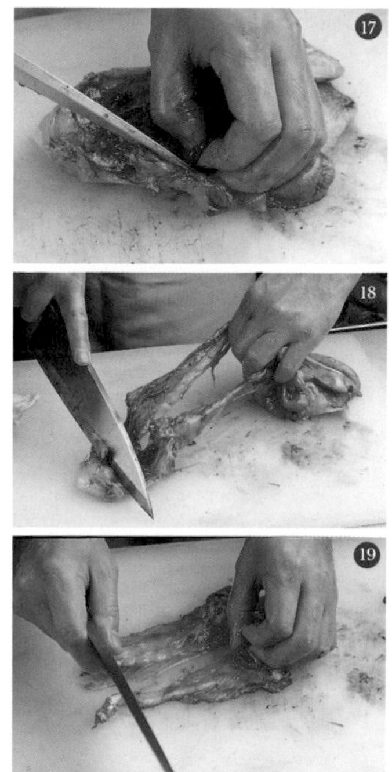

6 切除魚頭後分切

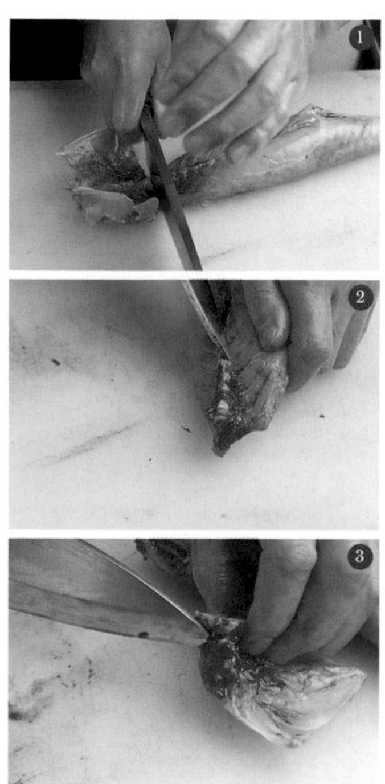

7 水洗

將可食用部位仔細用水清洗，徹底去除血液和黏膜。

①用流水清洗分切好的魚肉。特別是中軸骨處要使用長竹筅仔細地洗去血合部位。

②用手剝去魚肉上的黏膜。

③魚下巴等關節處則如圖所示用長竹筅握緊刷乾淨。

④用布仔細將魚肉擦乾。

⑤魚下巴也要擦乾。

⑥可食用部位。

⑦不可食用的部位。

8 分切魚肉

將可食用部位按照用途分切。因應不同用途，可改變切法和魚肉殘留比例以發揮出最高的價值。

①將水洗處理後的魚肉腹部朝上放置，於黃鶯[8]兩側處入刀。

②去除肛門部位。

③用布拭去殘留的血合部分。

④分切魚肉。從頭部處入刀，順勢切開至尾鰭處。

⑤中軸骨亦可用於河豚火鍋或者炸物，為發揮其價值，分切時將相當的魚肉保留於中軸骨上。

⑥切除中軸骨部分的尾鰭後分切成兩半的樣子。可根據用途來分切使用。

⑦去除身皮（魚肉表面附著的硬膜）。首先去除掉連接著魚鰭部類似鰭邊肉的部分。

7 水洗

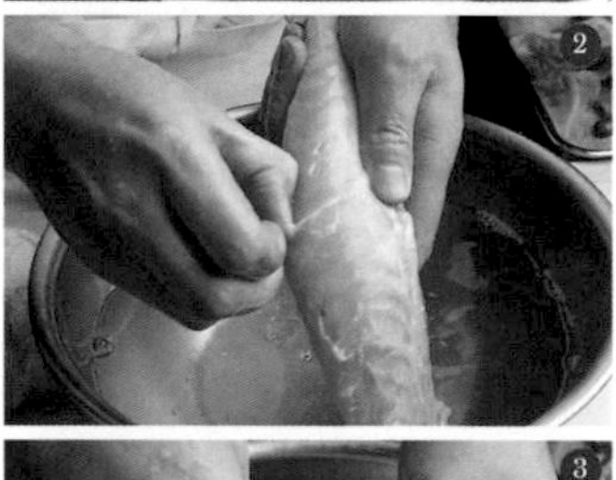

8 分切魚肉

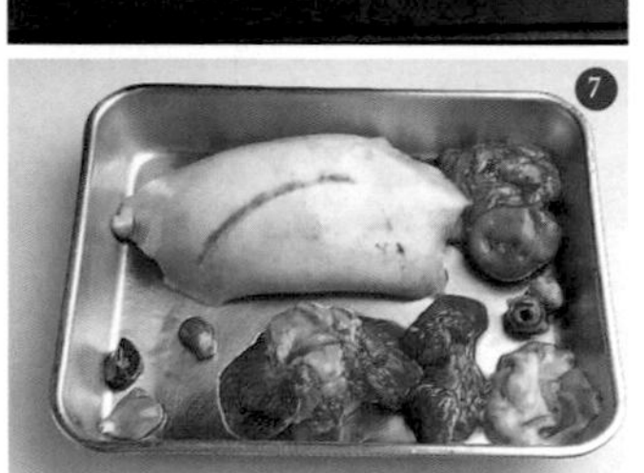

⑧魚肉尾側處斜斜入刀後切開後讓菜刀橫倒。
⑨朝頭部方向切開，削去身皮。
⑩削下一側的身皮時，先不要切斷，將魚肉翻面後同樣削去另一側的身皮。
⑪欲提高身皮的價值也可以故意削得稍厚一點。
⑫將削下的皮重疊。
⑬因應用途分切成適當大小。WAKETOKUYAMA會將身皮拿去炸。
⑭分切魚下巴。先將水洗處理後的魚下巴分切成兩塊。
⑮於較大魚骨的根部處入刀後切斷。若是體型較大的河豚甚至可以分切成四塊。
⑯將分切後較小那塊魚肉上類似田雞腿肉的部分保留，其餘切除。
⑰除了用做生魚片外的可食用部位。

魚肉保存方式

⑱將生魚片用的魚肉排列在鋪有棉布的調理盤中。
⑲鋪上兩塊棉布，中間夾一塊吸水塑膠紙[9]，去除掉水分後使魚肉緊實。
⑳上方蓋上一塊棉布，若使用活魚則需要放置整整一天後再使用。

8——日文原文中，河豚的肛門別名「黃鶯」。

9——日文原文的ピチャット為岡本商社旗下的品牌。

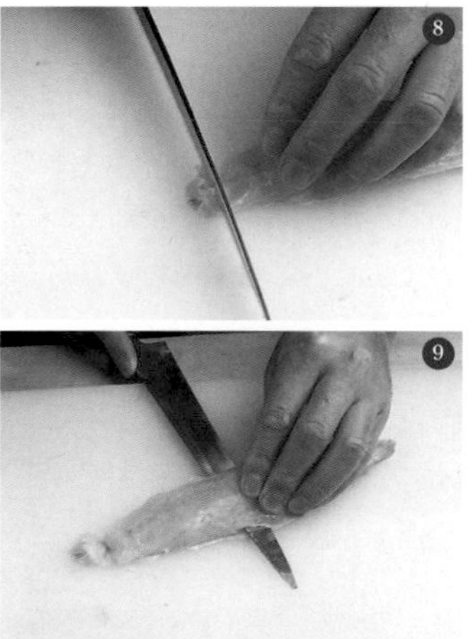
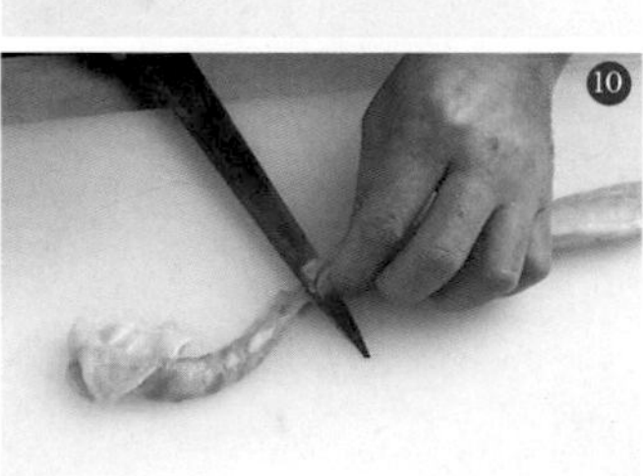
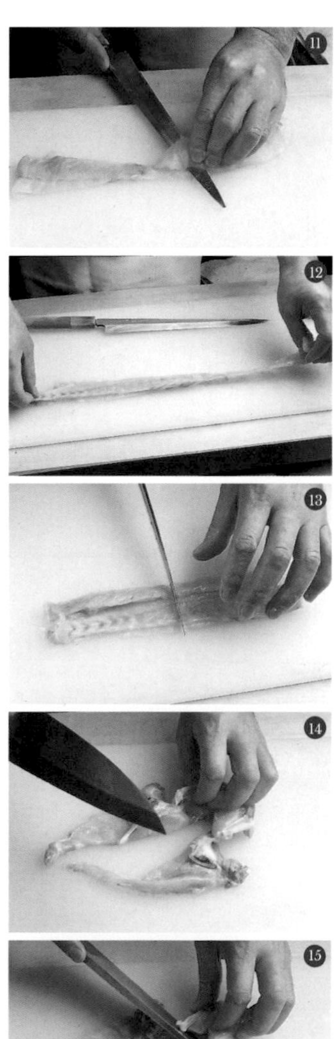
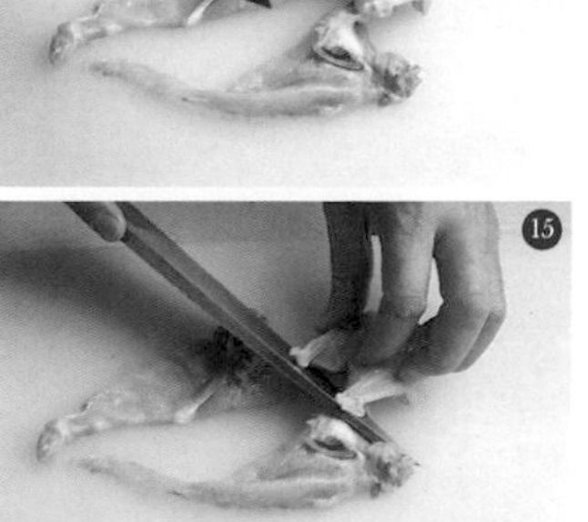

魚肉保存方式

9 處理魚皮

剝掉的魚皮在去除黏膜和棘刺後可分為真皮和其下被稱為皮膜的真皮組織，需要燙過後方能食用。以下解說一直到切成生魚片為止的所需步驟。

刮除黏膜及皮膜[10]

①去除剝好的腹皮的黏膜。先用刀背拍打全體。

②此時黏膜會黏在砧板上，將菜刀插入黏膜和魚皮間，一邊抵著一邊慢慢分離黏膜。

③將表皮朝下放置，在一端邊緣切入一刀，用菜刀刮去皮膜部位。

去刺

④用菜刀刮去背皮側的黏膜，將切去魚鰭後的缺口套在砧板的角上。

⑤拉扯魚皮使其貼緊砧板。

⑥在一端邊緣切入一刀。

⑦將刀刃朝外，抵在左手前方。

⑧將菜刀橫倒後慢慢移動去掉棘刺。

⑨若還有殘留的棘刺，則轉動魚皮，繼續清除棘刺。剝完棘刺後的魚皮稱為真皮，魚皮生魚片使用的就是皮膜以及此真皮部位。

湯引魚皮

⑩在水中加入少量的鹽，煮沸後將真皮從較厚處下鍋，待煮到透明就撈起。背皮和皮膜也一樣要湯引處理，但皮膜要煮比較久（約2分

9 處理魚皮

刮除黏膜及皮膜

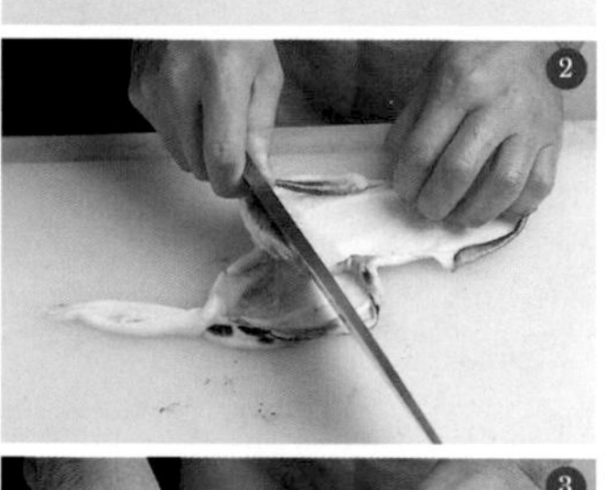

去刺

鐘）。

⑪為了讓膠質口感緊實，撈起後立刻泡冰水放置一段時間。並去除殘餘的黏膜。

⑫用布擦乾。切開背皮的黑色部分。

⑬順著魚皮自然捲起的部分將魚皮捲起切條。

⑭若要做成魚皮生魚片，切成寬約２mm。

⑮若要做成魚凍則可稍微切大一點。

10——トオトウミ，皮與肉中間的那一層凝膠狀膠質。

湯引魚皮

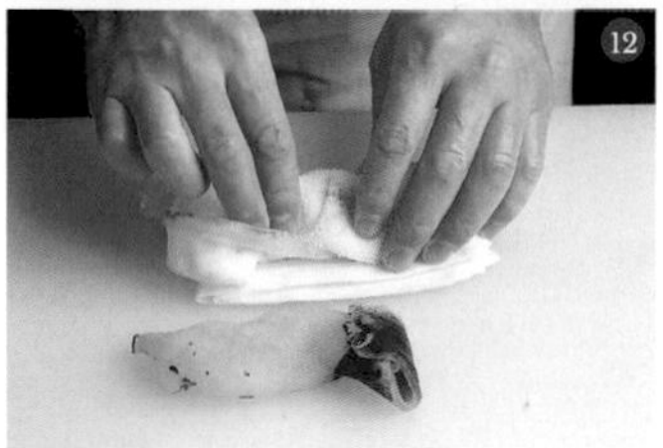

10 切成生魚片

河豚生魚片因著擺盤方式不同，在分切柵塊時的方式也必須做出變化。處理時必須時時設想完成時的狀態來臨機應變避免食材的浪費。

①分切成柵塊的魚肉。

②將菜刀斜斜地放倒。有些店會讓菜刀放橫到和砧板平行，但取出圖中的角度最為好切。

③從頭部朝尾部切開，柵分成兩塊。當擺盤時要擺上兩圈時，放在內側的生魚片要切得比較小，因此在分切柵塊時就要計算好大小後分切成一大一小。

④切成生魚片。要擺成兩圈時會先從盤子外側開始排列，因此先分切較大塊的柵塊。自尾側讓刀根橫倒入刀。

⑤用食指固定魚肉，保持一定的角度拉至刀尖處切片。

⑥將分切後的生魚片一端邊緣折起捏一下。

⑦接著直接拿去擺盤。從盤子外側開始排列。先從盤子離身體較遠的中央處擺上第一片，在盤子上的位置會和身體位置呈一直線。用拇指將邊緣處折成立起來的形狀，營造出立體感。

⑧從左側開始依序擺上切好的生魚片。擺盤時生魚片在盤子上的位置必須永遠對著身體中央呈一直線。因此擺完一片後要將盤子一點一點向右轉調整位置，朝左側一片片擺下去。中心要預留空間以盛裝配菜裝飾組合。用刀尖抵住魚肉再用左手捏出立起的邊緣。重複步驟直到排完一圈。若要加排內圈時，先將較小的柵塊削削造後再和外圈稍微重疊去排列。剩下的空間可以盛上燙過切好的真皮和皮膜和切成相同長短的細香蔥。搭配柑橘醋和紅葉泥一起出菜。

10 切成生魚片

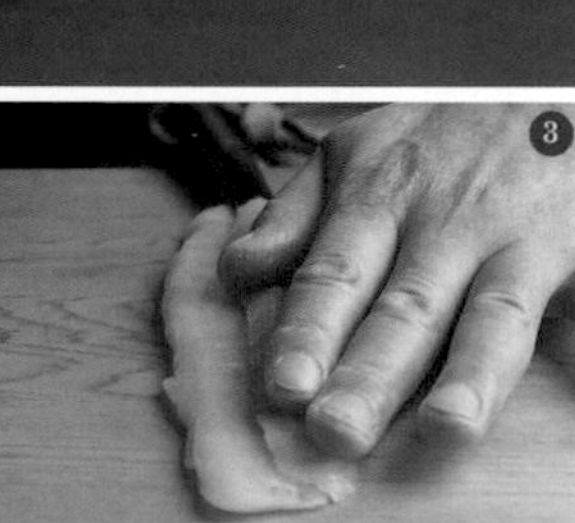

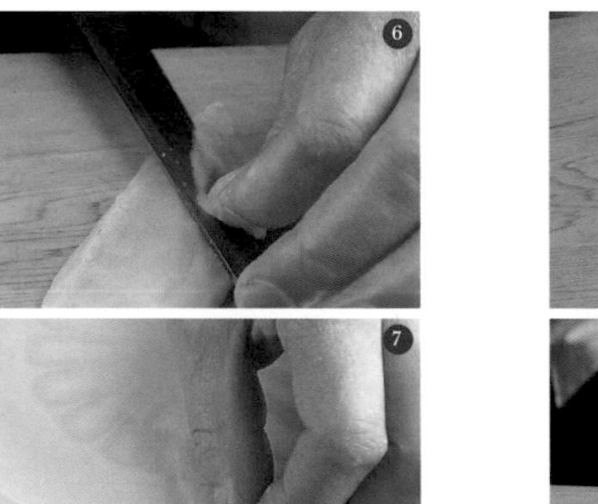

石狗公的處理／鰻魚、泥鰍、狼牙鱔的處理

石狗公[11]的處理

1 活締殺魚法／清洗／切除背鰭

石狗公有著長相奇怪又獨特的魚頭，產季為春季至夏季。主要可用來做生魚片和炸物。分切方法和河豚類似，不過石狗公的背鰭帶有有毒的黏液，處理時亦要十分小心。活締殺魚後採大名切法處理，不過帶肉的部分並不多。和河豚一樣，要因應用途來選擇最能彰顯其價值的分切處理法。

活締殺魚法

①此處使用的是石狗公活魚。

②用手撬開鰓蓋插入菜刀切斷。

③用菜刀刺入背鰭根部的延髓上方將魚活締。

清洗

④魚身帶有黏液必須要仔細水洗後去除黏液。可使用絲瓜清潔球朝和棘刺生長方向相反的方向從頭到尾去刷洗。

切除背鰭

⑤貼合著背鰭根部的兩側入刀直到抵到中軸骨，切開兩邊的肉。

⑥用菜刀抵著背鰭尖端，從尾側朝魚頭方向扯，使之分離。要小心棘刺。

⑦去除背鰭後的魚肉。

11——學名Inimicus japonicus，日本鬼，別名鬼虎魚、貓魚、魚虎、虎魚、石頭魚。

石狗公的處理

1 活締殺魚法／清洗／切除背鰭

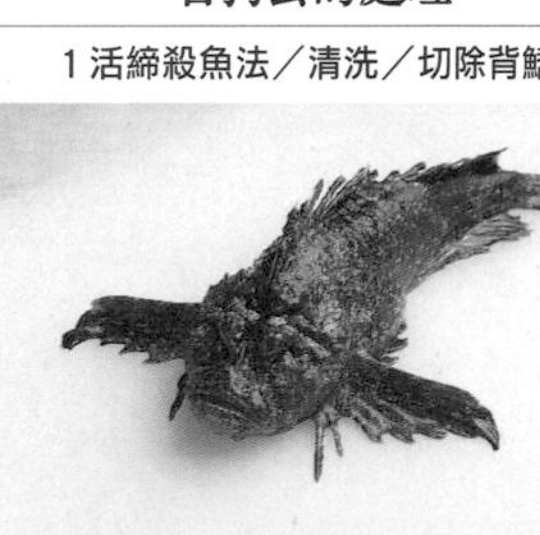

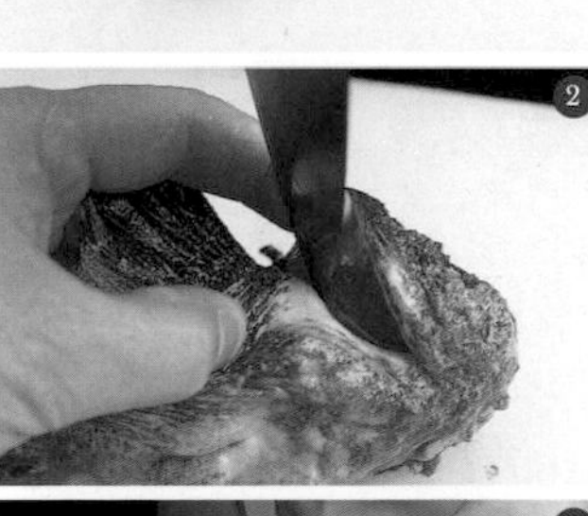

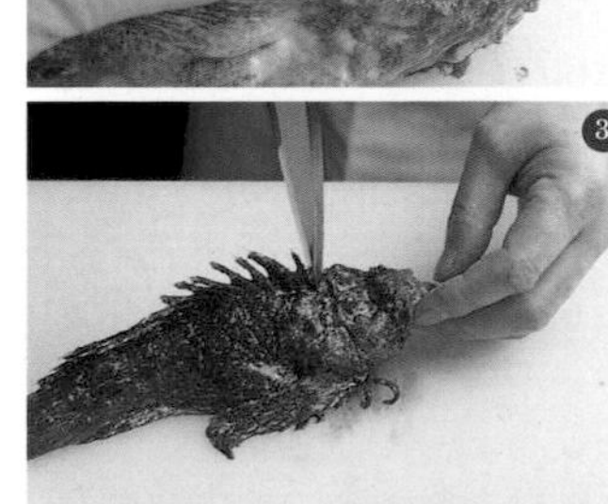

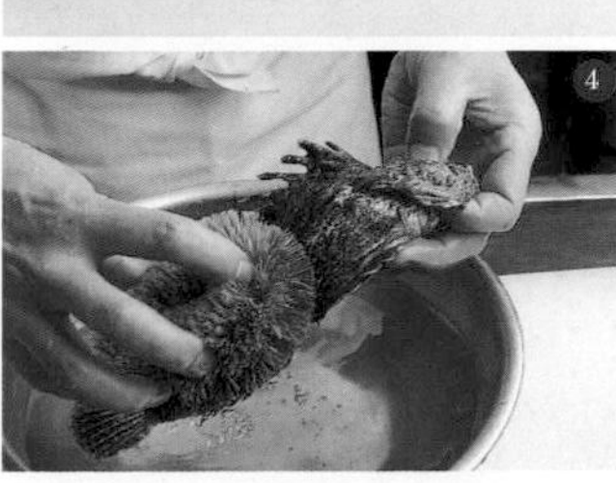

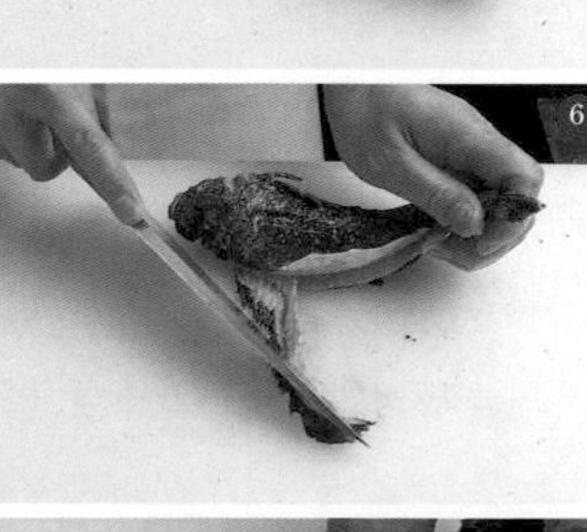

2 切除魚鰓和內臟

①將手指插入鰓內掰開魚鰓，自下顎根部處入刀。
②切開腹部至肛門處。
③抓住魚鰓，於根部接合處入刀。
④一邊壓住魚鰓一邊用刀尖一點一點清除內臟。
⑤將內臟和血合部位拉出，用菜刀切斷根部連結處。
⑥解剖內臟。首先切去不可食用的膽囊。
⑦分切胃腸和肝臟。
⑧用菜刀刮除胃腸上的髒汙和薄膜後霜降。

3 切除魚頭後分切

切除魚頭

①將去除內臟後的石狗公腹部朝上放置切除魚頭。

分切

②採三枚切。抓著一半魚身將菜刀抵在中軸骨上方。
③一路切開至尾部。卸去半個魚身。
④翻面後分切下魚身。於中軸骨上方入刀。用左手提起魚肉由頭部朝尾部切開。
⑤切去腹骨。將菜刀抵在魚下巴處。
⑥切下魚下巴，讓腹骨保留相當分量的魚肉。由於魚下巴會使用於炸物，因此可以多帶點肉提高其價值。
⑦分切後的魚粗。上為中軸骨，左起為魚頭、

2 切除魚鰭和內臟

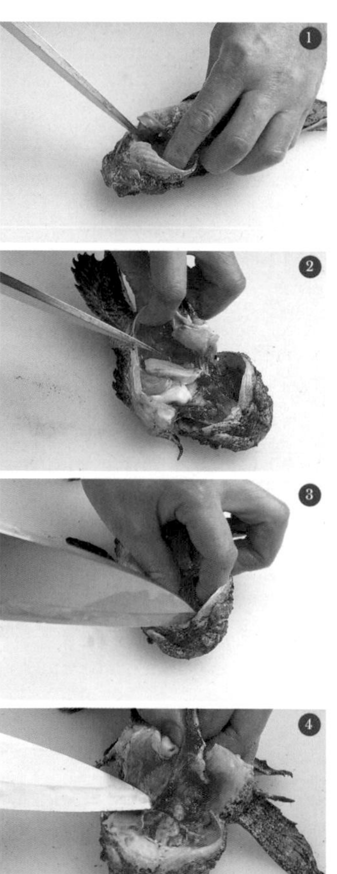

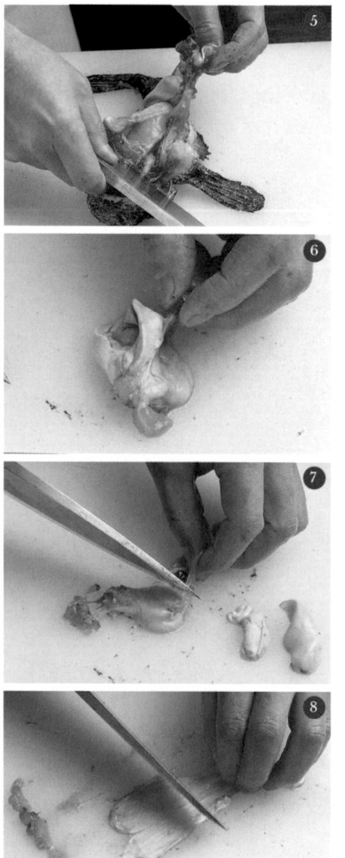

3 切除魚頭後分切

切除魚頭

分切

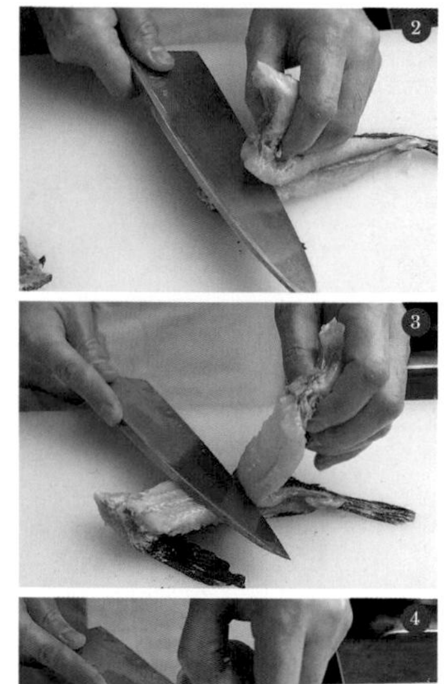

魚下巴、魚嘴。

4 剝皮

①將分切好的魚肉，皮目朝上，將菜刀插入魚皮和魚肉間的交界處抵住魚皮，自尾部朝向頭部方向拉動魚肉分離魚皮。

②削去魚皮內側的皮下組織。削下的部分可以拿來炸或者做其他用途，因此可以削厚一點。

③下方為削下的皮下組織。也就是河豚的皮膜部位。

魚肉的保存方式

④為了不讓去皮後的魚肉過度乾燥，用布包起來保存。約靜置 6小時待魚肉的鮮味熟成。

4 剝皮

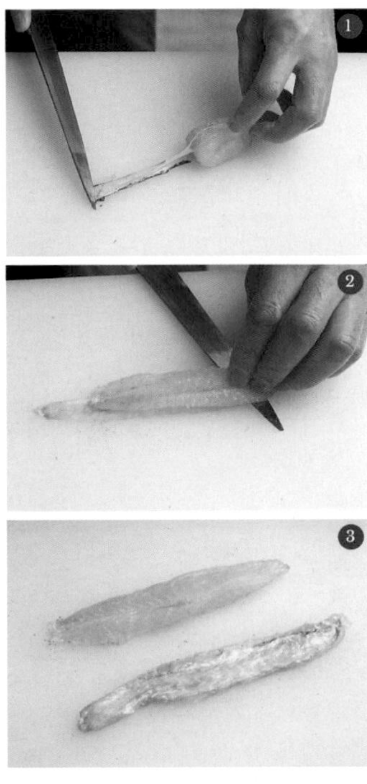

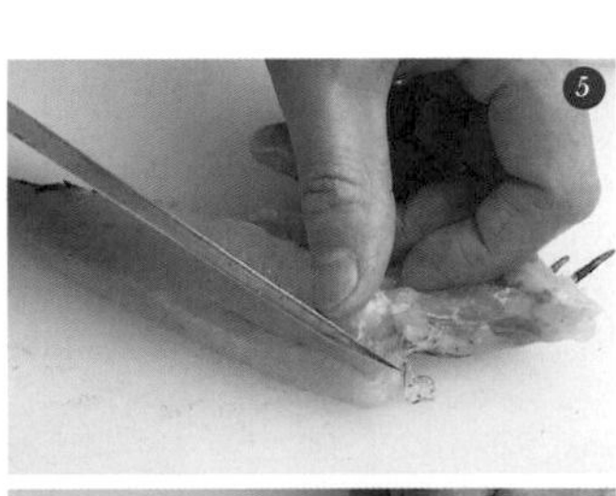

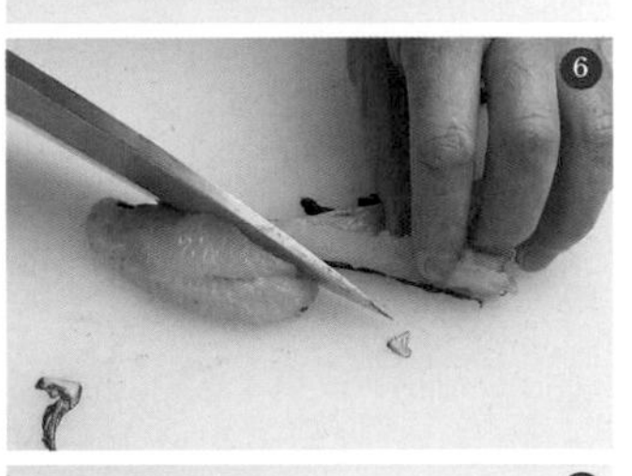

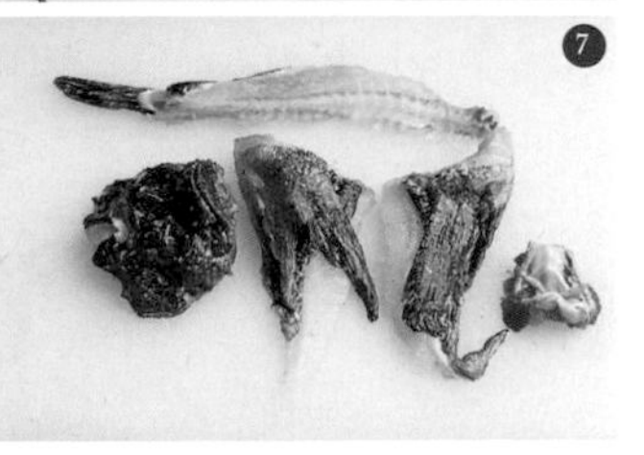

魚肉的保存方式

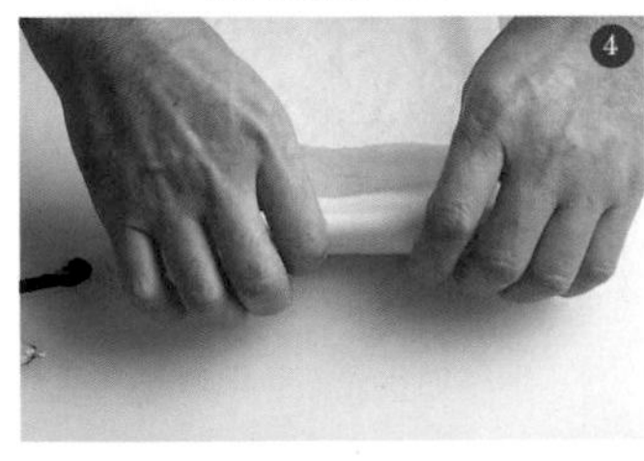

5 處理魚皮和內臟

①②將分切後的魚皮和內臟全部快速水煮後湯引去掉黏液和髒汙。帶鰭的魚下巴也可用於碗物，使用時一樣要先霜降。

③特別是魚皮的部分水煮後要浸泡在冰水中讓膠質穩定下來，並用菜刀刮除變白的黏液。

④⑤刮除燙過胃腸的髒汙後切成2～3mm寬。

⑥魚皮切成4～5mm寬。

⑦將皮下組織切成一口大小。

⑧切好的魚皮和內臟。可用於生魚片的配菜裝飾組合等用途。

6 切成生魚片

①分切石狗公生魚片的要訣和河豚十分相似。將菜刀橫倒從柵塊的尾側用刀根入刀。用食指壓住生魚片，保持一定角度拉到刀尖處切片。

②切好一片後馬上抓住生魚片的邊緣直接擺盤。從盤子的中央處以逆時針方向排列，將盤子向右轉動，擺成富有立體感的形狀。中心要預留空間以盛裝配菜裝飾組合。可以將燙過後切好的魚皮、皮下組織、內臟和切成相同大小的細香蔥排成漂亮的形狀。搭配柑橘醋和紅葉泥一起出菜。

5 處理魚皮和內臟

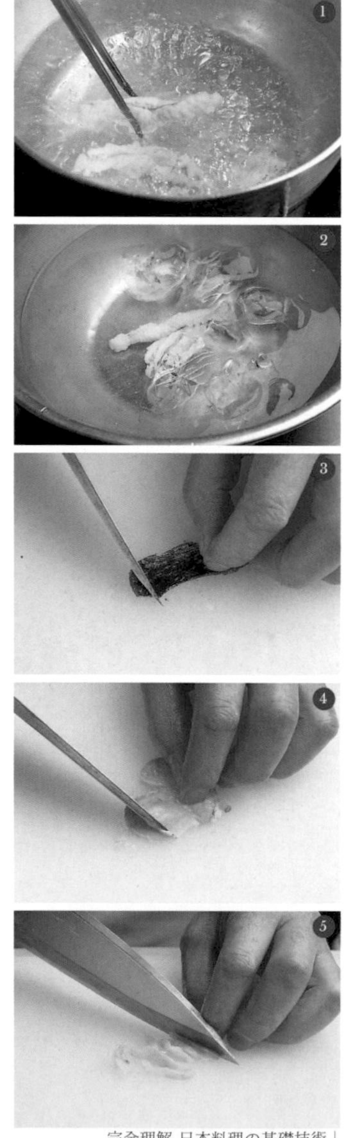

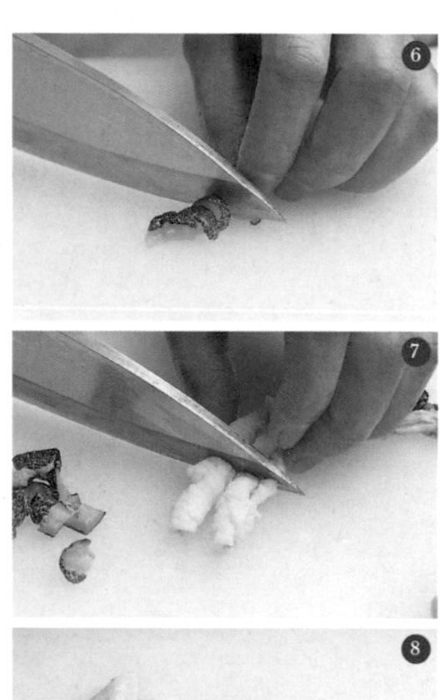

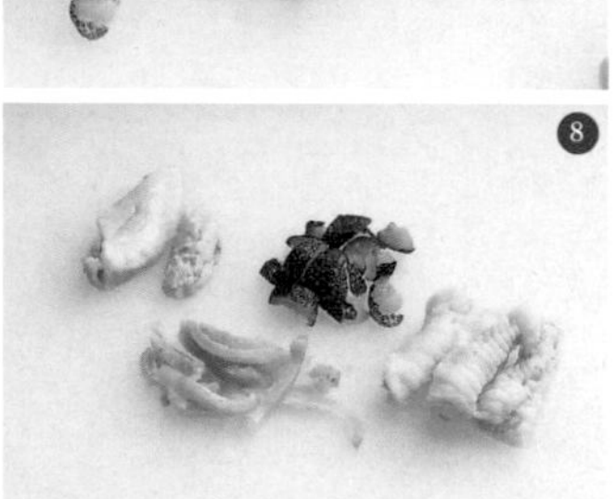

6 切成生魚片

鰻魚、泥鰍、狼牙鱔的處理

處理像鰻魚、泥鰍和狼牙鱔等長條狀的魚皆需要相當熟練的技術，不過左右味道美味與否的最重要關鍵是鮮度。

分切後經過一段時間鮮度便會下降，魚肉也容易縮起。特別是泥鰍帶有泥土臭味，必須要使用前才分切。分切的技術雖然重要，但為了要提供給客人最美味的食物，必須要熟習魚本身的特性。

調理時要考慮到如何盡可能的活用食材與生俱來的美味。

準備道具

菜刀（鰻魚・泥鰍）

分切鰻魚、泥鰍需要用到像圖片所示的特別刀具。上為鰻魚刀，下為泥鰍刀。主要使用前端斜斜的刀刃去分切。

研磨方法

①鰻魚刀的特徵為刀刃尖端為有兩片刃。有了兩片刃，在剝離中軸骨時刀刃便不會直接接觸到骨頭因此處理起來更方便，鰻魚也比較不會亂竄。

②研磨時的技巧和普通菜刀並無大太差異，不過因為刀刃有角度，研磨時必須要分成兩次來磨。將①的面朝下，研磨刀尖。先將菜刀橫倒研磨較寬的刀刃面。

③接著將菜刀立起取出角度，研磨有兩段的兩片刃。另一邊的刀刃研磨方法亦同。

串叉

像鰻魚等細長的魚類魚肉很容易縮起或者受損，因此分切後必須立刻串入串叉。分切時就要先準備好串叉備用。先烤過串叉尖端可以讓尖端處不易裂開也更便於作業。

鰻魚的處理

鰻魚是體型細長且黏液多滑溜難處理的魚種。要練到可以一邊用左手靈活地調整位置一邊將鰻魚從頭部到尾部順暢地切開需要相當熟練的技術。為了盡量讓讀者看清楚手的位置，攝影時分成從自己方向看過去和從對面看過來兩個角度。

在整理四周環境的同時，記得一定要在手邊放一條布以便時時擦拭作業中產生的血水、黏液、渣滓等。

鰻魚的血很容易凝固。如果處理過程中血噴濺到眼睛裏記得不可放置不理一定要立刻就醫。

鰻魚、泥鰍、狼牙鱔的處理

菜刀（鰻魚・泥鰍）

研磨方法

1

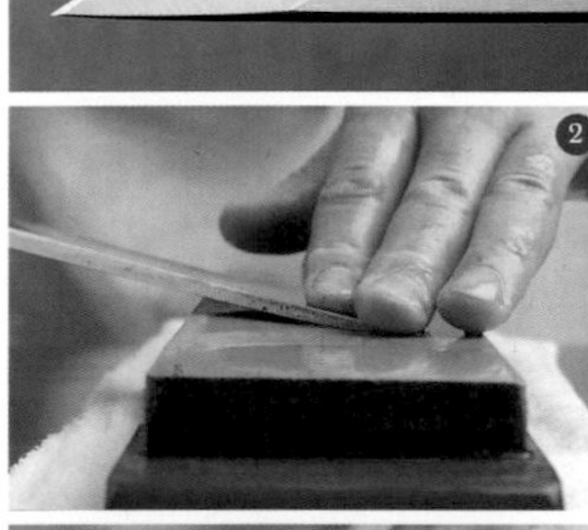

2

3

串叉

1 拿法

①鰻魚盡量選擇新鮮的活魚使用。由於很難直接拿取，因此可以如圖所示用中指扣住魚身將剩下的手指從下方夾住鰻魚讓他無法逃脫。

2 分切

②於延髓上方處入刀，先行活締處理。此時要連中軸骨一併切斷。

③將鰻魚放在砧板上，預計要釘入錐子的洞放在靠近右手邊處。鰻魚魚頭朝右，背側朝向靠近自己處放置，於背側和腹側不同顏色的交界處刺入錐子。

④為了固定錐子，可用菜刀輕敲之。為了不損傷到菜刀，可用刀柄底部敲擊。若鰻魚開始掙扎，可以抓住魚身攏幾次後即會平靜下來。

⑤自活締的位置稍微偏尾部的地方起入刀，直到切到中軸骨上方。

⑥—**A**將刀尖打斜插入⑤處。

⑥—**B**從自己方向看過去。

⑦—**A**保留腹皮一路切開到尾部。此時為了不要切到魚皮，可以將輔助的左手食指抵住魚腹，用大拇指抵住刀背來調整菜刀位置。

⑦—**B**從自己方向看過去。

⑧—**A**此時最關鍵的是左手。大拇指抵在菜刀刀背上調節刀刃方向。用中指和無名指修正軌道，將魚身固定在正確的位置。

⑧—**B**從自己方向看過去。

⑨—**A**分切完成後，用刀尖壓住魚身抓住內臟。

鰻魚的處理

1 拿法

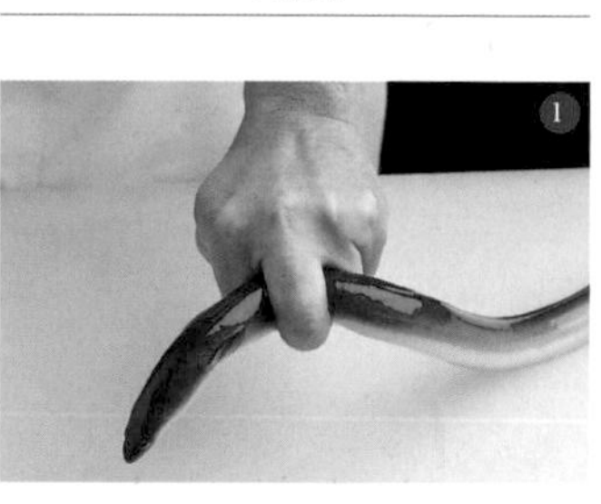

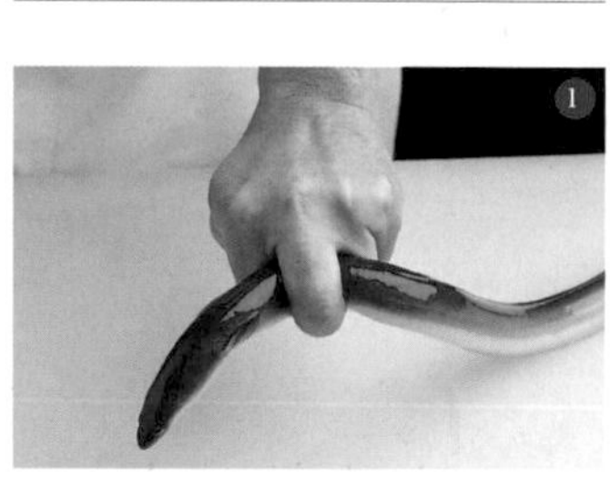

2 分切

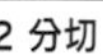

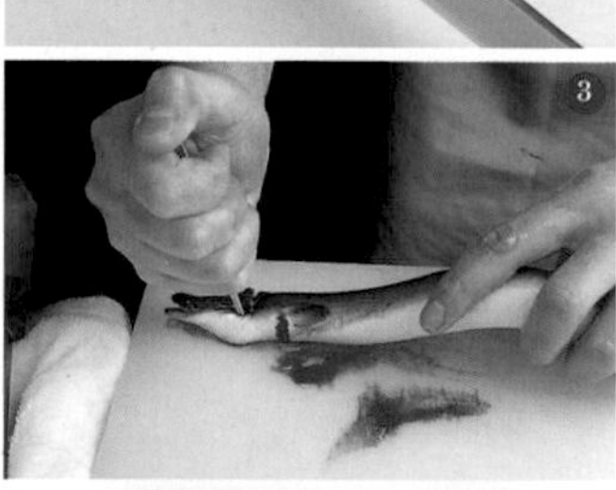

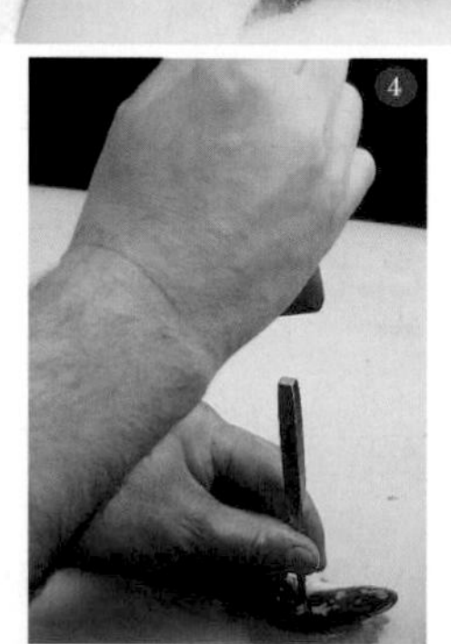

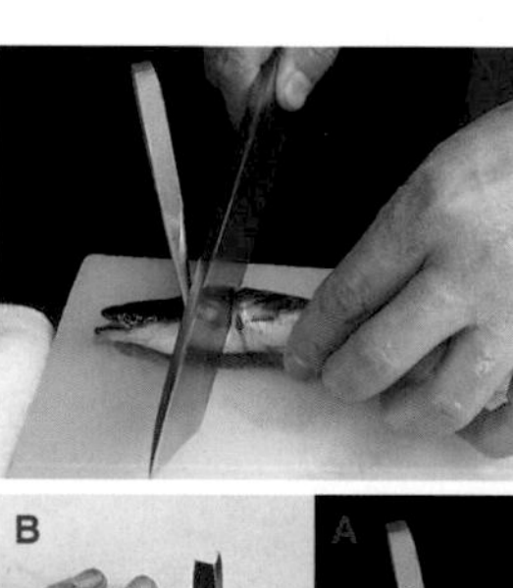

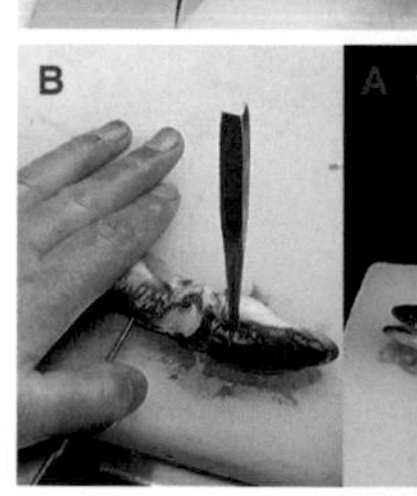

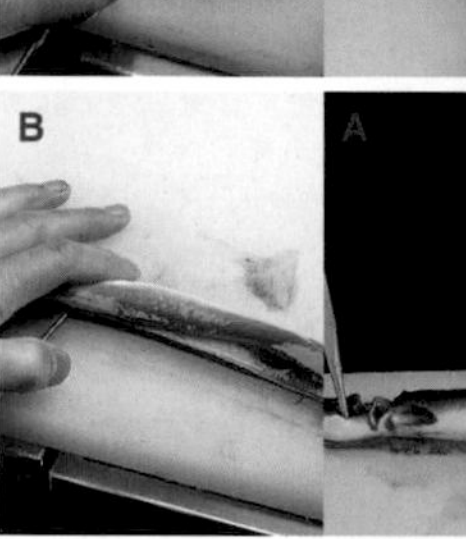

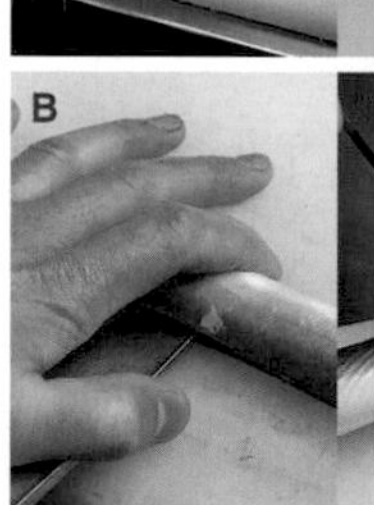

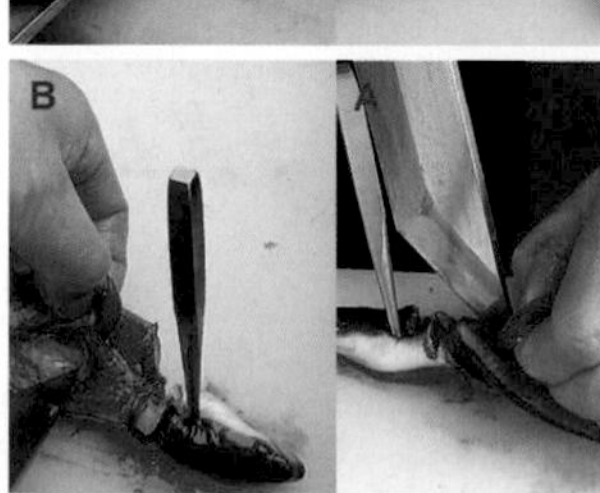

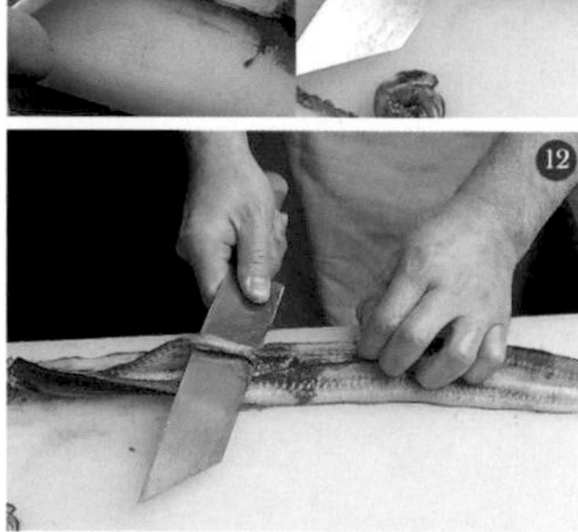

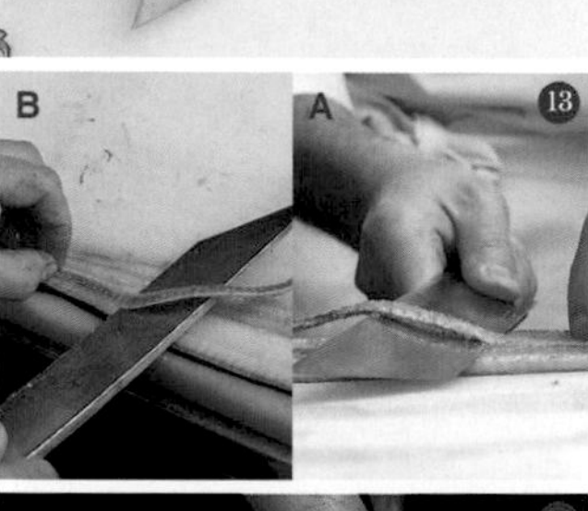

⑨—**B**從自己方向看過去。

⑩—路朝尾部方向拉扯，切斷根部接合處。

⑪—**A**於⑤的切口的中軸骨下方入刀。

⑪—**B**從自己方向看過去。

⑫一路切開到有內臟的位置。

⑬—**A**除了⑫的部分以外，魚骨已經呈平坦狀，讓菜刀稍微橫倒一下朝尾部一路切除。為了避免刀刃滑掉切到手，輔助手的手指可立起來抓住。

⑬—**B**從自己方向看過去。

⑭分離中軸骨後，先不要切斷中軸骨而是將尾鰭切斷，再繼續順著背鰭切開。也可以先切斷中軸骨，但留著比較容易分切背鰭。

⑮—**A**一口氣切開到頭部處，切除背鰭。

⑮—**B**從自己方向看過去。

⑯—**A**從⑤的切口處切除魚頭。

⑯—**B**從自己方向看過去。

⑰用刀尖於背側殘留的魚骨（向骨）邊界劃刀。

⑱去除掉向骨。

⑲—**A**為防止燒烤時魚肉縮起，用刀尖於靠近手邊原本為中軸骨的位置處劃刀。

⑲—**B**從自己方向看過去。

⑳—**A**翻面自尾側↓頭側的方向切除腹鰭。

⑳—**B**從自己方向看過去。

㉑㉒魚肉的切面朝上放置，於原本中軸骨的位置處從尾側朝魚身中央處輕輕劃上兩刀。這也是為防止魚肉縮起。

㉓皮目朝上放置，用菜刀刮除魚皮的黏液。

㉔將魚肉切成兩半。計算燒烤後的收縮程度，將尾側的肉切得稍長一點。

㉕切齊尾巴根部。

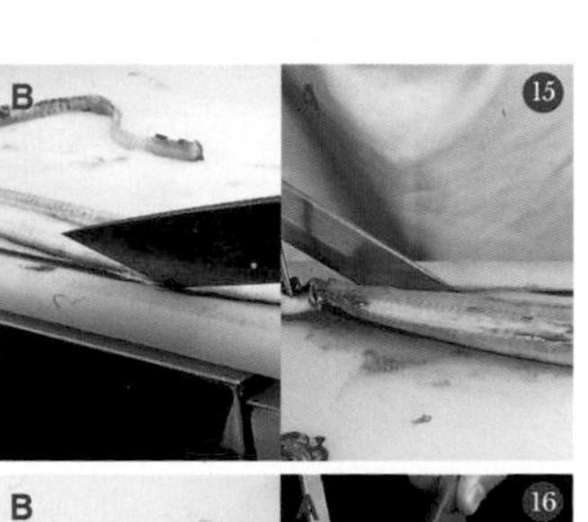

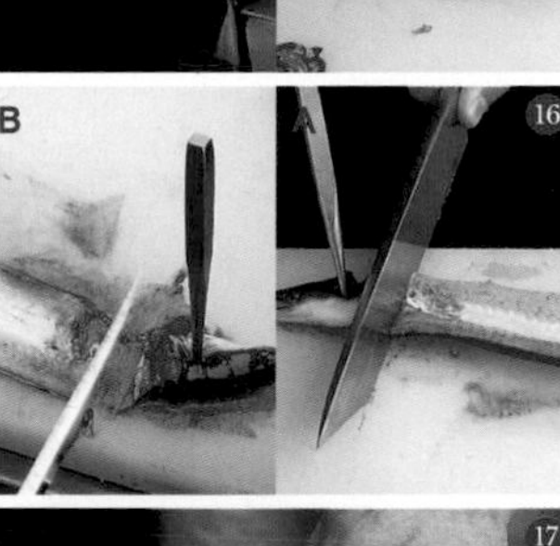

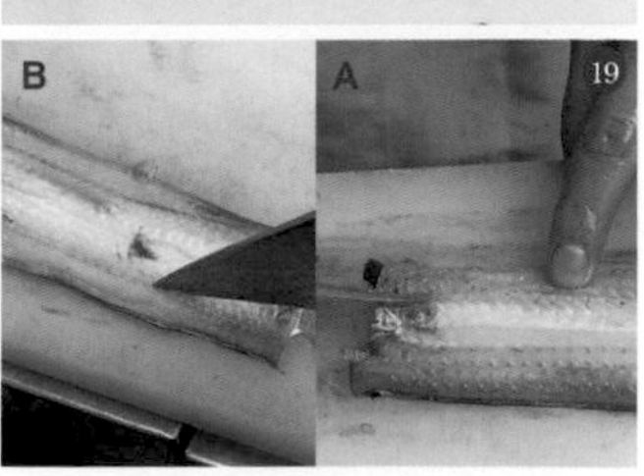

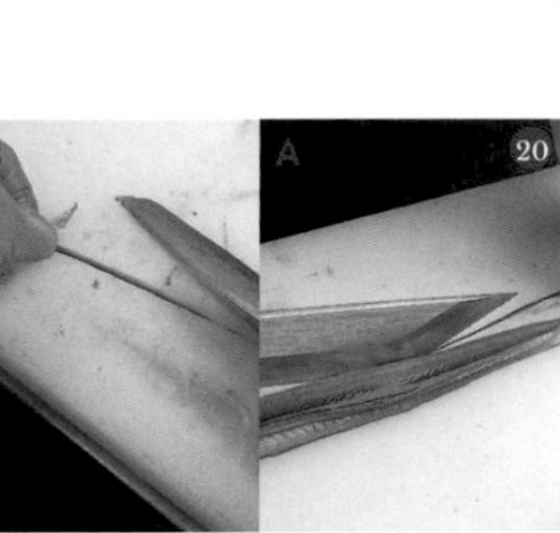

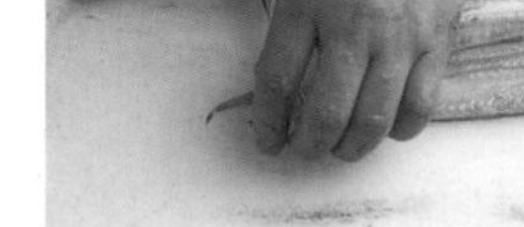

3 插串

將靠近頭側處朝左放置，從左側開始串入串叉。根據鰻魚的大小調整串叉的數量。串入的位置若是太靠近魚肉側則蒸時魚肉會太過柔軟散掉。若太靠近魚皮處，也容易造成魚皮和魚肉分離。因此必須串在魚皮和魚肉的中央。考慮到魚肉的收縮狀況，最後串入的串叉的間隔可以留的寬一點（請參照p96）。

4 處理肝臟

①分切時切除的肝臟。

②水洗處理後去除掉黏液和黏膜。此時切除掉黑色的膽囊。

③用熱水煮過後做成鰻魚肝吸物或者山葵鰻魚肝（將水煮後的鰻魚肝搭配山葵醬油食用）。

白燒鰻魚

將分切好的鰻魚插串，翻面數次燒烤，從皮目開始烤。烤到全熟後拿去蒸去除多餘油脂，再拿去烤到皮目呈焦色。搭配山葵醬油食用。

3 插串

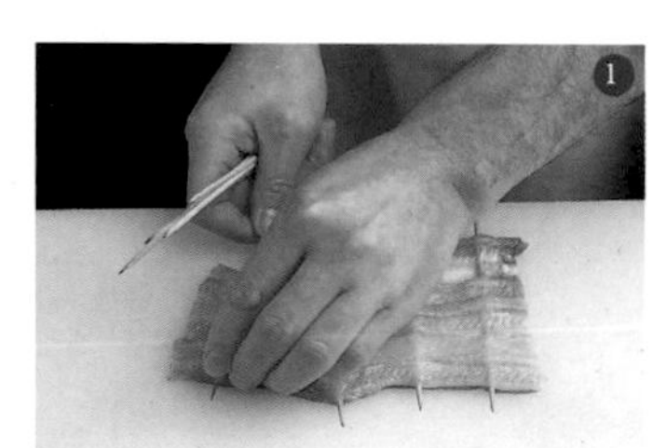

4 處理肝臟

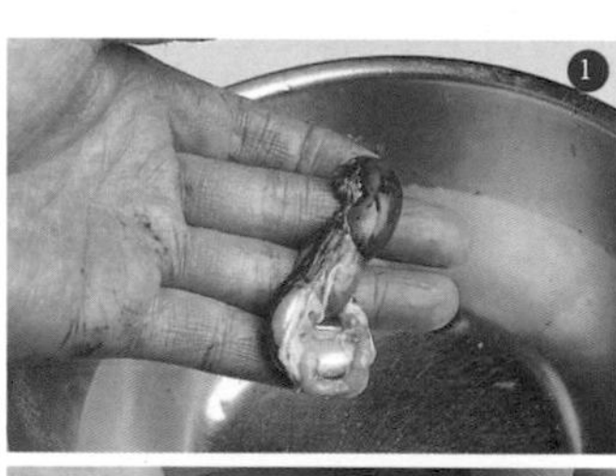

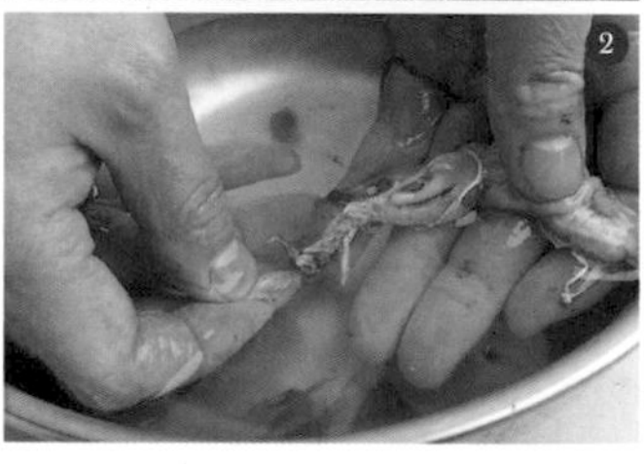

白燒鰻魚

泥鰍的處理

分切的順序上和前面並無太大不同，但泥鰍較鰻魚體型小，因此可以一次將中軸骨和內臟取出。

泥鰍最重要的就是鮮度，因此在要用前才分切是不二法門。有時候泥鰍帶的土味很重，因此分切後必須要仔細進行湯引等處理。如果是很新鮮的泥鰍，可以在分切完成後立刻水煮直接蘸取山葵醬油食用便十分美味。

1 拿法

①讓泥鰍的臉放置於食指和中指間，背側靠近自己，臉朝右。

2 分切

②於延髓上方刺入錐子。
③用刀尾敲擊錐子固定。
④從延髓旁入刀切斷中軸骨。
⑤將刀尖插入腹骨上方。
⑥一路切開至尾部。
⑦剖開魚身，將菜刀插入中軸骨下方。
⑧一口氣刮除到尾部止的內臟和中軸骨。

泥鰍的處理

1 拿法

2 分切

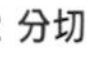

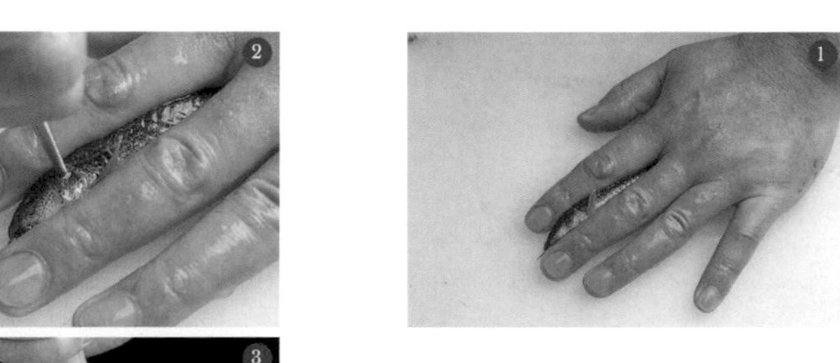

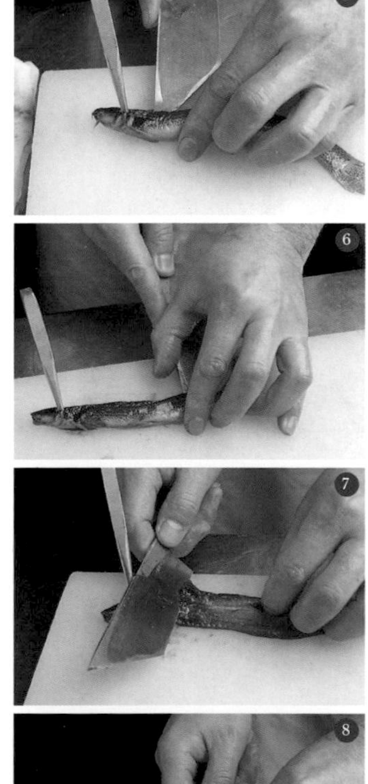

⑨切到尾部時將魚尾折彎分離中軸骨。
⑩將殘餘內臟從尾部朝頭部刮除。
⑪切除魚頭。
⑫切去魚鰭。
⑬在中軸骨原本的位置輕劃兩刀。
⑭輕輕刮除全體的髒汙。
⑮將分切後的泥鰍湯引過。又或者過一下熱水。
⑯泡到冰水裏後黏液和黏膜會變白後浮起。
⑰⑱一尾一尾處理，用菜刀尖端輕輕刮去黏液、黏膜和髒汙。可以在底下鋪上一層布方便作業。
⑲切齊尾部尖端。
⑳再度泡到冰水裏徹底洗淨髒汙。

柳川鍋

①將以細竹葉削的牛蒡薄片放入要做柳川鍋的鍋中，將分切好的泥鰍皮目朝下排列好。
②注入高湯5比上酒1、醬油1、味醂1的比例調出的混和高湯，開火加熱。
③沸騰後將泥鰍翻面皮目朝上。
④待泥鰍和牛蒡熟了，倒入蛋液後關火，再用鴨兒芹點綴之。

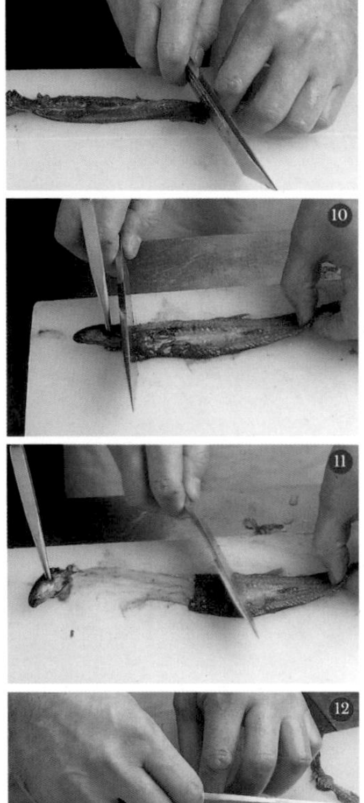

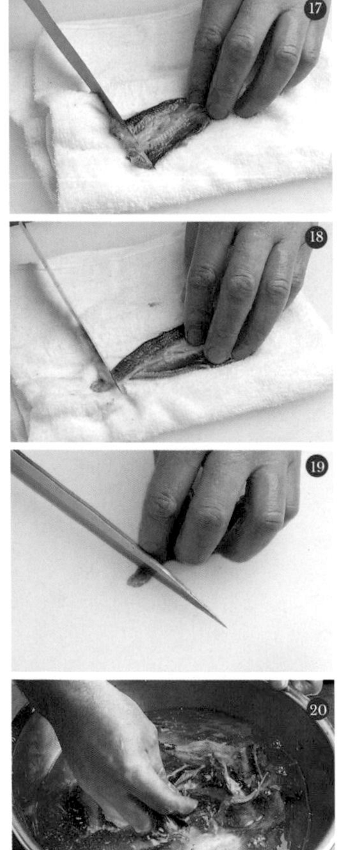

狼牙鱔的處理

雖然也有將背鰭於分切前先切除的手法，但此處介紹的是剖開後再切除的做法。

1 去除內臟

①將菜刀立起從頭部朝尾部刮去表面的黏液後，從肛門處將菜刀反過來入刀，一路將魚腹切開到魚頭根部接合處。

②改變菜刀方向，從肛門朝尾鰭處入刀，剜出靠近尾部的血合和內臟。用菜刀壓住挖出來的部分，拉出全體內臟。刮除殘餘的血合後水洗處理。或者也可以用濕布擦去血合。

2 切開

③將魚腹置於靠近自己處，魚頭朝右，從魚眼處刺入錐子固定頭骨。在一側的魚頭根部接合處入刀，將菜刀橫倒插入魚骨和魚肉間切開。

④將左手的大拇指放在刀背上，一邊調整菜刀角度一路朝向尾部切開。切除魚頭。

狼牙鱔的處理

1 去除內臟

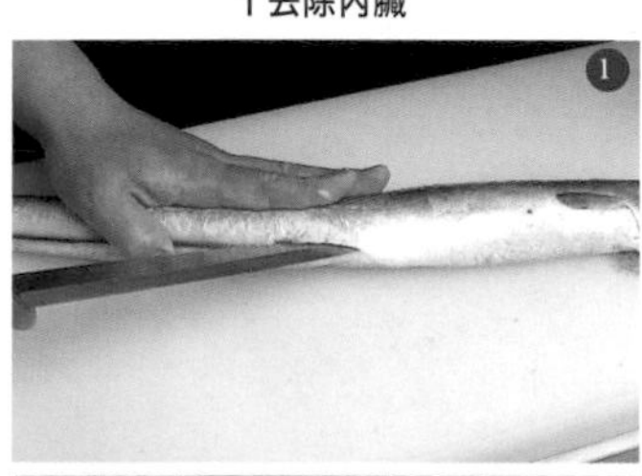

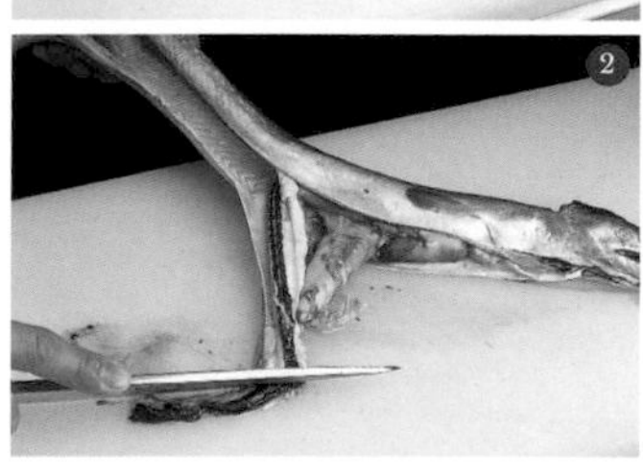

2 切開

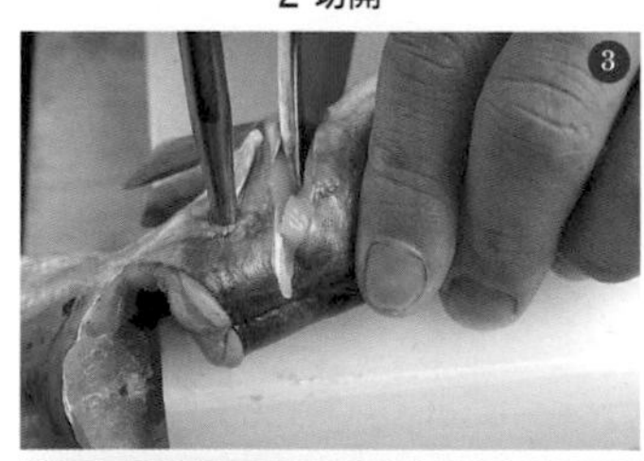

柳川鍋

3 去除中軸骨和背鰭

⑤魚皮朝上放置，自尾部沿著中軸骨入刀。沿著中軸骨一路往前切。

⑥切除中軸骨。

⑦切去尾巴根部，於尾部的背鰭處入刀切斷後用菜刀刀根壓住背鰭的一端，拉起魚肉使其和背鰭分離。

4 去除腹骨後骨切魚骨

⑧在腹骨根部接合處將菜刀反拿切出刀痕。另一半身亦同。

⑨從步驟⑧的刀痕處入刀，削去兩側的腹骨。

⑩骨切處理。

⑪骨切刀的拿法1（壓住型）。將大拇指放於刀背上伸直食指，用剩下的手指握住刀柄。如此菜刀可輕易向上推，較不容易失敗。

⑫骨切刀的拿法2（握住型）。用小指、中指、食指握住刀柄，用大拇指和食指的指頭夾住菜刀的刀顎握住。

⑬骨切處理。不要用力氣去切而是利用菜刀本身的重量去切。讓菜刀像畫弧般去切。

5 插串

①②將經骨切處理後的狼牙鱔串成平串。將狼牙鱔切成3等份或4等份，魚皮朝下將較窄的一端置於靠近自己處，從右側起串入第1支串叉。串入位置位於魚皮和魚肉之間，且應和骨切處理的切痕方向垂直。

③加上竹串的添串。

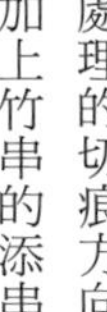

3 去除中軸骨和背鰭

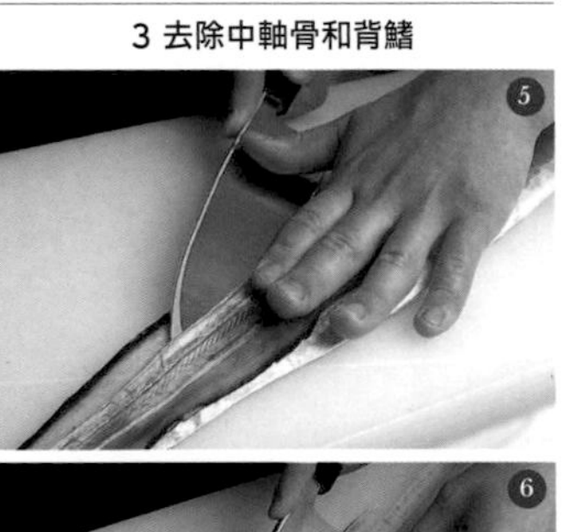

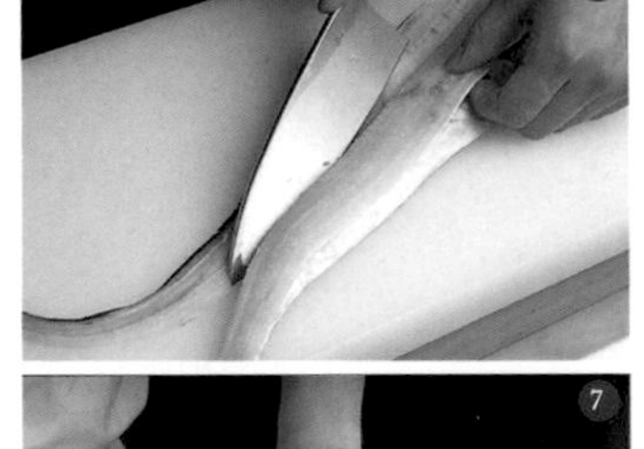

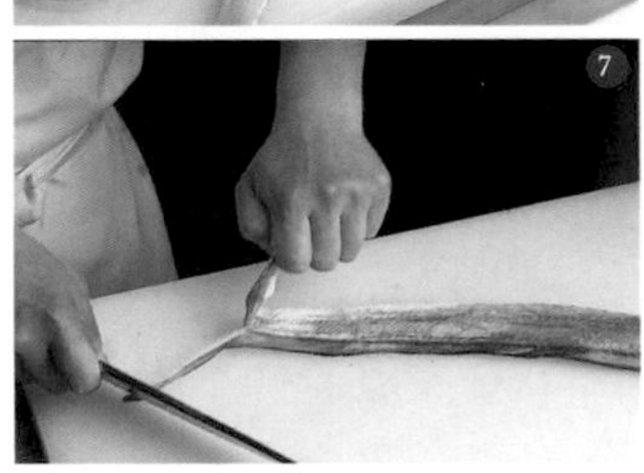

4 去除腹骨後骨切魚骨

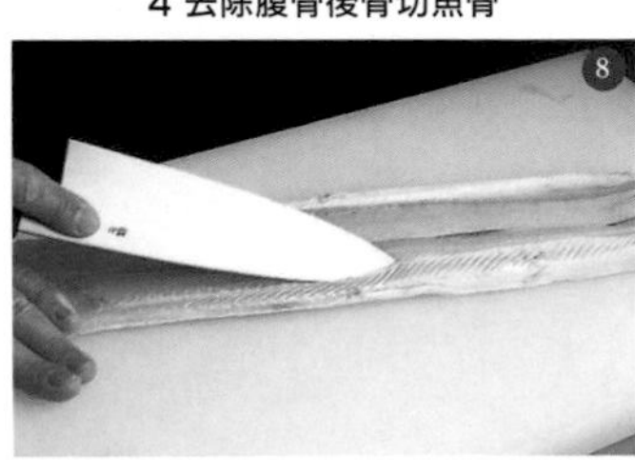

5 插串

6 刷葛粉

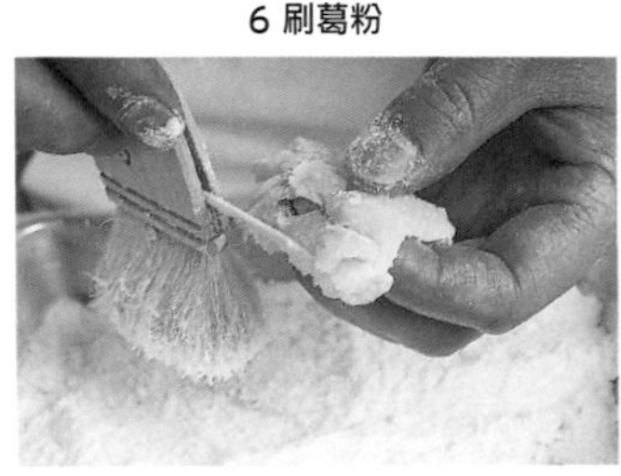

6 刷葛粉
用竹串等道具挑開骨切處理的切口再用刷具沾取葛粉均勻刷上。可以用插上牙籤等道具的刷具來加速作業速度。

狼牙鱔胡麻燒[12]

①剖開狼牙鱔灑上薄鹽後放置30分後將鹽洗去，擦乾進行骨切處理後插串燒烤兩面。將蛋白塗在魚肉上灑上黑芝麻，烤乾後盛盤。
②將梅子肉混和脆漬梅碎和紫蘇碎，再於上方盛上磨好的山葵泥來搭配食用。

狼牙鱔月冠揚[13]

①將牛蒡切成長5cm的段，用洗米水水煮後做成管牛蒡，保留芯部放入吸物底中煮至高湯浸透入味後濾去多餘水分。
②狼牙鱔切成一半後經骨切處理，一片片灑上麵粉後刷去多餘的粉，將狼牙鱔捲於裹了麵粉的步驟①管牛蒡上用牙籤固定（保留牛蒡的芯部）。
③將步驟②裹上天婦羅麵衣用170℃的油溫去炸，待炸到酥脆時切成一半，推出牛蒡芯部。擺盤後搭配上沾天婦羅麵衣炸過的蘘荷，和天婦羅醬汁一起出菜。

狼牙鱔真薯[14]

①剖開狼牙鱔灑上薄鹽後放置30分，水洗處理後用菜刀輕敲魚肉，用湯匙挖下魚肉後用金屬篩網磨碎。
②將水煮過維持鮮豔色澤的偏大秋葵縱切成4等份後用湯匙剜去種子，放入食物調理機打至呈柔軟黏稠。
③將步驟①的狼牙鱔肉放到磨缽裏磨碎，加入昆布高湯和上新粉[15]調整軟硬度和步驟②的秋葵泥混和。用湯匙做出形狀後放到蒸鍋中用中火蒸，完成後可作碗種之用。
④於器皿中盛入步驟③的狼牙鱔餅，加入大野芋和蓴菜當配菜裝飾組合，而將梅子種子剖開取其核肉為吸口。

12——中文或稱芝麻烤狼牙鱔。
13——中文或稱炸月冠狼牙鱔。
14——中文或稱狼牙鱔丸。
15——糯米粉。

狼牙鱔胡麻燒

狼牙鱔月冠揚

狼牙鱔真薯

脇鍋的工作①

脇鍋是協助廚房裡最難掌握的煮方工作的助手單位。因此脇鍋除了要掌握煮方的工作內容外，還必須熟悉廚房整體工作的流程。

煮方的工作是取高湯和製作煮物，因此必備的技能包括了能辨認食材的特徵以及能依據食材的特性來做出最適切的處理的能力。並且，和板場比起來，煮方的工作從開始到完成都需要經過一段相當的時間，該如何掌握火候以及加入調味料時機都必須要經過詳細的思考去分配時間。

因此脇鍋所需要做的事第一個就是將煮方所進行的所有作業流程牢牢記在腦中，配合煮方的作業來逆推時間將所有所需要的材料都準備好。

脇鍋的工作包括從清潔四周環境、清洗鍋具起到煮滾熱水、將蔬菜去皮、燙去魚肉的血合等各式各樣的內容。用來做高湯或者煮物的乾貨有很多需要花時間用水先泡開，這也是脇鍋的工作之一。相較於板場，脇鍋的工作內容乍看十分不起眼，且多為需要耗費時間去處理的繁瑣作業。

然若能徹底執行脇鍋的工作，也就意味著你已經完全掌握了廚房整體的工作流程。學習脇鍋的工作時，希望大家可以一邊抱持著現在的工作將會幫助自己提升到下一個階段的心態，一邊運用頭腦和身體去確實執行工作的內容並享受工作的過程。

萃取高湯的準備工作

煮方重要的工作之一就是取高湯的作業。為了要讓取高湯的作業順暢進行，脇鍋也必須要配合著煮方預先做準備。由於有很多作業內容都需要花時間，因此務必要經常想著下一步的步驟內容來盡早進行準備作業。

準備柴魚片

①用來做高湯的材料中就屬本節柴魚最為常見。選擇柴魚的標準每間店各有不同，務必將選擇上好柴魚的判斷方法記熟。

②用絲瓜清潔球沾水洗去表面附著的髒汙。

③為了要讓柴魚變得柔軟好削，必須要用沾水的布巾包著存放一晚。

④用菜刀削去表面。這部份的柴魚片雖不能用於製作一番高湯[1]，但仍含有相當的鮮味，可以拿來煮染[2]食材或做味噌湯。

⑤準備好柴魚刨刀。由於本體和帶有刀片的部分之間有間隙，可以夾著一塊布固定會比較好削。

⑥在柴魚刨刀下方墊上一塊布巾，抵著柴魚開始刨片。

⑦一開始削下的較厚的柴魚片可以用於二番高湯[3]等用途。

⑧可以用菜刀刀背敲擊刨刀調整刀刃。

⑨為了讓高湯更容易被萃取，削的時候必須盡量削得越薄越長越好。

⑩市售的柴魚片。雖然使用機器削可以削得很薄且面積大，但鮮味和風味都無法和現削的柴魚片相抗衡。如果使用市售柴魚片來萃取高湯，則用量要比在店裡現削的柴魚片還要更多。

準備昆布

①根據當天的菜單，分切所需要的昆布量。圖中為北海道產的羅臼昆布。根據希望製作的高湯量來調整切的長度大小，切記不要浪費。

②用浸濕擰乾後的布輕輕擦拭去表面的髒汙。

萃取高湯的準備工作

準備柴魚片

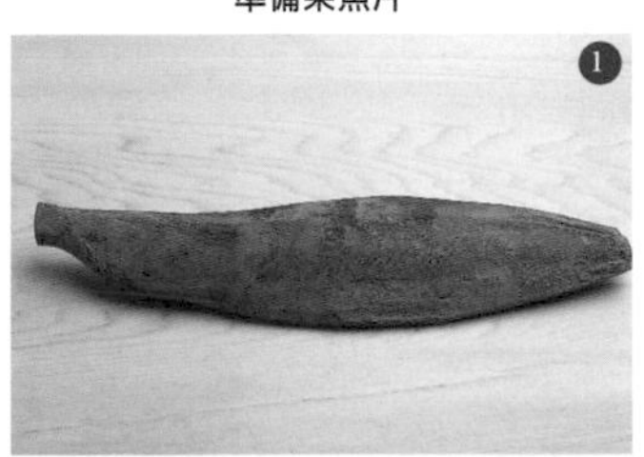

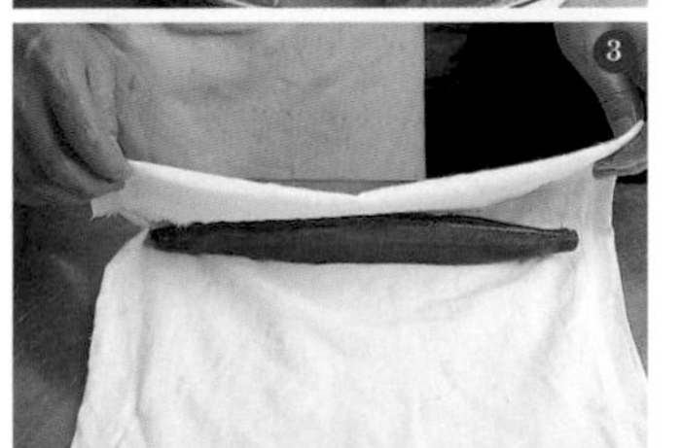

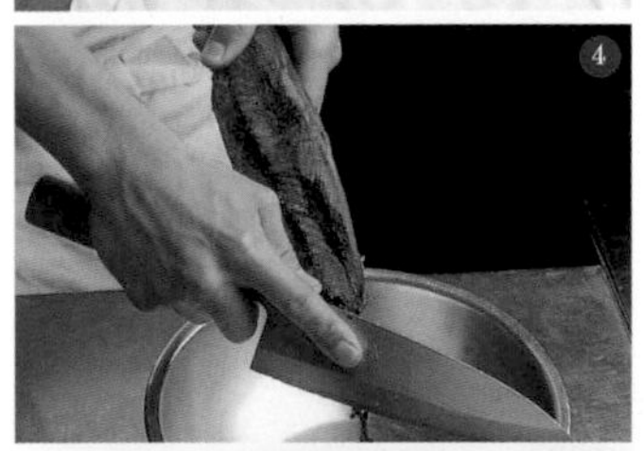

準備昆布

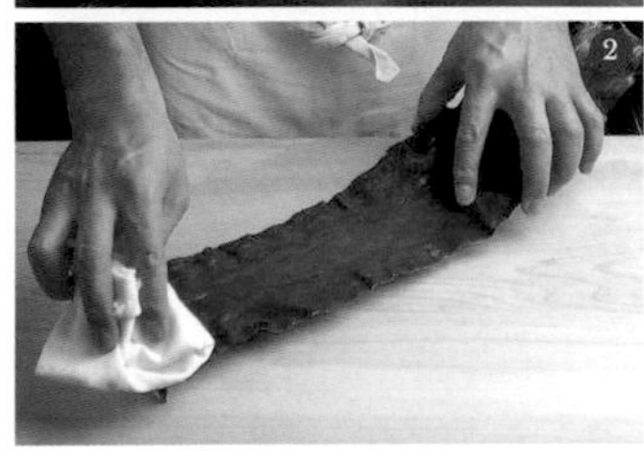

1——日文「一番高湯」指第一次萃取的高湯。

2——煮しめ，煮染指煮成鹹甜狀態，或煮至染到顏色即可。

3——日文「二番高湯」指第二次萃取的高湯。

脇鍋的工作②

以下依序解說實際在製作料理時脇鍋的工作內容，同時也會說明脇鍋在整個工作流程中必須要怎樣去思考、動作才可得到最佳結果。

在廚房裡，僅次於板長重要的單位就是煮方，而脇鍋是煮方的助手，負責的工作以俗稱「跑腿」的作業居多。脇鍋必須經常搶在作業之前先準備好所有必要的東西，對食材做出適當的處置，並且協助銜接煮方和其他單位的工作內容。

脇鍋的工作常常必須要一直待在鍋子前面看著，或者是要將乾貨用水泡開，可說是一點也不搶眼。工作的內容主要是前置準備，因此必定要在煮方之前抵達店裡開始作業，最後還常常必須留到很晚收拾善後。如前所述，乍看之下都是一些不起眼又需要耐力的工作內容，但同時卻也是最能掌握所有單位工作內容，進一步培養出能夠根據各式各樣現下的狀況來臨機應變的一個位置。一個廚房需要各單位一起同心協力才能夠運作，擁有能夠把握自己和對方的狀況和心思的協調能力可說是相當的重要。只要能不嫌東嫌西將每一個被交付的任務確實完成，自然而然便會獲得其他人的信任，也會得到較多的工作表現機會。

鹽

將青菜快速用水煮時，每 1 公升的水可加入 1.5% 的食鹽。

洗米水

可以抑制食材的苦味，同時其中所含的澱粉能夠達到吸附雜質的效果。常用於白蘿蔔、里芋[4]、百合根等的前置處理。

醋

在水煮色澤白皙的食材時，每 1 公升水可加入 2 ～ 5% 的醋以達到漂白功效。雜質苦味較多者用量可以增加。

米

用途和洗米水相同，此外，在水煮過程中直接加入米可以藉由米粒的柔軟度來判斷煮的程度。

蘿蔔泥

也可以用蘿蔔汁代替。有去除乾貨澀味的功效。煮芋莖時加入白蘿蔔和醋一起煮可以去除苦味。

米糠

用途和洗米水同。可用於前置水煮處理時去除竹筍、牛蒡苦味之用。

雖然乍看下很樸實，但在檯面下讓整體廚房運作的正是脇鍋這個單位。請大家記住，一旦你能夠當上稱職的脇鍋，這同時也代表了你能夠很快地學會向板和煮方的工作內容。

1 前置準備時使用的輔助材料與用途

在進行蔬菜的前置水煮作業時，若遇到雜質和苦味較重的蔬菜，除了可以在水裡加入鹽外，還必須根據食材和用途來準備草木灰、小蘇打粉、米糠、洗米水等輔助材料。以下會介紹一般煮物會運用到的材料以及用途，不要只是等煮方來要求你時才開始準備，而必須自發性地先學習起來以便派上用場。

4——又稱小芋頭。

5——日文「煮干」專指煮過後再曬乾的小魚魚乾。

煮干[5]

在高湯中加入煮干可以增加高湯的味道深度。可分成去掉魚頭和內臟後直接放入高湯的用法和泡在水裡萃取出高湯後使用的用法。

小蘇打粉

和草木灰用途類似，不過亦可用於讓食材變得柔軟。每 1 公升水可加 1 小匙左右小蘇打粉去水煮。

豆腐渣

在製作豬肉的角煮等料理時，若前置水煮作業時加入豆腐渣一起水煮，可以吸收油脂讓成品吃起來清爽不膩。

乾香菇

和煮干同，可加入高湯中增加高湯的風味。可分成將浸泡一晚後的香菇水加入高湯中的做法和直接加入乾香菇於高湯中等待泡開後使用的做法。

焙茶

煮乾貨類時加入焙茶一起煮可以消除臭味且讓成色更漂亮。可用於增進香魚甘煮和鯡魚甘煮或者章魚、海參的成色。

草木灰

可用於去除以款冬為代表的山菜類的苦味以及幫助成色。亦可用於泡開乾貨時。可以小蘇打粉代替。

明礬

用於定色（防止食材掉色）。例如用於讓茄子的紫色看起來更鮮豔或者用於去除栗子和地瓜的異味。

紅辣椒

在進行芋莖等苦味強的食材的前置水煮作業時，可以加入吃不出來味道的微量紅辣椒，具有讓人食用成品時吃不出來本來帶有的苦味的效果。

爪昆布

將醋漬後的昆布兩端固定住後削成薄片的昆布稱為朧昆布。而削完朧昆布後剩下兩端被固定的部分便是爪昆布。用爪昆布高湯裡便比較不容易出現昆布味。

2掌握各種輔助材料

以下便實際介紹前面所列出的輔助材料的用法。

洗米水

＊煮白蘿蔔

①將白蘿蔔去皮後切塊面取再輕輕劃上幾刀隱藏刀。

②為了去除雜質和臭味和煮到質地柔軟，將洗米水淹過白蘿蔔後開火煮。

③煮到白蘿蔔開始有透明感且用竹串可輕易穿透時便可以關火。

④撈出蘿蔔泡到水裡後，再次放到水中煮滾。

⑤放至篩網上待其乾燥（上陸）。若不經過這個步驟則高湯很難滲透到蘿蔔中入味。

⑥從這裡開始大致上為煮方的工作內容。放入高湯中，用過濾後的鹽水去調味，鹹度約和吸物底同。

⑦加入爪昆布，為了不讓高湯的風味散失，維持小滾狀態以85～90℃的溫度去煮，最後再用醬油調味。

米糠

＊煮牛蒡

①將牛蒡徹底洗淨後寸切。為了防止牛蒡變黑，先快速泡過醋後再用加了適量米糠的水（為了讓吃的時候感受不到雜質的苦味，也可加入一點點紅辣椒）去煮。

②等到煮熟後撈起泡到水中，再次水煮。

洗米水

煮白蘿蔔

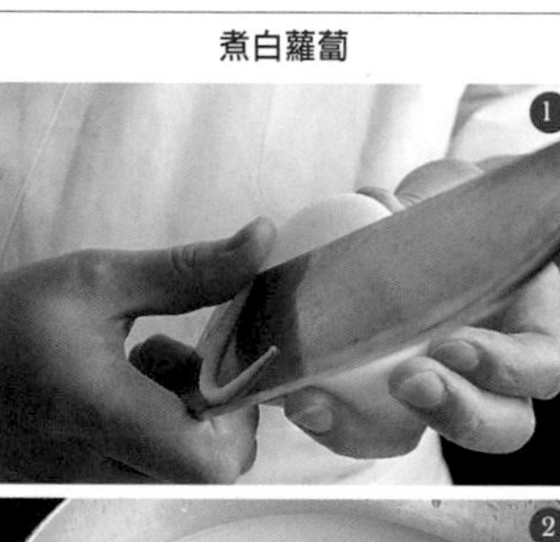

③等到牛蒡煮熟後撈起放到篩網上，根據用途也可以切成管牛蒡（參照39頁）。

④（送至煮方處）根據用途使用適合的高湯煮成。

草木灰

＊泡開乾蠶豆

①製作鹼水。一般來說都會先做好備用。將草木灰過篩，去掉多餘的雜質。

②每50g灰對上5公升的熱水，待其沉澱後取其上方清澈處使用。

③將乾燥蠶豆泡入做好的鹼水中。草木灰呈鹼性，可以去除乾貨的異味並使食材煮過後變得柔軟。

④暫時浸泡一段時間，等到泡開後送至煮方處。

米糠

煮牛蒡

草木灰

泡開乾蠶豆

明礬、梔子花

＊煮地瓜

①將地瓜剝皮後切成輪切片，將邊緣面取，放到以每1公升水對上2小匙的明礬的比例調成的明礬水中定色。

②用剪刀剪碎乾燥梔子花加入水中。比例為每1公升水放入2～3朵乾燥梔子花。

③煮一段時間直到水變色。

④用布巾過濾，將步驟①的地瓜洗去明礬後加入梔子花水中開火煮。

⑤煮熟後地瓜會變軟，維持煮滾狀態一段時間直到上色為止。

⑥撈起濾乾後再放到水中，接著水切蒸[6]，為了去除裡面的水分拿去蒸一下。

⑦放到篩網上待其乾燥。

⑧（送至煮方處）用砂糖和水混和成的糖水去煮。因為已經去除掉多餘的水分，糖水變得很容易滲透入味。

醋

＊製作醋取蘘荷

①發色前的蘘荷。

②將蘘荷切半，加入每1公升水對上2～5%醋的水中水煮。

③放到篩網上待其乾燥。

④將每500ml的醋對上500ml水、120g砂糖和5g鹽混和後煮沸關火，冷卻後做成甘醋。將蘘荷浸漬於甘醋裡。

⑤如圖所示色澤會變得鮮豔。可根據當日菜單

明礬、梔子花

煮地瓜

醋

製作醋取蘘荷

做為配菜裝飾組合等使用。

＊幫助白板昆布發色

①為了促進發色，使用銅鍋去煮。藉由銅鍋和醋產生的化學反應可以幫助增色。於銅鍋中鋪上一層水，再放入白板昆布排列好。

②從上方澆上醋，用砂糖和鹽去調味，用大火煮至沸騰。

③待昆布顏色變綠後關火。

④放到篩網上去除掉多餘的水分。

3 使用漬汁底

以下介紹使用漬汁底浸漬水煮過後的青綠色蔬菜的做法。由於浸漬時食材是冷的狀態，因此調味要稍微濃一點（較吸物底更鹹）。注意不需要將高湯的味道強加於食材上，而是讓高湯襯托出食材與生俱來的美味。

漬汁底（追加柴魚片的做法）

①於高湯裡加入醬油、酒和鹽後煮沸。沸騰後加入柴魚片後關火。

②待柴魚片下沉後便過濾高湯。

6———水切蒸，目的是將部分食材直接煮的話會太軟或太硬，在煮之前調整內部結構。

幫助白板昆布發色

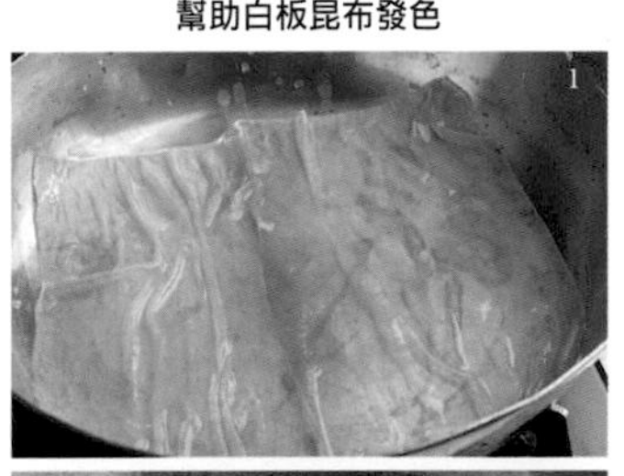

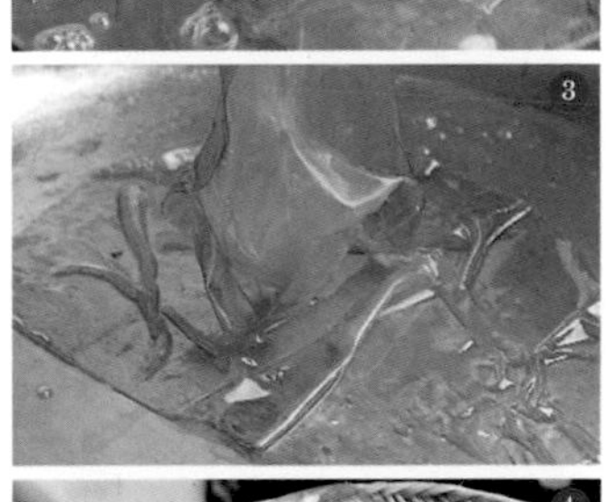

3 使用漬汁底

漬汁底（追加柴魚片做法）

水煮、醃漬綠色蔬菜

＊四季豆

①清洗四季豆後用沸騰的1.5％食鹽水水煮。

②為了讓色澤更鮮豔，煮後泡到冰水裡。

③浸漬在漬汁底裡一段時間，待其入味。由於味道較難滲透，可放置2～3小時浸泡也沒問題。根據當天的菜單來應用，可做為煮物的配菜等。

＊青菜（菠菜）

①要保留青菜清脆口感的秘訣在水煮前先泡在10℃的冷水中讓青菜變得爽脆。這一個步驟的有無可大大改變成品的口感。放入沸騰的1.5％食鹽水中水煮。

②用大火快速水煮一下。切記不可以煮太久。

③立刻泡到冰水中，使其急速冷卻。之後的浸漬步驟和要訣和四季豆同。

＊豌豆莢

①放入用沸騰的熱水洗過的豌豆莢。用大火快速煮一下。

②像豌豆莢這種較薄的食材，若在水煮後浸水，水會跑到豆莢中變得水水的，因此要放在篩網上灑上鹽後待其乾燥。和四季豆一樣用漬汁底去浸泡。

水煮、醃漬綠色蔬菜

四季豆

青菜（菠菜）

豌豆莢

4 水煮蜜紅豆

若一口氣加入砂糖，和水結合性強的砂糖非但不會入味到紅豆裡，反而會將豆子裡的水榨出來。也因此會造成煮好的紅豆看起來不鬆軟而皺巴巴的現象。故加入砂糖時要分成三次左右去加。

①～③將紅豆300g（成品1kg）放入水中水煮，將水倒掉再重複水煮一次後撈起放至篩網上。

④浸到冷水裡。如此一來紅豆的皮會破裂，變得較容易入味。

⑤將紅豆加入裝有5倍水量的鍋中開火去煮。

⑥沸騰後轉小火約煮50分～1小時，煮到紅豆變軟為止（要特別小心在煮軟前加入砂糖會讓紅豆變硬）。

⑦將粗糖300g分成三次加入（一次全加會造成脫水狀態）。

⑧⑨等到煮汁收到差不多了，加入水飴½杯和少量的鹽後收乾。

＊若換成四季豆和大豆則必須事先浸泡於水中一晚後再煮（紅豆如果先泡過顏色會褪掉因此省略此步驟）。

4 水煮蜜紅豆

5 運用土鍋炊飯

沒有比土鍋炊出來的飯更美味的食物了。只要掌握了火候的控制方法，用土鍋煮飯一點也不難。

①將3合[7]米浸於水中15分。

②放至篩網上15分。

③將米和650cc水一起放入土鍋中開火煮。在鍋蓋上的氣孔插入折好的鋁箔紙。如此一來便不會煮到溢出。

④一開始先用大火煮7～8分，待沸騰後將火力轉弱到不會溢出的大小，再煮約7分。到水量減少到可以看到米飯且開始飄出香氣時再將火轉成一半大小，煮約7分後再將火轉小煮約5分。

⑤最後30秒轉成大火煮後關火。蓋著蓋子讓飯燜5分。

⑥一邊上下翻動米飯一邊混入空氣，讓飯的硬度變得均勻。

6 炸物、烤物、蒸物的工作

生麩的揚煮[8]

①將生麩切成適當大小，用低溫（140℃）油炸。

②花時間慢慢油炸。將生麩事先炸過後，之後用高湯煮時表面便不會溶掉，並且還可以增加味道的深度。

③待生麩膨脹起來後便撈起濾油。①～③為炸場的工作。

5 運用土鍋炊飯

6 炸物、烤物、蒸物的工作

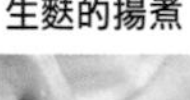

④將生麩放到篩網上，澆上熱水去油。

⑤用高湯：味醂：薄口醬油＝8：1：0.3的比例調製而成的混和高湯去煮至入味。這個步驟有時也可由煮方進行。

薄烤玉子[9]

①在碗裡打全蛋攪勻加入鹽調味。

②用濾網或者篩子過濾。

③將玉子燒鍋裡鋪上一層薄薄的油熱鍋，均勻倒入蛋液鋪平，將多餘的蛋液倒回碗裡。

④待表面開始變乾，用菜箸沿著蛋片的四邊劃一下，會變得較容易剝離。

⑤⑥用菜箸提起蛋片的邊緣後翻面。

⑦只要煎烤數秒即可，注意不要煎烤太久。將蛋片放至鋪有和紙的篩盤上待其冷卻。重點在讓多餘的水分蒸發以及去除多餘的油分。

⑧若要重疊數張蛋片時，蛋片和蛋片間要夾入和紙。

⑨保存時維持夾著和紙的狀態，從手邊開始捲起。捲完後用廚房紙巾再包起來。為了防止乾燥，於外層再覆上一層保鮮膜。

7——1合約等於150g。

8——揚煮，指先炸後煮的烹調方式。

9——日文玉子指蛋。

薄烤玉子

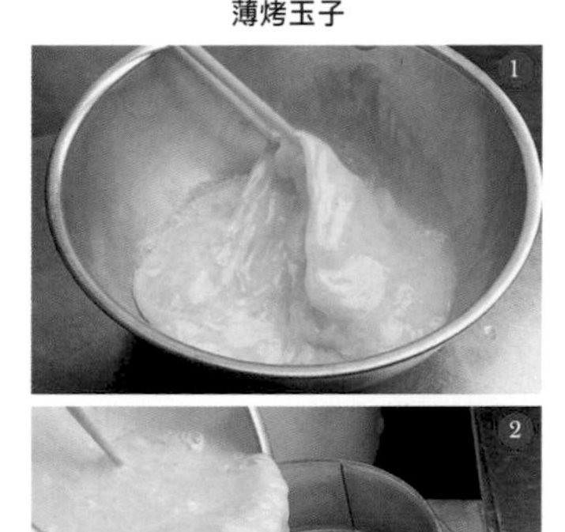

高湯玉子捲

①將塗有油的玉子燒鍋加熱後擦拭掉多餘的油分。
②用筷子的尖端沾一點蛋液滴下確認熱鍋的程度。
③用湯勺舀入一勺蛋液，鋪平至全鍋，用中火去烤。
④若出現氣泡就用筷子戳破。
⑤從另一端朝自己方向摺起，每次摺約⅓大小。
⑥將蛋捲推向另一端，用吸了油的棉花擦拭空下來的鍋底，再次舀入蛋液推開。
⑦用筷子將蛋捲夾起，傾斜玉子燒鍋讓蛋液也鋪滿蛋捲底下的鍋底部份。
⑧再次將蛋片朝自己的方向摺起，
⑨重覆步驟⑥⑦。
⑩烤成。
⑪放上玉板上散熱。

高湯玉子捲

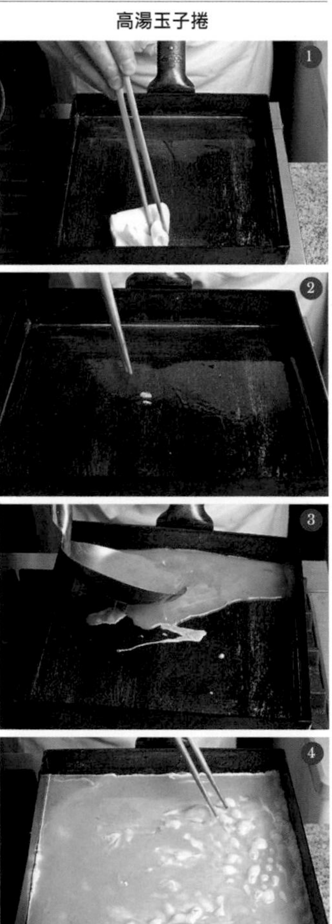

卷纖蒸

①將一丁木棉豆腐去除水分後用布包起，一邊將豆腐揉碎一邊吸去豆腐內的水分。將香菇、紅蘿蔔和牛蒡各50g切絲後快速水煮一下後加入2大匙沙拉油去炒，

②加入豆腐下去炒，加入1大匙薄口醬油調味，

③關火加入打好後稍微攪拌一下的蛋，

④攪拌後煮至半熟。

⑤⑥將三枚切處理後的馬頭魚灑上薄鹽放置1小時，用水清洗後擦乾。用觀音開帳切法[10]切開魚肉後，稍微削去一點魚肉。

⑦在捲簾上鋪上保鮮膜，放上馬頭魚後用刷子刷上馬鈴薯澱粉，

⑧~⑩將④放上捲簾捲起，用橡皮筋綁起後拿去蒸。

⑪（若要拿去烤，則改用鋁箔紙包起來燒烤）。

⑫蒸好後分切再擺盤，最後淋上若菜[11]芡。

10——觀音開き，指將肉從中間下刀再將左右兩側切開像兩扇門打開。

11——鮮嫩的油菜花。

卷纖蒸

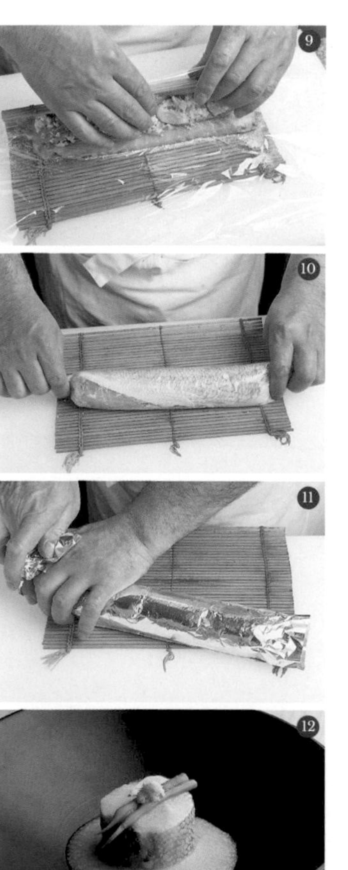

7 飛龍頭的製作方法

接下來會詳盡介紹可稱為脇鍋工作集大成的飛龍頭煮物從前置處理到完工為止的步驟。

前置處理包括很多像將木耳等乾貨用水泡開或者去除豆腐多餘水分等需要耗費時間的作業。因此需要將所需的時間逆推回去以盡早處理。

負責炸飛龍頭的是炸場，負責煮的則是煮方，因此必須事先先向炸場下達指示。同時，也可根據當天菜單內容一併指示其他需要油炸的食材以提升工作效率。

為了能和煮方順暢地銜接上，需要掌握出菜時間，計算前置作業所需的時間以順利在時間內完成，十分考驗脇鍋是否能縝密地安排時間表的能力。

材料前置處理

＊豆腐

①②用布包住木棉豆腐，靜置1小時左右去除掉多餘的水分。

＊木耳

①將木耳泡在水中15～30分泡開。為了去掉多餘的水分，將木耳一煮立[12]，煮沸後關火。

②放至篩網上待其乾燥。

③切成約1～2mm寬的細絲。

＊百合根

①清潔百合根（參照21頁）後剝開後用沸騰的

7 飛龍頭的製作方法

豆腐

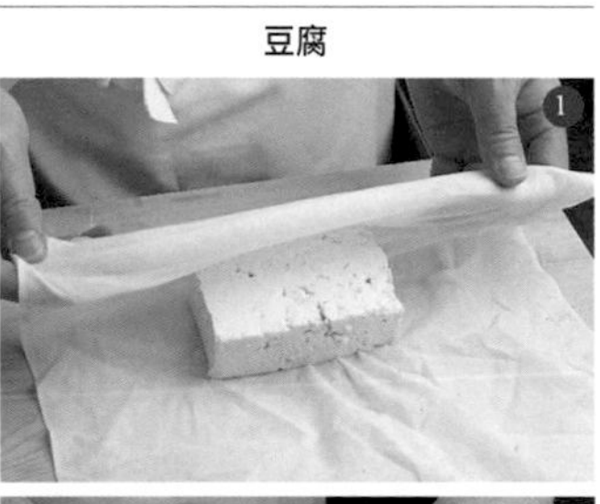

木耳

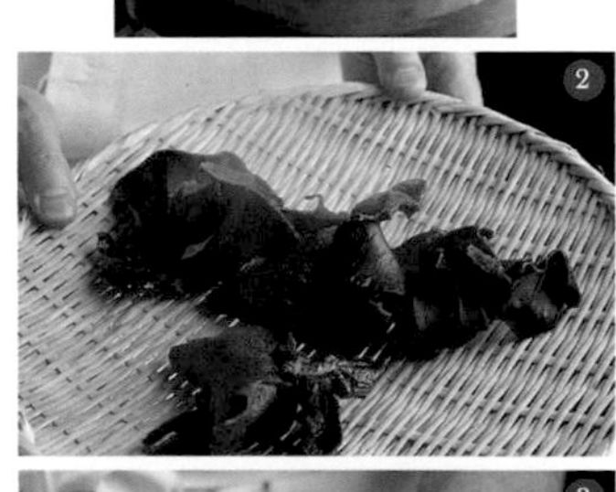

百合根

熱水水煮。有時為了去掉異味可以加入洗米水或者醋一起煮，但若選用新鮮的百合根則無此必要。

②等到煮熟後放至篩網上待其乾燥。若急著要用可用團扇搧涼。

＊銀杏

①將去除硬皮的銀杏放入２％的食鹽水後開火。沸騰後為了幫助成色，每１公升水可以加入１小匙小蘇打粉。

②當銀杏變成綠色開始變熟之時，用漏勺的背面大力壓著畫圓，去掉銀杏皮。等到完全煮軟後，將鍋子離火用篩網撈起，用水沖過後剝去殘存的外皮，再切成約２mm寬的薄片。

＊配料

①參考１５８頁的菠菜做法，將春菊水煮後切成容易入口的大小。將鴻喜菇洗淨，霜降過後去除異味。將漬汁底注入鍋中，放入鴻喜菇後煮沸。鴻喜菇要先用醬汁煮沸後關火浸泡使其入味。

②將步驟①的鴻喜菇連同煮汁盛到碗裡冷卻，加入春菊後浸漬一段時間。

＊其他

將紅蘿蔔切成細絲、將山藥磨成泥、準備好高湯之後再連絡炸場。細孔的篩網和磨缽、鍋子等道具以及調味料也要一併準備好。

12——煮立，煮約30秒。

銀杏

配料

飛龍頭的製作步驟

①準備好所需要的料（木耳、百合根、銀杏、紅蘿蔔）切成適當大小。

②將濾乾水分的豆腐放至篩網上壓碎。

③將豆腐放入磨缽中，研磨拌勻。

④慢慢加入全蛋和麵粉，邊調整硬度邊研磨攪拌。

⑤加入薄口醬油、砂糖後再加入磨好的山藥泥，攪拌全體至均勻滑順狀。

⑥加入木耳、百合根、銀杏、紅蘿蔔攪拌均勻。

⑦用手沾沙拉油做成一團一團狀。注意不要揉進空氣。

⑧（送至炸場）用加熱至１４０℃的油慢慢油炸。以放入油熱一段時間到起泡時的溫度來炸。

⑨⑩等到飛龍頭開始膨脹浮上便可以撈起。

⑪（送至脇鍋處）使用和生麩的揚煮一樣的要訣，放至篩網上澆上熱水去油。

⑫（送至煮方處）於高湯中加入醬油、酒、味醂、鹽去調味，用小火煮至滾後慢慢煮至入味。漂亮地盛至容器裡，於靠近自己處擺上用吸物底浸過的春菊和鴻喜菇，於上方裝飾上柚子皮細絲。

⑬完成。

飛龍頭的製作步驟

煮物的做法——以吸物底、八方底為基底製作而成的九種煮物

煮方需要負責煮高湯並具備根據食材不同來調味的能力，是僅次於板長（花板）重要的單位。

也因此煮物的做法，特別是煮汁的配方和調味被認為是最難學習的部分之一常讓人心生畏懼。

但是，換個角度想，煮物絕對不難。只要將基底的高湯取好，剩下的調味料的配方大致都可被歸類成兩種。亦即是：

・吸物底類

・八方底類

這兩大類別。幾乎所有的煮物都是這兩大類的變化形應用。首先必須學習如何製作高湯以及利用這兩種基底高湯調製成的配方。

以下選擇了九種WAKETOKUYAMA經常製作的代表性煮物，簡單地說明這些煮物為何適用該調味方式的理由和方法，希望讀者在閱讀時能時常思考「為何要選擇這種配方」的原因。相信在這個過程中，大家一定也可以體認到一旦將基本的原理學起來後其實煮物並不難的道裡。

1 基本的高湯配方

製作煮物時最重要的是做為一切基底的高湯。一個煮物是否成功，若說是完全取決於高湯的完成度也不為過。

特別是希望成品顏色保持清爽簡素時，如何在製作高湯時盡量避免高湯顏色過深以免影響到成品顏色，便十分考驗取高湯的技術。

高湯並非越濃越好，如何巧妙地去取出充滿香氣但清爽不膩口，顏色清淡味道卻雋永的高湯才是真功夫。

以下特別介紹希望做出淺色成品時的基本一番高湯的取法。當然這亦可於製作顏色較深成品時使用。

淺色成品的基本高湯取法

①鍋裡放水煮沸後關火，等溫度降至約90℃後放入昆布。

②泡約15秒後立刻拿起來。如果再泡下去昆布味道會太重。取出的昆布還可以拿去做昆布締等料理。

③每1公升高湯加入20g柴魚片。柴魚片盡量選用本節[1]等級的柴魚，且在要用前才削片。如果使用現削的本節柴魚片，顏色雖淺但可取出較濃的高湯，因此使用量較一般的柴魚片約可減少兩成。

④當柴魚片吸水沉入鍋底後將鍋子離火，鋪上網孔很細的布巾或者廚房紙巾於篩網上過濾之。

⑤清爽不膩卻極富滋味的上好高湯大功告成。

1——使用超過3公斤以上大型鰹魚所製成的高級柴魚。

煮物的調味料配方

湯底種類	料理名	調味料配方（高湯每 1 公升的使用量）	備註
吸物底類 高湯 + 酒、鹽、醬油	竹筍含煮	酒 1 小匙 + 鹽 1 小匙 + 醬油	柴魚高湯煮好後再加入柴魚片
	里芋白煮	酒 100ml+ 味醂 100ml+ 醬油 + 砂糖	煮干 + 爪昆布
	獨活白煮	酒 1 大匙 + 鹽	

湯底種類	料理名	高湯	味醂	醬油	備註
八方底類 高湯 + 味醂、醬油	蛋黃蝦揚煮	8	1	0.5	生薑汁
	蕎麥蓬麩煮	13	1	0.5	煮干
	鯛魚卵花煮	8（高湯 5、酒 3）	1	0.5	
	牛蒡旨煮	15	1	1（濃口）	
	豆腐皮含煮	10（高湯 9、酒 1）	1	0.5	鹽 0.5
	星鰻旨煮	8（高湯 4、水 2、酒 2）	1	1	砂糖 0.5

1 基本的高湯配方

淺色成品的基本高湯取法

2 九種煮物的烹調方法

如前所述，構成煮物煮汁的基本高湯和調味料的配方可大致分為兩大類。

鹽味高湯保留高湯本身的色澤和風味，八方底的基本比例則是高湯8比上味醂1醬油1。

兩種高湯分別可根據使用食材和用途的不同來做出些許調整而衍生出無限多種的高湯，若是不知道基本配方而只是一味的分別單獨背誦，就會特別讓人覺得難以掌握。因此首先必須要先分成「吸物底類」和「八方底類」兩類後在腦中自己去整理分析為何配方會做出如此的變化。

此處介紹的九種煮物所使用的高湯和調味料比例，可以參考169頁整理好的總表。

吸物底類的煮物

（讓成品成色淺淡的技巧）

竹筍含煮　吸物湯底

使用吸物底的煮物中，竹筍的煮物所使用的是最基礎的調味料配方，同時煮時所需要的技術也是最正統的。首先先學會竹筍含煮的做法吧。

①竹筍盡量選擇剛掘出的新鮮竹筍。
②處理竹筍，去除掉苦味。用加入米糠的熱水煮過後剝皮，再分切成容易入口的大小。
③再燒一鍋熱水放入竹筍煮沸後關火，將竹筍

竹筍含煮　吸物湯底

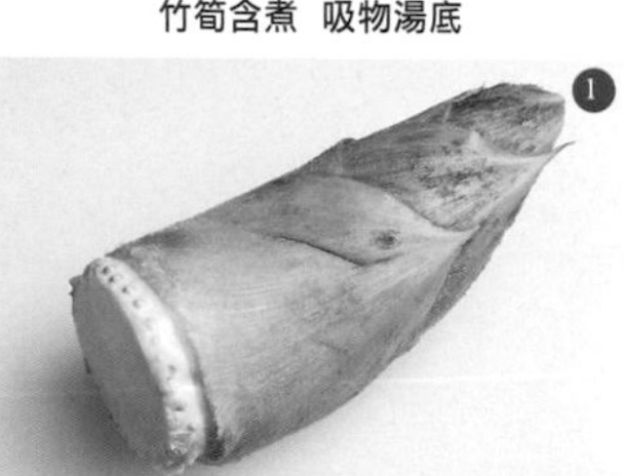

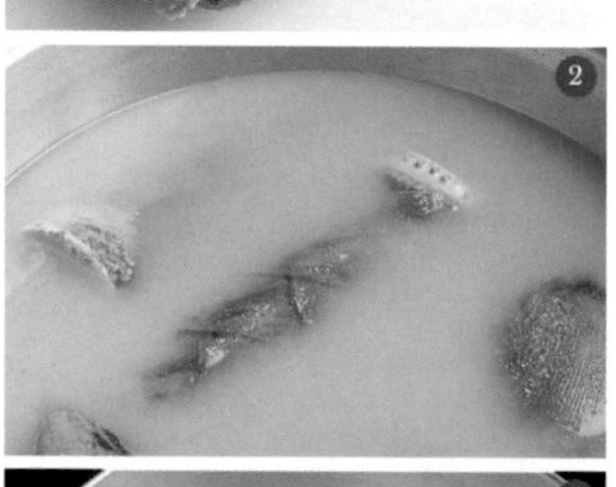

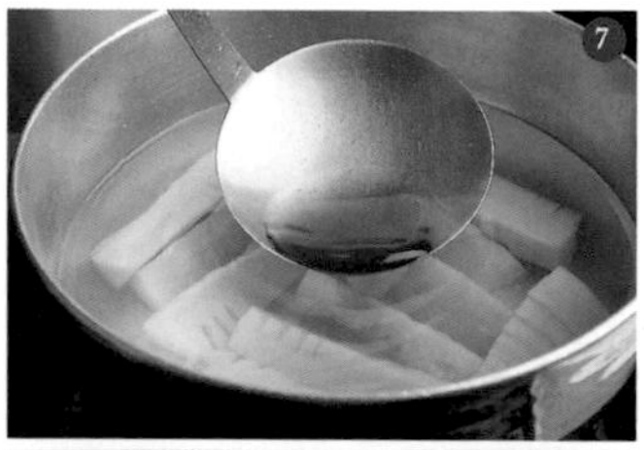

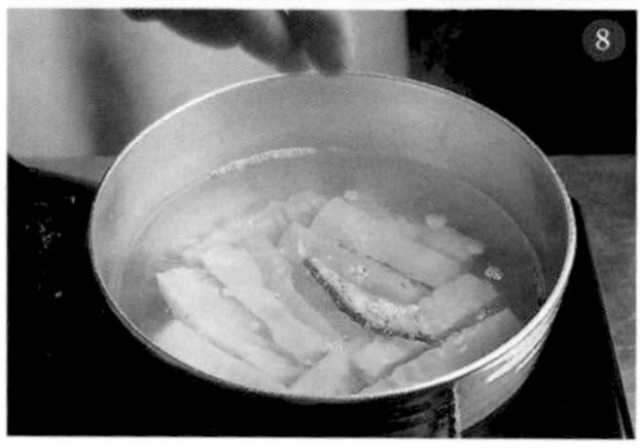

煮去米糠的味道。
④趁熱將竹筍放到篩網上待其乾燥，讓高湯較容易入味。
⑤在高湯中放入步驟④的竹筍和爪昆布用中火煮。
⑥每1公升高湯可加1小匙鹽。加入酒1小匙。
⑦待高湯開始小滾，則加入薄口醬油1又½小匙。
⑧待湯沸騰後關火即完成。

里芋白煮　吸物底+味醂、砂糖

①里芋選用帶有泥土的新鮮者。
②將里芋去皮後放至水中泡著。
③用加入米糠的熱水煮過後再用一般水再度煮沸，放到篩網上待其乾燥。
④每1公升高湯對上1成的味醂和酒，再根據自己的口味加入適量砂糖，再加入增加風味的爪昆布和煮干，用85℃左右的溫度煮至小滾。由於里芋是澱粉類的食材，較竹筍不容易吸收高湯入味。要訣就是用較有深度的調味去花較長的時間煮至入味。
⑤起鍋前按照每1公升高湯加1又½小匙薄口醬油的比例加入醬油。
⑥沸騰後關火即完成。

里芋白煮　吸物底+味醂、砂糖

獨活白煮　吸物底+鹽

①選用新鮮的獨活。

②將獨活放至加了5％醋的熱水中水煮，可讓獨活成品顏色較白。倒掉第一鍋的醋水，重新用乾淨的水後煮沸再關火。此步驟除了可以煮去醋的味道，也可以煮去將獨活裡所含的水分。也可以用蒸籠快速蒸一下。

③放到篩網上待其乾燥，讓高湯較容易入味。

④準備偏淡的吸物底。每1公升高湯只要加入酒1大匙和0.5％的鹽。由於吸物底的鹽分幾乎就會決定成品的鹹度，因此切記不可加過量。

⑤煮到獨活仍保有咬勁。

⑥高湯太淡時，可以於高湯中再追加柴魚片去煮。用廚房紙巾等包住柴魚片，注意一次分量不要加太多，可以一點一點追加，等到下沉後即撈起。這時使用的柴魚片以剛削出來、味道純淨不雜的本節柴魚片為最佳。

＊處理芋莖等希望成色較淺的食材時步驟同。

獨活白煮　吸物底+鹽

八方底類的煮物

（8：1：1為基底去做出豐富多彩的變化）

蛋黃蝦揚煮 8：1：0.5

①使用活的明蝦。去掉蝦殼挑淨蝦腸。

②將步驟①的蝦子裹上用蛋黃、麵粉、水混和而成的蛋黃麵衣。用150℃以下的油去炸，注意不要炸焦。炸好後放至調理盤上，澆一點熱水去掉油分。

③加熱鍋裡的高湯。因為用到蝦子，可加入少量的生薑汁去腥。若高湯太濃，可加入1成左右量的酒。用高湯8對上味醂1、薄口醬油0.5的比例去調味。

④快速煮沸後關火。

⑤加入步驟②的蛋黃炸蝦後關火，等到確實入味後即成。

蛋黃蝦揚煮 8：1：0.5

蕎麥蓬麩煮 13：1：0.5

①這裡使用自製的蓬麩。將麩質攪拌到黏性出來，加入膏狀的五月艾和蕎麥種子後混和攪拌，做成棒狀後去蒸即成。切成長約5cm的均一小段。

②用低溫（150℃）慢慢油炸。

③和蛋黃炸蝦一樣要先去油，不過是將食材泡在熱水裡燙。

④由於生的麩質很難入味，因此必須事先將蕎麥蓬麩泡在高湯裡加熱。用高湯13味醂1薄口醬油0.5的比例去調味。可加入少許煮干讓高湯更鮮美。將一開始13份的高湯收乾至8份左右後放涼待其自然冷卻。

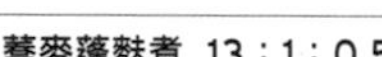

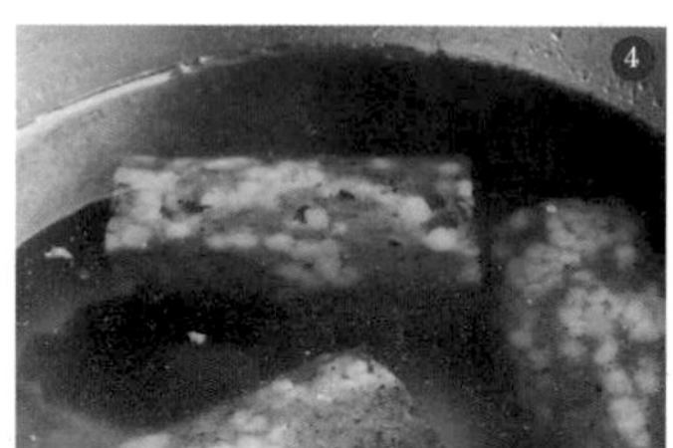

鯛魚卵花煮　8（其中包含酒3）：1：0.5

鯛魚卵本身的鮮味也必須被納入調味時的考量，每8份的高湯中包含3份左右的酒。酒可以去除鯛魚卵的腥味。為了讓成品成色較淡，做出高雅的感覺，除了醬油外還要再加鹽。如果鯛魚卵本身十分新鮮，可用水或酒再稀釋一下高湯。

①鯛魚卵指的是真鯛的卵巢。

②將鯛魚卵的薄膜切除，浸到1.5％的鹽水裡去除雜質和血合。

③用沸騰的熱水霜降，待鯛魚子呈現開花狀後泡入冰水中。

④調味高湯。以高湯8（其中酒3）、味醂1、薄口醬油加鹽0.5的比例去混和，加入鯛魚卵去煮。

⑤去除雜質水滾後轉小火，煮到入味。最後再加入一點薑絲。

⑥待湯沸騰後關火即完成。

鯛魚卵花煮 8（其中包含酒3）：1：0.5

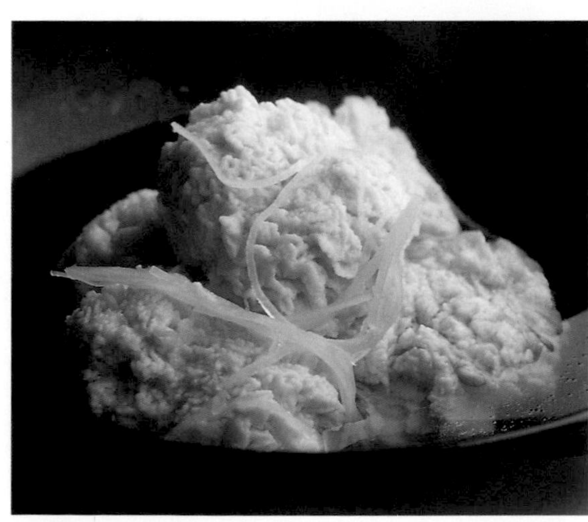

牛蒡旨煮 15：1：1（濃口醬油）

雖然此處會用濃口醬油代替薄口醬油讓成品成色較深，但調味不會和外觀看起來一樣濃，而是偏清淡。為了保留牛蒡旨煮的香氣，高湯的比例要多一點。此外，若使用較上好的高湯可以讓成品味道不過濃卻仍然美味。

①將牛蒡洗淨後切成約5cm長的段。
②用加入米糠的水去水煮處理。
③再用乾淨的水去煮過，去除掉含有米糠味的水分。煮後撈至篩網上乾燥。
④以高湯15、味醂1、濃口醬油的比例去調味（若不加味醂則以高湯20對上薄口醬油1的比例）。
⑤一邊調整味道濃淡一邊煮約20分以上。

牛蒡旨煮 15：1：1（濃口醬油）

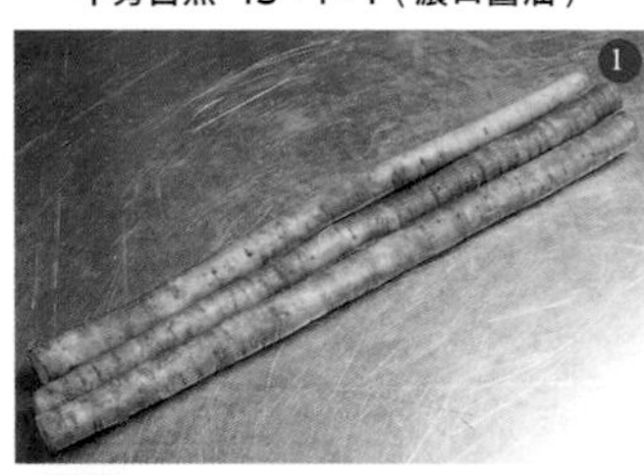

豆腐皮含煮 10（其中包含酒1）：1：0.5（＋鹽）

為了要保留豆腐皮纖細的質感，要用淺色的煮汁去煮。高湯比例較多，盡量控制醬油的量用鹽代替來調味，因此被稱做白八方底。

①生的豆腐皮若是直接拿去煮表面會溶化，因此使用前要先用噴槍等燒過。看起來也會較美味。

②表面烤過的豆腐皮，切成稍寬的短籤片。

③調味高湯。以高湯10（其中酒1）、味醂1、薄口醬油0.5的比例去混和，再加入鹽調味。

④將切好的豆腐皮放入後開火。

⑤煮沸後關火，等到入味後即成。因為豆腐皮容易散掉，因此盡量避免煮滾。

豆腐皮含煮10（其中包含酒1）：1：0.5（＋鹽）

星鰻旨煮 8（其中包含水2酒2）：1：1（+砂糖0.5）

將星鰻煮過後可取很多高湯和鮮味。因此高湯8中要加入水2酒2（同時也可以去腥）。煮星鰻特徵是要加入砂糖，但為了讓成品味道高雅，要注意不可加入過量。

①殺好星鰻進行水洗前置處理。
②將星鰻放至篩盤上澆上熱水湯引。
③皮目朝上用菜刀刀背刮去黏液，分切成容易入口的寬度。
④調味煮汁。以高湯8（其中酒2水2）、味醂1、濃口醬油1的比例去混和，再加入砂糖0.5去調味。砂糖的功用除了提供甜味外，還可以讓醬汁就算不那麼濃也很鮮美。
⑤加入星鰻。
⑥煮沸後將火關小，再讓湯汁小滾10分鐘。中間雜質會一直冒出，必須勤加撈起。待星鰻徹底入味後即成。

星鰻旨煮 8（其中包含水2酒2）：1：1（+砂糖0.5）

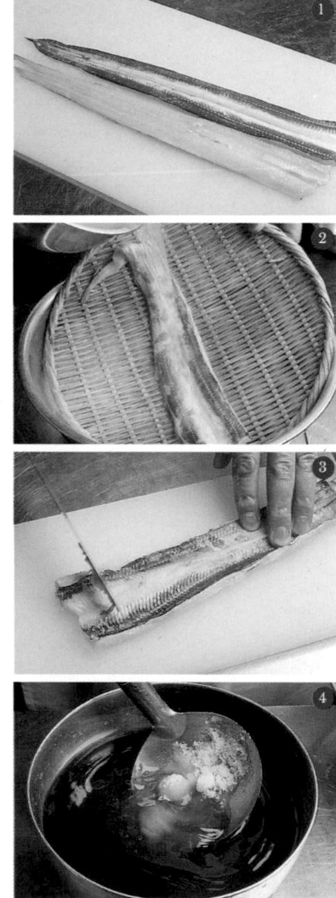

從向板到煮方的工作流程①

——章魚與芋莖的炊合[2]

此節透過介紹一道料理的實際製作方法來解說從向板到煮方的工作銜接方式。為了要讓自己能更上一層樓，十分仔細地去宏觀全體的流程是不可或缺的功課。

使用的食材有章魚和芋莖兩種，採取先將兩種相異的食材分別調理後，再搭配盛盤為一道料理的手法。要將章魚煮得軟嫩要趁鮮度尚高時迅速處理完畢的下煮[3]是很重要的前置作業，因此需要板場和煮方一起合作無間的搭配。芋莖有很多雜質，處理時會事先將雜質燙去，但不可以煮得過久。請大家仔細觀察各個步驟間是如何銜接搭配的。

章魚的軟煮

要煮出軟嫩的章魚，要訣就是在拍打後下煮的過程。如果省略了這個步驟的時間，則會大大影響到成品出來的口感。

1 分切處理

趁章魚還未死後僵硬時迅速進行前置處理。章魚帶有黏液，處理時要小心。此外還要注意不可以傷到章魚的表皮。

①此處使用的是活的真章魚。要做出軟嫩的章魚就非得要使用新鮮的章魚不可。

②將手指插入足部根部連接處，將袋狀的頭部部份翻面。

③用菜刀於內臟根部連接處入刀，一邊拉出內臟。

④取出的內臟。白色的卵巢為可食用部份，要小心不要讓它受損。切除掉不可食用的黑色膽囊部份。

⑤用刀尖將足部根部連接處的口器挖去。

⑥切除眼球。

章魚的軟煮

1 分切處理

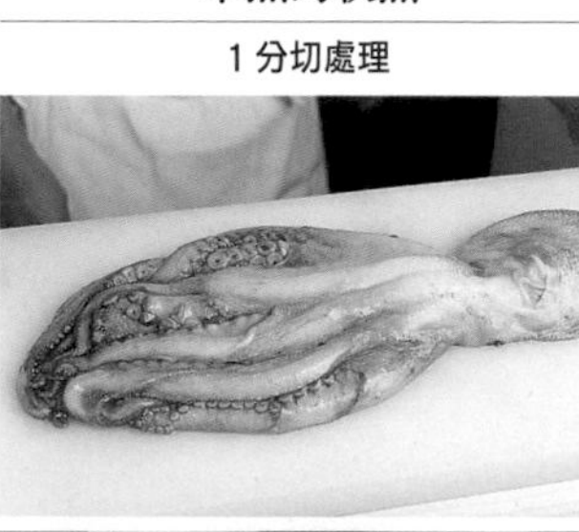

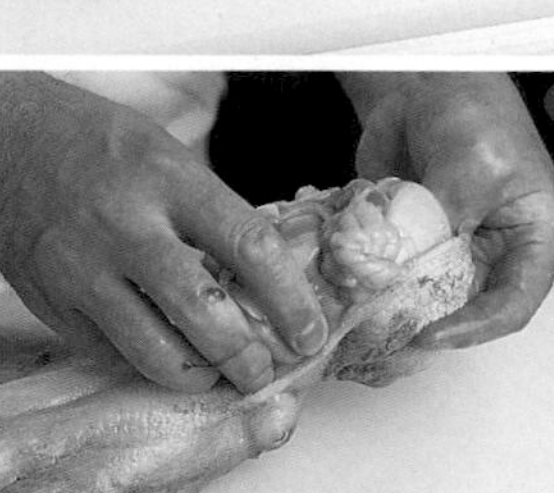

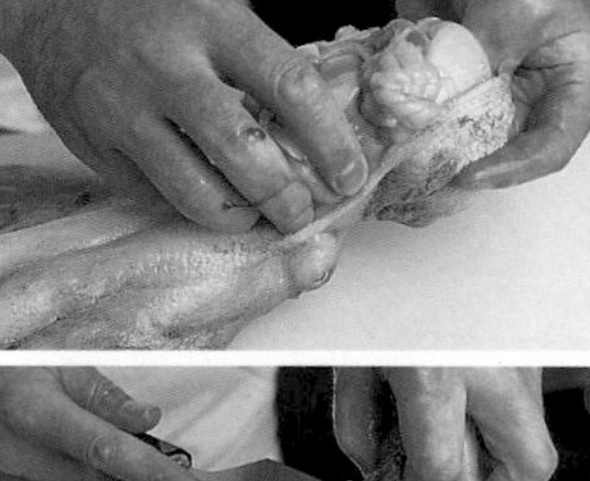

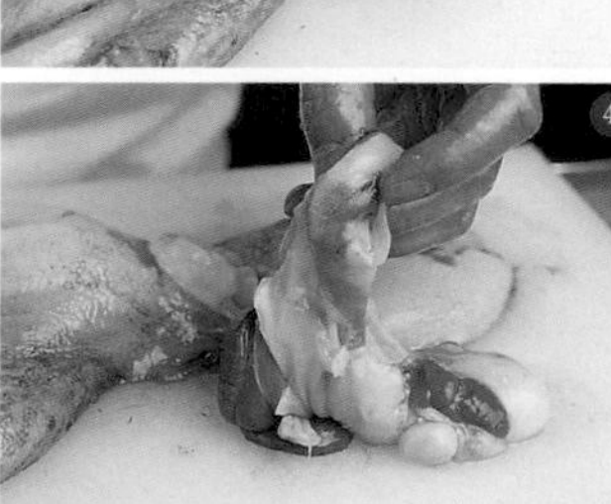

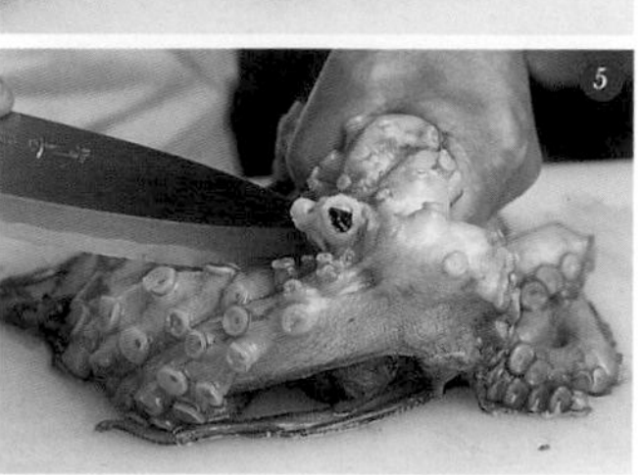

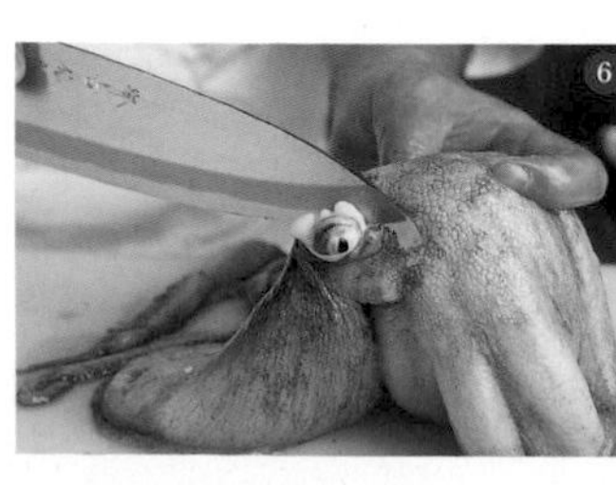

2——即內文解釋，指採取先將兩種相異的食材分別調理後，再搭配盛盤為一道料理的手法。

3——日文「下煮」指本煮前的水煮處理作業。「本煮」係指該料理主要的煮法。

2 清洗

因為怕過鹹，有些人會避免使用鹽去搓洗，但只要動作迅速的話就不會有問題。

⑦去除黏液。抓緊殺好的的章魚，抓一把鹽均勻灑於全體上。

⑧將五根手指插入章魚腳之間，搓去黏液和髒汙。若是一開始就先切斷章魚腳，這個步驟就會變得很難進行。

⑨將章魚移到碗裡，繼續用流水確實沖去髒汙和鹽分。

⑩清洗完成的狀態。為了去除吸盤等凹陷處吸附的鹽分，必須浸於水中5～10分待鹽分去除得差不多後送至煮方處。

3 分切、拍打

要將章魚煮得軟嫩，要訣就是在殺完章魚後，要趁章魚肉還有彈性時拍打組織讓章魚呈「肉離」狀態。若等到組織開始僵硬，不管再怎麼拍打也不會有效果，因此必須要迅速地作業。

⑪切除經水洗處理的章魚頭。

⑫分切成4隻為一組的章魚腳。

⑬再分切成各2隻一組的章魚腳。

⑭切除章魚腳尖。

⑮立刻用布包起來，用桿麵棍或者啤酒瓶等拍打章魚全體，讓組織變得柔軟。此時要小心不要傷到外皮。

2 清洗

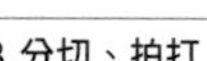

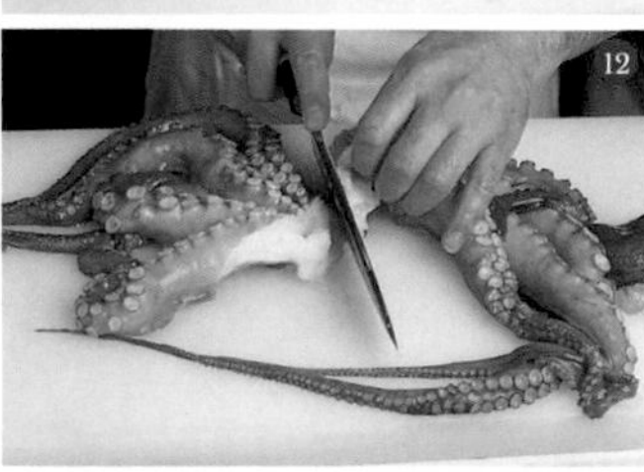

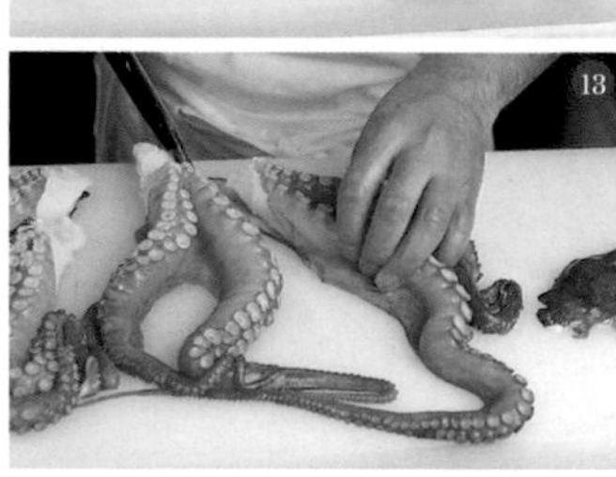

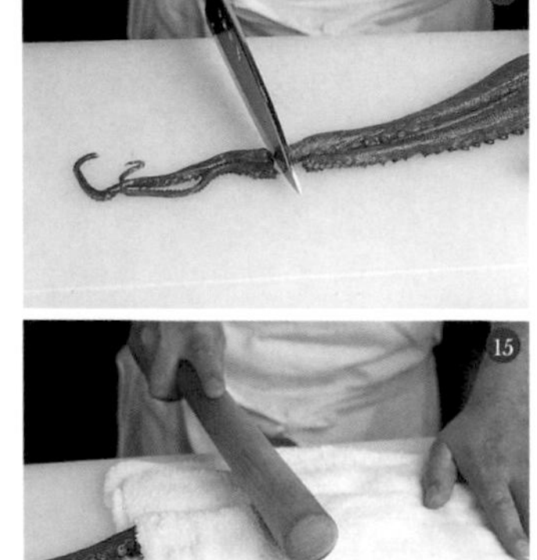

4 霜降

章魚的吸盤很多很難徹底清除髒汙，因此可靠霜降來燙去髒汙和剝除黏膜較為簡單。這個步驟會影響到成品的完成度必須仔細進行。

⑯鍋裡裝好水後開火，煮沸後放入章魚。

⑰⑱等到章魚腳開始蜷縮起來，將章魚撈起放入水中。

⑲用手搓去黏液和黏膜並重覆多換幾次水。吸盤部份只要用手指去壓一下很容易就可剝離。為了調節章魚的含鹽量，完成清洗步驟後還可以將章魚再多浸在水中一段時間。

4 霜降

5 煮、蒸

煮到章魚呈現十足柔軟為止的下煮。若最後一個步驟使用蒸籠，可讓章魚在加熱中保持固定，煮汁也不較不會煮乾。

⑳用布巾包起焙茶後用棉線綁好。

㉑將霜降過的章魚放入鍋中，倒入水淹過章魚即可。加入切好的昆布和用以消臭和增色用的⑳焙茶茶包，煮1～1個半小時。

㉒待章魚煮到和圖片所示一樣可用金屬串叉輕鬆穿透的程度時，撈起章魚。

㉓於步驟㉒的煮汁裡加入一把柴魚片煮至沸騰後關火過濾。

㉔將步驟㉓的煮汁調味。以煮汁5（若不使用蒸籠則為8）比上砂糖1、醬油1、酒1的比例去調味。首先加入砂糖、醬油後再加入一湯勺酒後煮沸。

㉕將煮汁盛到調理盤中，放入章魚，在上面鋪上一層廚房紙巾避免章魚浮起於煮汁上。

㉖蒸的時候為了防止水滴進煮汁裡，先在㉕的調理盤上封上一層鋁箔紙後再放進蒸籠裡蒸。改上蓋子約蒸30分。

㉗蒸好後煮汁完全入味的章魚。

㉘將章魚分切為容易入口的大小。將刀刃垂直抵在預計要下刀之處，用另一隻手握拳垂直敲擊刀背去剁。如此以來便不較不容易傷到表皮，可以切得很漂亮。

5煮、蒸

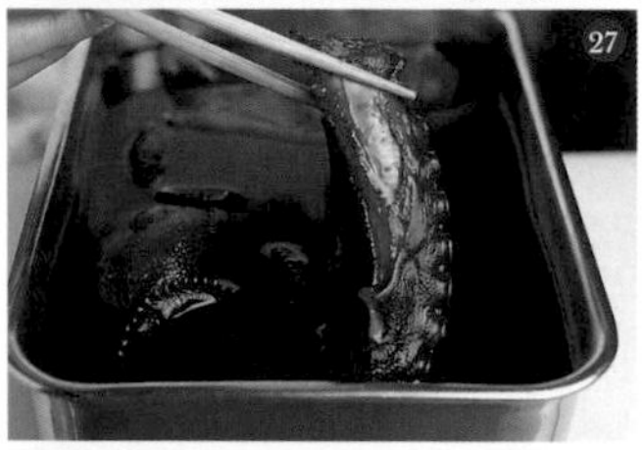

芋莖含煮

用清爽又美味的高湯將白芋莖煮至小滾。計算好煮章魚完成的時間，提早開始進行前置處理，並且小心謹慎地調整煮汁的濃度。

1 燙

用加了白蘿蔔泥（或者白蘿蔔汁）和醋的熱水去燙，注意不要煮太久。若是煮太久則會破壞芋莖的口感。

①在砧板上事先灑好醋（如此一來苦味不會出來）。將芋莖縱切。

②用菜刀鉤住皮的一端，將皮剝去。

③將芋莖切成一半長度後再縱切成2～4等份。切好後立刻浸到醋水裡。

④在水裡加入5%以上的白蘿蔔泥（或者白蘿蔔汁）和醋，等到煮沸後放入芋莖。

⑤輕輕壓住芋莖不要讓它浮起，煮個2～3分。若煮太久會喪失芋莖本身的咬勁，要特別小心。

⑥⑦用篩網撈起後放入冷水中。

2 煮

⑧將數根芋莖綁成一束。

⑨用吸物底煮至小滾狀態約10～15分。要小心不要煮太久會變得過度軟爛。

3 擺盤

在容器裡盛上煮章魚和煮芋莖，搭配上用吸物底快速煮過的四季豆後，淋上芋莖的煮汁。於芋莖上方裝飾上柚子皮[4]。

4——於上方添上特定裝飾配菜的動作稱「天盛」，為日本料理的盛盤技法之一。

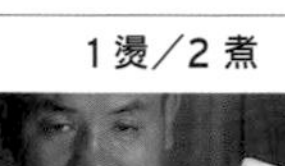

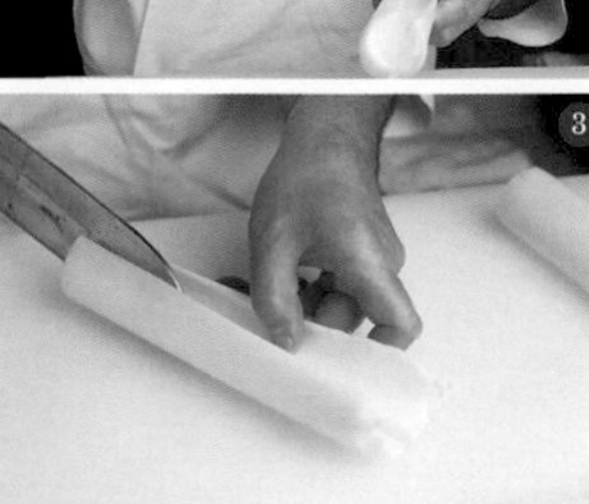

3 擺盤

從向板到煮方的工作流程②

—3種魚的煮物的製作方法（鯛魚粗炊[5]／大瀧六線魚[6]的煮付／眼張魚[7]的煮付）

接下來繼續以煮方的工作內容為中心，介紹三種分別利用一般調味、調味稍淡、調味稍濃的三種不同煮汁來煮成的煮魚料理。

使用當季的魚做出來的煮魚料理可說是美味極了。絕不可以認為鮮度好的魚就該來做生魚片，鮮度不好的魚就拿來做成味道稍濃的煮魚料理。因為要做出最好吃的煮魚，唯有將食材與生俱來的美味發揮到最大極限才行。

注意為了要襯托出魚本身的美味，加入煮汁中的調味料絕不可以過重。考慮比例時別忘了將魚本身煮出的高湯也納入考量減去這部分。根據食材不同煮汁的稠度和入味方法也會有所改變。同時也會影響到前置處理和分切的方法，因此回過頭去思考搭配的做法當然非常重要。向板和煮方兩者都必須要在腦中擁有對完成品的鮮明概念和方向，並一齊為發揮出食材本身最大的美味而通力合作。

鯛魚粗炊

以下會詳細解說77頁曾稍微提及的粗煮（兜煮）的做法。這裡我們只使用鯛魚頭，加上酒、砂糖、醬油和味醂做出最基本調味的煮魚。

分切處理

①將魚頭梨割。用一隻手牢牢抓住下顎（也可以包上布巾），用菜刀的刀尖自上方斜抵著魚嘴中心。將刀刃和砧板做出一個角度，利用槓桿原理一口氣切下。

②從內側看起來的狀態。

③將兩邊分別用手和刀尖壓住掰開，將菜刀抵在下顎的中心。

④將下顎骨剁成兩半。

⑤將等分後的半邊正面朝下放置，切去魚下巴。

⑥翻回正面，於眼和嘴之間用刀根處敲剁，入刀切至約一半深處。

⑦翻回正面，和步驟⑥的刀痕呈90度角處用刀根抵著，剁開魚骨。

⑧將切下帶有魚眼的部分再分切成兩等份。

鯛魚粗炊

分切處理

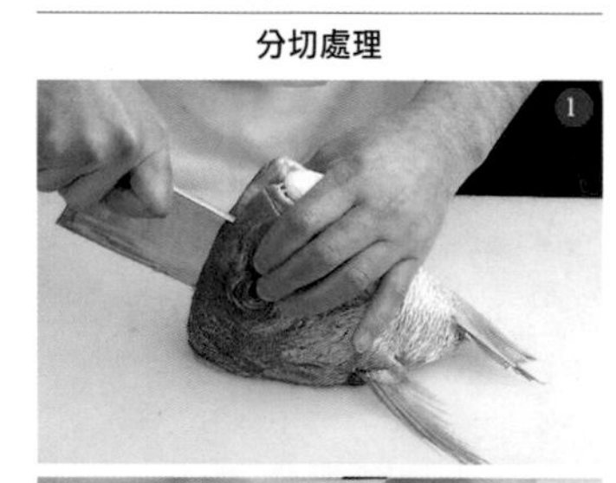

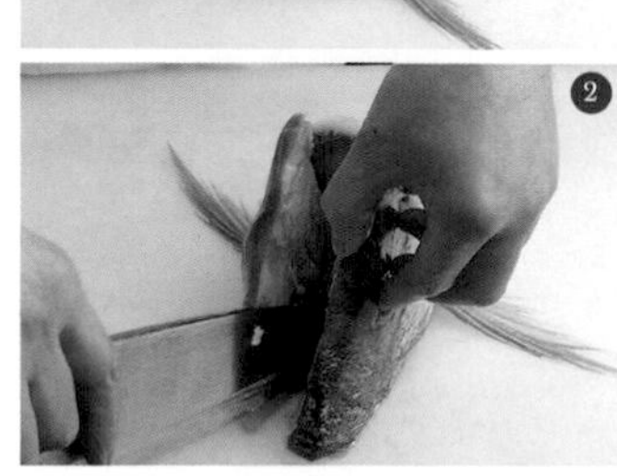

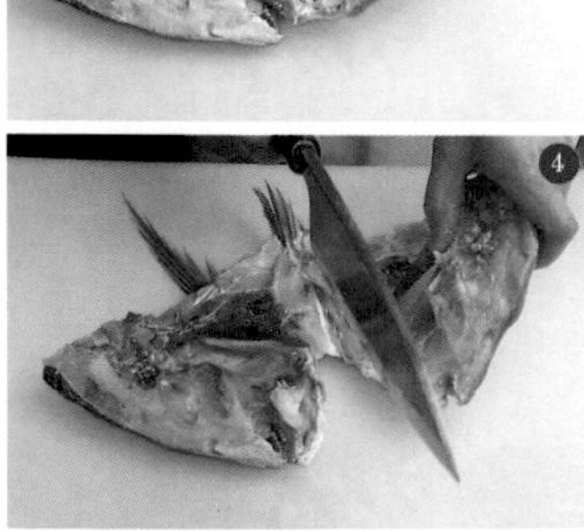

⑨切除魚下巴上的魚鰭尖端。

⑩以魚下巴為中心分成兩等份，切好後再分成兩等份。

⑪分切好的魚頭送至煮方處時的樣子。依照各店習慣不同也可能送至脇鍋處。

霜降

①煮一鍋熱水放入分切後的鯛魚頭。

②待表面變色且魚鰭開始立起時便立刻撈起。

③泡至冰水中去除掉表面的髒汙和黏液。

④魚鰭等凹凸不平的地方有可能有殘存的魚鱗，必須仔細清除乾淨。

5——粗，アラ（あら），指魚頭魚骨、魚雜等帶骨魚肉。粗炊，則為魚粗的料理方式，又特指將食材分開料理不混同味道，最後再合併。

6——日文漢字除了鮎並外還可寫做鮎魚女、愛魚女。學名Hexagrammos otakii，亦有人稱黃魚，和鮎魚（香魚）為不同種，但由於漢字有一字相同常被混淆。

7——學名Sebastes inermis，無備平鮋。

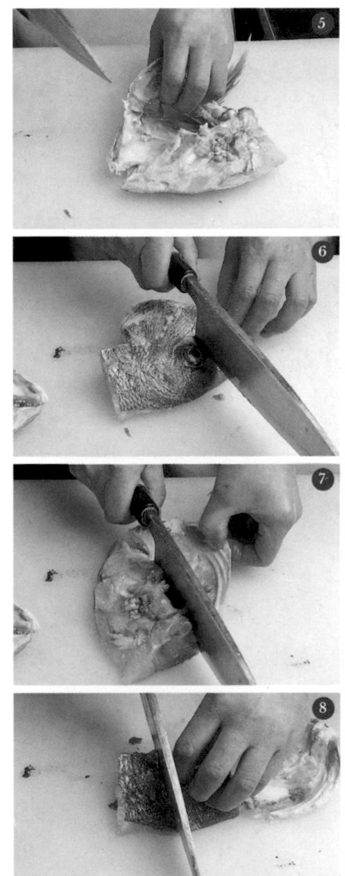

鯛魚粗炊的步驟

①將霜降後的鯛魚頭放入鍋中，加入處理後切成四半長5cm的牛蒡。加入等比例的水和酒直到淹過魚頭。

②開大火煮到沸騰後撈起雜質。

③每1公升煮汁約加入40g的砂糖。

④於食材上方壓上蓋子後轉小火。

⑤約煮20分。

⑥待食材全部熟透，以每1公升煮汁加入1大匙醬油的比例下去煮。醬油不要一次全加，而是分成2～3次一邊調整味道一邊謹慎地追加。湯汁開始收乾後附在鍋壁的煮汁造成焦味的元凶，因此必須要一邊煮一邊用濕布擦拭內鍋壁。

⑦加入味醂和溜醬油1大匙。分成一點一點均勻注入鍋內。

⑧用湯勺撈起煮汁淋，繼續收乾湯汁煮至全體入味均勻。

⑨若煮汁的稠度不夠可以加入水飴調整。有些人無法接受太甜的調味，但水飴的糖度較低，與其為了做出黏稠度而勉強將湯汁收到太乾而味道過濃，不如善用水飴來調整稠度。煮到煮汁呈恰好的稠度時即成。

擺盤

於有深度的容器內盛入鯛魚頭和牛蒡，擺好形狀。再裝飾上薑絲和山椒嫩葉。

鯛魚粗炊的步驟

擺盤

大瀧六線魚的煮付

大瀧六線魚最美味的季節從晚春持續夏季，用清爽的煮汁發揮出大瀧六線魚最大的美味。將大瀧六線魚煮後會產生的湯汁納入計算，去調整完成時煮汁的濃淡平衡。

分切處理

①為了做出清淡口感的成品，一定要選用新鮮的大瀧六線魚。於水洗後的大瀧六線魚鰓蓋處入刀。保留胸鰭將魚頭切除。要做煮魚之用時的處理方法和三枚切時不同，留著胸鰭才較能發揮價值。

②從腹側沿著中軸骨入刀切開。

③將魚掉頭，將背側置於靠近自己手邊處，依尾部到頭部的方向去分切。卸去正面魚身的魚肉。

④背面的魚身依照背側魚肉：尾↓頭方向，腹側魚肉：頭↓尾的方向去分切。

⑤於尾部根部處入刀，卸去背面魚肉。

⑥反拿菜刀於腹骨根部連接處入刀分離魚骨。

⑦刮去腹骨。

⑧用拔刺工具去除掉背側帶的小刺。

⑨將腹側帶的小刺也一併去除。

⑩將魚肉自中間切成兩半。

⑪將步驟①切除的魚頭梨割。

⑫分切完成的魚頭和魚肉。

大瀧六線魚的煮付

分切處理

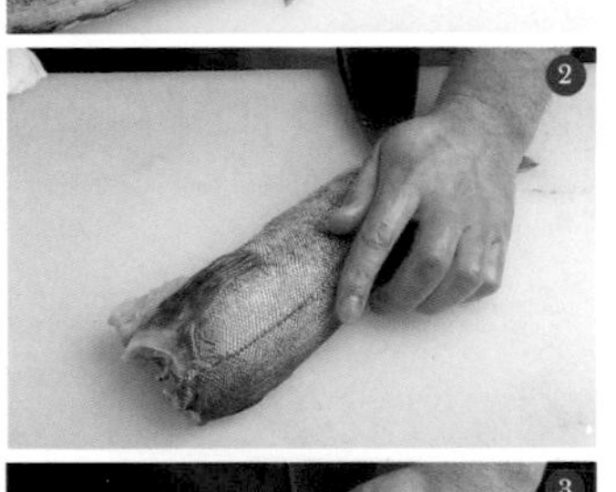

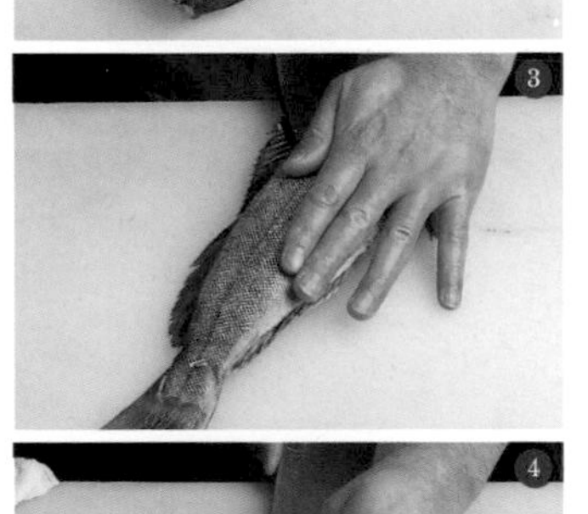

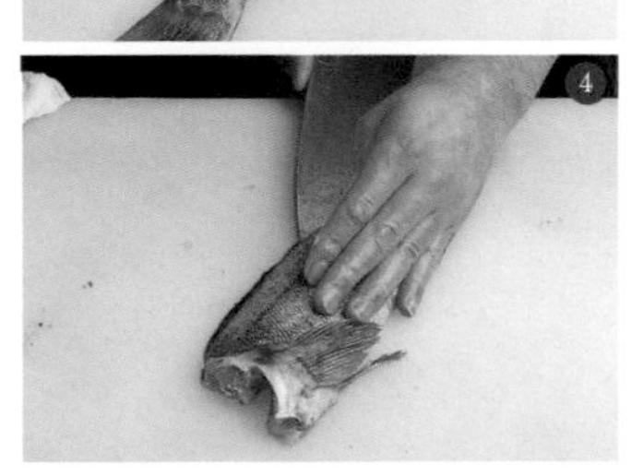

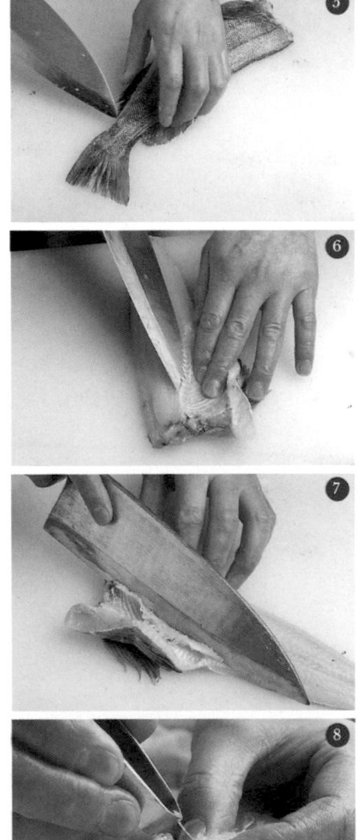

霜降

①煮沸一鍋熱水後，放入分切後的魚片。

②等到魚皮開始翻起全體開始泛白時就可撈起。如圖所示，胸鰭立起也是一個指標。

③泡到冰水中，洗去黏液和髒汙。

大瀧六線魚煮付的步驟

①將大瀧六線魚放入鍋中，以水、酒各1比上柴魚高湯2的比例去混和，高度要淹過大瀧六線魚。再加入三片左右燙過的竹筍。

②開火煮到沸騰後以每1公升煮汁比上1又1/10左右的薄口醬油的比例去調味。加醬油時盡量分批少量加入，也可使用鹽來調整鹹度。

③煮沸後撈去雜質。

④為了去掉腥味增添香氣，加入數段切成5cm長的蔥，煮到變軟後取出。

⑤洗乾淨後浸到醋水裡定色，切長5cm的獨活再縱切一半，並加入5～6片，煮到還保有口感不會太爛的程度即可。

擺盤

將大瀧六線魚、獨活和竹筍用恰好的比例擺放到容器中，裝飾配菜的油菜花於靠近自己處，再於最上方盛上白髮蔥。

眼張魚的煮付

以下介紹用砂糖和醬油調出重口味的煮魚料理。使用春季至夏季間肉質十分美味清淡的整尾眼張魚（白肉魚）。要注意雖然肉質緊實，但魚皮很容易剝離，處理時必須特別小心。

前置處理

將眼張魚去除掉魚鱗、魚鰓和內臟後水洗處理。在魚身劃上十字形裝飾刀。翻面輕輕斜劃上三刀。

霜降

大瀧六線魚煮付的步驟

擺盤

①用可以裝得下整尾眼張魚的鍋子燒水，輕輕放入處理完的眼張魚。當胸鰭開始立起來時就代表差不多可以用湯勺輔助撈起眼張魚。

②泡到冰水中，去除掉黏液和髒汙。

眼張魚的煮付的步驟

①將眼張魚放到適當大小的鍋中。於碰到鍋壁的魚尾處墊上鋁箔紙防止焦掉。鋁箔紙可以多用幾層做出厚度，墊在尾巴和鍋壁接觸面間保護魚尾。有些做法是墊木片，但因為食材可能會沾染上木片的味道，故此處採鋁箔紙的做法。

②調整煮汁的味道。首先加入等量的高湯、酒和水。

③以高湯2、酒2、水2對上醬油1、味醂1的比例去調味。亦可根據喜好加入砂糖。

④將洗好處裡後的牛蒡切成四分之一寬約5cm。再加上兩朵去蒂後的香菇。若一次要煮兩尾魚，必須在兩尾魚的接觸面也用鋁箔紙隔開。開火煮至沸騰後將火轉小，撈去雜質。

⑤於食材上方壓上蓋子，維持小滾狀態煮至入味，注意不要煮到散掉。

⑥待所有食材均煮熟入味後即成。

擺盤

將眼張魚盛於容器中，靠近自己處放上牛蒡和香菇。再裝飾上薑絲和山椒嫩葉。

眼張魚的煮付

前置處理

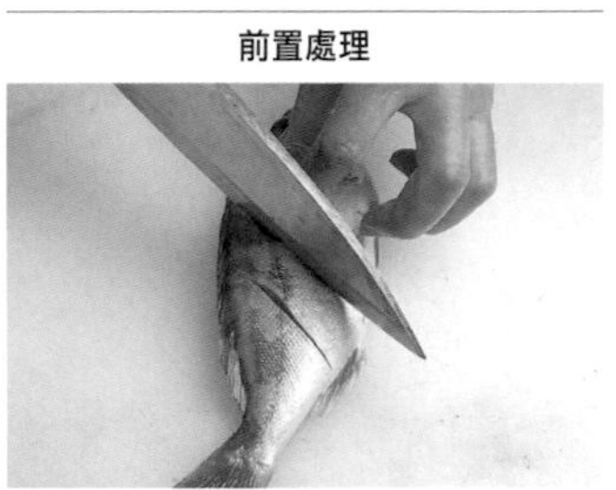

霜降

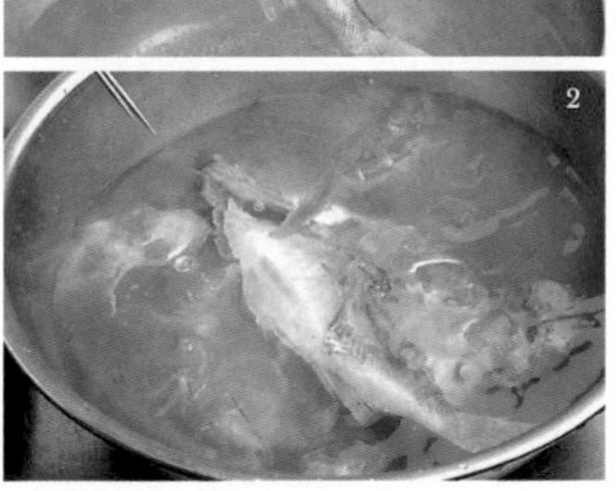

眼張魚的煮付的步驟

擺盤

思考配方——運用葛粉／雞蛋與高湯的比例公式

除了以上幾種煮物的做法外，同時我要介紹製作煮物時會用到的高湯和調味料的比例公式。另外，用於蒸物的蛋和高湯的比例公式和葛粉的比例公式也務必要學起來。

調合煮物的高湯和調味料的比例時，最容易的方式就是使用一個記牢的既定配方為基準，之後再於上加上其他變化，如此一來也較容易憑自己的力量拓展菜單內容。

舉蒸物為例，若要做使用蛋的蒸物時，可用蛋和高湯的比例約2比1的雞蛋豆腐的配方為基準，若要製作料比較多的蒸物，希望比較好切時可以做得比較硬一些，若是要做成茶碗蒸這種方便客人直接從器皿裡食用的蒸物時可以做得比較軟，根據需求來調整配方。只要採取這樣的思考方式，立刻就能記得滾瓜爛熟。

同理，製作使用葛粉的蒸物和葛粉條時，葛粉和高湯（或水）的比例也有幾個固定配方。這些配方可以寫成簡單的公式，以下會整理成「葛粉的比例公式」、「雞蛋與高湯的比例公式」的表。

最重要的是自己必須去「思考、整理、簡化」那些背下來的配方。調整配方必定有其目的和理由。自己必須要思考背下來的配方並隨時抱持著疑問，並消化整理成簡潔的公式化為己用。唯有確實將基準建立起來，才有辦法衍伸出千變萬化的配方。

1 葛粉的比例公式

使用葛粉的代表性料理之一就是用葛粉加上高湯和芝麻攪拌混和後蒸成的胡麻豆腐。大多數時候都是切成四方形塊狀來運用，不過一旦記住了基本的配方，之後可以改變調和的材料，或用保鮮膜包起來塑形後拿去烤等等自由自在地去活用變化。是可以發展出很多運用方式的方便食材。

	葛粉	高湯或水	其他
胡麻豆腐	1	7	芝麻 1
葛餅	1	5	紅豆 1
蘆筍豆腐	1	7（牛奶）	蘆筍 1
葛粉	1	1～1.5	

胡麻豆腐　高湯：葛粉＝7：1

①準備吉野葛粉。

②如果直接使用會結塊，因此必須先用食物處理機打過。打成粉末後不僅量分量較容易，也比較容易溶化。

③取昆布高湯。用乾布拭去昆布（水1公升10g）上的髒汙後泡在水中1小時以上，再將昆布取出。昆布高湯沒有強烈味道和葛粉也很對味，製作方式也簡單。此外，由於胡麻豆腐原屬於精進料理[8]的一種，因此一般來說高湯不會使用柴魚製作。

④將約1050ml的高湯舀到碗裡。

⑤高湯7對上葛粉1的比例去攪拌混和均勻。

⑥拿另一個碗以1比6的比例加入磨好的芝麻和高湯。最理想的狀況是將炒過的熟芝麻放入磨缽裡磨好後使用，若是採用市售的現成磨好的芝麻，則比例要稍微多一點。

⑦用湯勺將⑤倒入慢慢攪勻。

⑧分成數次混入，用打蛋器等攪拌混和至均勻。

⑨用網眼較細的篩網（可用約2號網眼大小的馬毛篩）過濾。

⑩只是直接倒下去的話濾網會堵住，最後要用打蛋器等去輔助。過濾時將篩網浸在已經過濾好的部分當中可以讓剩下的葛粉溶化更好過濾。

⑪胡麻豆腐的基底材料完成。

⑫將⑪放到鍋中用中火一邊攪拌一邊煮。

8——本著佛教教義所做出的不殺生有助修心養性的料理。

胡麻豆腐　高湯：葛粉=7：1

⑬經過4～5分後待其開始凝固時關小火。繼續攪拌15～20分避免結塊。此時火力若過強容易燒焦，太小又會花掉太多時間，必須要好好拿捏分寸。

⑭繼續攪拌下去湯汁會變得有彈性且開始產生黏性附著在鍋子側面。此時加入1小匙的鹽。若變得太硬則可加入適量的昆布高湯，若太軟則可加入拌入高湯的葛粉，再確實攪拌到均勻不會分離為止。

⑮加入1大匙日本酒。秘訣在於日本酒加入的時機為完成前5分鐘左右。若在離火前才加入的話有可能會導致分離。

⑯為了脫模容易，必須事先用水沾濕模具。

⑰趁湯汁還熱時倒入模具中。由於湯汁表面容易生成薄膜，倒時動作必須要快。

⑱用塑膠抹刀等抹平表面。

⑲抹平後的狀態，還是有些凹凸不平。

⑳為了讓表面更為平整，放入蒸籠裡蒸約5分。

㉑蒸完後的狀態。表面變得平整。

㉒放涼後趁表面還沒乾燥前倒入水放冷藏約3小時以上待其冷卻凝固。

㉓完成。表面會收縮出現皺摺。

㉔用手指按壓邊緣，將四邊與模具分離。

㉕倒扣在砧板上脫模。

㉖用沾過水的手輕輕整好形狀。

㉗用沾濕的菜刀分切成均一大小。

㉘保存時可放回注入昆布高湯的模具裡。

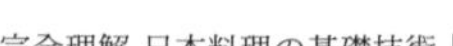

完成品

搭配上木芽味噌。或者也可在表面灑上馬鈴薯澱粉後去烤。

完成品

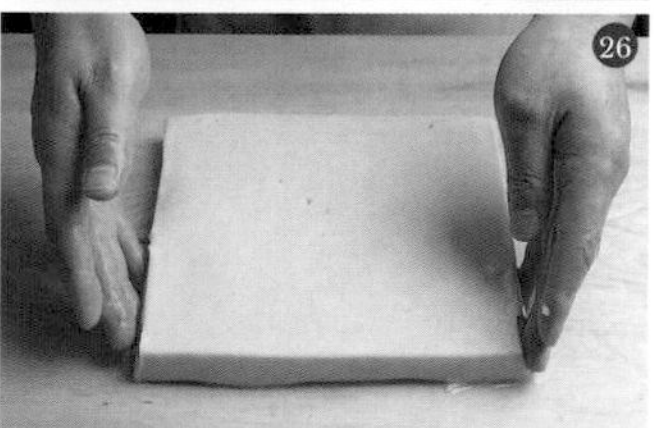

葛粉的變化

葛粉可以自由自在地變化成多種形狀，可以冷食也可以熱食，除了胡麻豆腐的基本款外，還可以做出各種變化。可做成稍硬切成三角形的葛餅（葛水無月）或者用牛奶為基底用保鮮膜包成茶巾包狀的蘆筍豆腐，乍看之下似乎是完全不同的料理，其實只要抓到了基本的要訣，便可簡單做出變化。

葛餅　水：葛粉=5：1

①葛粉1份對上5份水1份砂糖後和製作胡麻豆腐一樣加熱拌勻，在最後階段加入水煮紅豆1份混和均勻。倒入模具中待其冷卻凝固。凝固後脫模切成正方形形狀。

②將正方形再由對角線分切成2等份後可以選擇冰鎮後直接食用，或者是於表面灑上馬鈴薯澱粉，用平底鍋將所有面煎過（葛燒）後改變一下風格形象亦可。

蘆筍豆腐　牛奶：葛粉=7：1

①葛粉1份對上牛乳7，水煮後經食物處理機打碎後的蘆筍1份混和，和胡麻豆腐一樣攪拌均勻。在較小的容器上鋪上保鮮膜，放入適量的量。

②包成茶巾包狀，用橡皮筋綁好阻絕空氣。

③包好的狀態。將茶巾包放冷藏後待其冷卻凝固。冷藏狀態下可保存一周，但放久了會越變越硬。若變得太硬，可以將整個茶巾包連同保鮮膜放至水中煮至滾開，如此便可以恢復柔

葛餅　水：葛粉=5：1

蘆筍豆腐　牛奶：葛粉=7：1

完成品

完成品

軟。

④如果急著立刻用，可以浸入冰水中使其快速冷卻。裝盤時盛上一點高湯（高湯9份比上味醂1份、薄口醬油1份混和後，再加入柴魚片煮沸，過濾後冷卻即成），搭配上生薑後上菜。

葛粉條　水：葛粉=1.5：1

①打成粉狀的葛粉1份對上水1～1.5份混和攪拌。

②用網眼細小的篩網過濾。

③在偏小的調理盤裡放入一湯勺的葛粉汁。將水注入鍋中後開大火，沸騰後將調理盤的底部接觸熱水加熱。

④待葛粉表面乾燥後，將整個調理盤浸至熱水裡。

⑤葛粉全部變透明代表已經凝固變硬可以離火。

⑥浸到裝有冰水的碗裡，用金屬刮刀等道具讓葛粉脫模。

⑦切成約5mm寬，盛在放有冰塊的容器裡，澆上黑糖蜜後即可上菜。

葛粉條　水：葛粉=1.5：1

完成品

2 雞蛋與高湯的比例公式

使用高湯與雞蛋的蒸物也會因著希望做出的成品不同而改變高湯和雞蛋的比例。不過這也有簡單的公式可循。首先先記住雞蛋豆腐的高湯：雞蛋＝2：1的基礎公式，若要在雞蛋豆腐裡加料，為了好切一點可以做成硬一點；若是要做直接舀著吃的茶碗蒸，則可以做軟一點，用這種方式去思考就會很好記。此外，根據上菜的方式不同，硬度也會有所差異。例如同樣是雞蛋豆腐，也可以採淋上勾芡以溫熱的形式上菜。此時成品就必須要做得稍微硬一些。

另一個在製作使用雞蛋的蒸物時不可或缺的要素，就是要讓成品全體呈均勻滑順沒有氣泡的狀態。必須掌握蒸籠內部的空氣對流，用低溫（80℃左右）花時間慢慢去蒸。

	葛粉	蛋
石垣豆腐	1	1
雞蛋豆腐	2	1
茶碗蒸	3	1

雞蛋豆腐

①在碗裡打蛋拌勻，以雞蛋1份對上2份高湯（一番高湯）的比例去調和。用網眼細小的篩網過濾後，一邊試味道一邊慢慢加入薄口醬油調味。不加鹽，因為鹽很難溶化不容易確認鹹度。

雞蛋豆腐　高湯：蛋=2：1

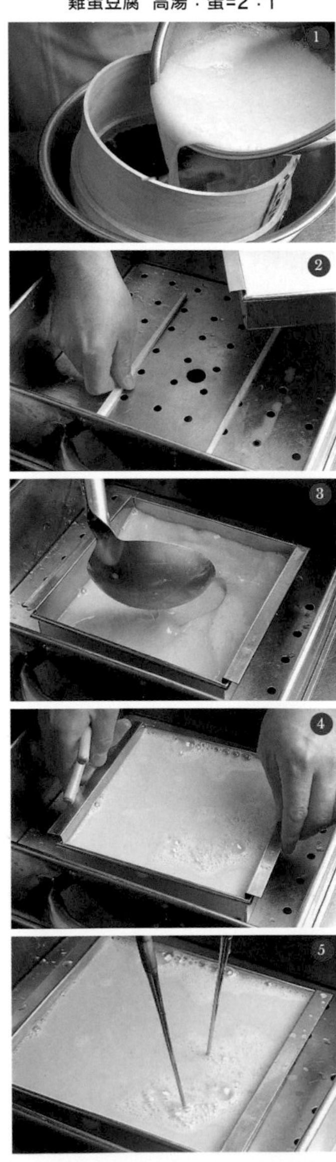

②放入蒸籠中。為確保蒸物下方的空氣也可順利對流，事先墊上兩支竹筷後再放上模具。

③倒入蛋液。

④將內模提起後再放下，讓空氣浮至表面。

⑤若中間含有空氣，則蒸完後的成品會產生氣泡賣相不好，因此必須將空氣完全排除。用金屬串叉等道具確實壓出內模裡的空氣。

⑥若無法完全消除表面浮著的氣泡，可以用噴槍等燒一下。

⑦為了更加促進空氣對流，將蒸架疊成三層左右，將蒸物放在最上層去蒸。

⑧蓋上蓋子。夾一支竹筷子在蒸籠一角，讓空氣可以流通。如此一來內部溫度不會上升過高，同時蓋子內側附著的水蒸氣可以順著斜度滑下不會滴到蒸物上。用大火蒸5分後改用小火20分去蒸。為了不要做出氣泡，必須將溫度經常維持在80℃。

⑨⑩蒸完後加水防止表面乾掉。

⑪如果急著立刻要用亦可以浸在冰水裡。

⑫輕輕地將成品脫模。

⑬切成均等大小上菜。

完成品

此處為配合玻璃器皿，故切成較小塊搭配上水煮的蝦子擺盤後加入高湯（高湯9份比上味醂1份、薄口醬油1份混和後，再加入柴魚片煮沸，過濾後冷卻即成）。

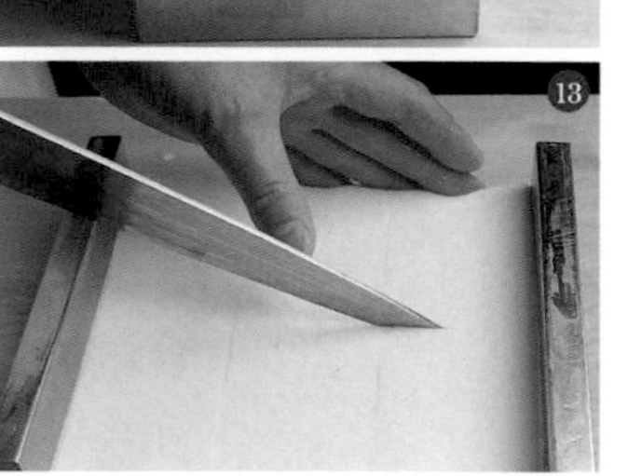

完成品

石垣豆腐 高湯：蛋=1：1

①在碗裡打蛋拌勻，加入和蛋等量的高湯（一番高湯）。用篩網過濾後加入薄口醬油調味。

②在模具裡鋪上里芋白煮（用加了米糠的熱水煮過後加入高湯煮再用味醂、酒、砂糖入味。請參照177頁），每塊里芋可稍微留一點間隔。如果這時用的里芋已經冷掉，會需要花上較久時間去蒸，因此記得要使用還是溫熱的里芋。注入①的蛋液。

③用金屬串叉等壓出裡面的空氣。

④用噴槍等燒去表面的氣泡，用蒸籠蒸約20分。要訣和雞蛋豆腐大致相同，但要注意因為裡面有加料，所以蒸的時間會變短。

⑤蒸好後用菜刀於四邊入刀切一下。

⑥輕輕地將成品脫模。

⑦等到燒為冷卻後較好切時再分切成均等大小，放入盛有高湯（高湯9份比上味醂1份、薄口醬油1份混和後，再加入柴魚片煮沸，過濾後冷卻即成）的容器中。

石垣豆腐 高湯：蛋=1：1

完成品

茶碗蒸　高湯：蛋=3：1

①在碗裡打蛋拌勻，以每1份蛋對上高湯3份的比例去混和後確實攪拌均勻。

②用網眼較細的篩網過濾。

③一邊試味道一邊慎重地使用薄口醬油調味。

④準備裡面的料。一般來說比較受歡迎的蒸蛋食材為雞肉和銀杏，不過考慮到口感的平衡，不適合搭配太硬的食材。此處使用的是水煮百合根、蝦子和星鰻的組合。將料先鋪在器皿的底部後再輕輕地注入蛋液。

⑤若攪拌時混入的空氣浮在表面消除不掉時可用噴槍的火焰燒一下。其餘做法和前面大同小異，維持溫度於80℃去蒸。完成後搭配上鴨兒芹點綴。

茶碗蒸　高湯：蛋=3：1

完成品

肉類煮物

使用肉類食材製作煮物時，要特別注意「油脂」的處理。可以想像一下像小牛高湯（fond de veau）等西洋料理或許會比較容易抓到概念，不過和食和西洋料理的醬汁不同，因為煮汁較為清爽淺淡，因此油脂無法和煮汁融為一體，幾乎都會呈和煮汁分離浮上表面的狀態。考慮到全體的平衡，多餘的油脂很可能會破壞日式料理中調和的味道。因此在做豬肉的角煮等肉類煮物時，必須將浮起於煮汁上的油脂徹底撈除。

話雖如此，製作肉類煮物時仍必須好好地活用油脂所具有的美味。

在去除油分的同時，必須下足功夫，發揮出「脂肪組織本身的口感和美味」。以下我選擇介紹鴨肉和豬肉的煮物料理，其中，有的需要讓油脂煮到柔軟入口即化，有的則反之要去除水分做出彈牙口感……，不同的料理必須要運用不同的調理方法去處理。

當然，為了要發揮肉類的美味，必須要注意火候的控制不可以煮到乾柴或者太硬。其他像是做鴨治部煮時，事先將筋切斷以做出軟嫩口感等這些前置作業階段的細心處理步驟也十分重要。此外，使用肉類的成品較之魚類料理味道當然會比較濃厚。因為肉類食材本身便具有醇厚的香氣和豐厚的鮮美味道，故必須從想達成的完成狀態開始逆推，思考所使用之調味料配方的平衡。

1 鴨肉

鴨的醋煮

將煎到變色的鴨胸肉放至土佐醋中快速煮到沸騰，待鴨肉中心部呈如玫瑰般粉紅色澤時便可上菜。將具有獨特味道的鴨肉調理成清爽的口感，同時仍保留鴨肉本身的鮮美。若煮太老則會喪失多汁的鮮美口感，要特別小心。

①②準備３００ｇ鴨胸肉。於鍋中熱油，放下

鴨胸去煎至金黃，主要煎帶皮的那面。先煎過處理是為了去除多餘油脂並做出漂亮的色澤。

③將鴨胸放入熱水中涮去多於油分。

④於土佐醋（混和高湯3、醋2、味醂1、薄口醬油1後加入鷹爪辣椒煮沸後停火）中放入步驟③的鴨胸。

⑤於食材上方壓上落蓋後用大火煮4～5分。

⑥將鍋子離火，鴨肉浸漬於鍋中待其冷卻到室溫溫度。

⑦此時鴨肉的中心部會呈現粉紅色。切成薄片後搭配上蔬菜絲，淋上土佐醋後即可上菜。若事先做好放冷藏，則上菜前要先將帶皮那面快速煎過一下。

1 鴨肉

鴨的醋煮

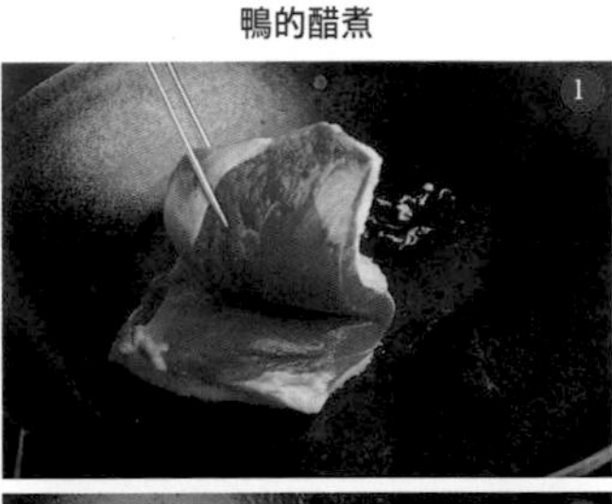

完成品

鴨胸燒煮

加入番茄醬使味道更加濃郁，帶出鴨肉的鮮美。煮時是整塊鴨肉下去煮到收乾湯汁，因此要注意火候不要將鴨肉中心煮老了。若是煮汁過多，中途可以先將鴨肉取出收乾一下湯汁，快完成時再將鴨肉放回去煮即可。

①準備鴨胸肉300g，灑鹽於帶皮側。這可以去除水分，讓脂肪吃起來Q彈。

②和鴨的醋煮一樣，將兩面煎過後放入熱水涮去油分。

③於鍋中注入水250ml、酒250ml後放入鴨肉開火。加入砂糖60g、濃口醬油30ml。加入酒的目的除了可增加味道的深度外，因為酒精揮發較快，因此煮汁也可較快收乾。

④加入長蔥的蔥綠部份增加鮮味。

⑤於食材上方壓上落蓋後用中火煮，時不時將鴨肉翻面，熬煮到煮汁剩約一半分量左右為止。

⑥等到煮汁收乾到¾分量時加入2大匙番茄醬，並將蔥撈出。

⑦接著加入溜醬油10ml。最後加入溜醬油的目的是著色以及補足因為長時間熬煮而揮發掉的醬油香。

⑧一邊舀起收乾得差不多的煮汁澆在鴨肉上一邊煮，待煮到軟嫩用竹串可輕鬆穿透鴨肉時即可離火。

⑨完成的鴨肉橫切面呈粉紅色。切成約厚4mm的薄片，盛放到鋪了一層煮汁的容器上，再搭配上芥末醬[9]。

鴨胸燒煮

完成品

鴨治部煮

治部煮是加賀的地方料理，它最為人津津樂道的特色便是那令人懷念的樸實調味。製作治部煮的重點一是要先將筋確實切斷使口感柔軟，一是為了要提煉出粉中的麩質，必須經過兩次裹粉手續，其他尚有一些需要仔細處理的細節。

①將鴨胸肉切成約厚4mm的薄片。

②找到脂肪和鴨肉的連接處，接著用菜刀刀根取與其垂直的方向敲斷筋的部分。這是讓鴨肉變得容易咀嚼的重要步驟。

③將高筋麵粉和蕎麥粉以等量混和後鋪於調理盤中，將鴨肉片一片一片裹上粉後刷去多餘的粉。

④將裹好的鴨肉片放置於調理盤上至少約30分。

⑤放置一段時間後，會開始產生有黏性的麩質，等到肉片表面開始變得濕潤後再上一層薄薄的粉。藉由裹兩次粉可以讓麵衣較不容易剝落，煮汁也更容易附著於肉片上，達到鎖住鴨肉美味之效。

⑥於鍋中加入高湯4份比上酒2份、味醂2份、濃口醬油1份，並可根據口味加入砂糖0.3份混和後煮沸後，再放入長蔥的蔥綠部分和鴨脂煮至沸騰。

⑦加入切成方便入口大小斜段的長蔥段和裹完粉的鴨肉片。

⑧用中火維持小滾程度去煮，煮到鴨肉熟後即成。火若太強麵衣會容易剝落。此外還要注意不要煮過頭。盛盤時加上少量煮汁，灑上細香蔥搭配山葵一起食用。

9——將黃芥末粉加水而得的醬。

鴨治部煮

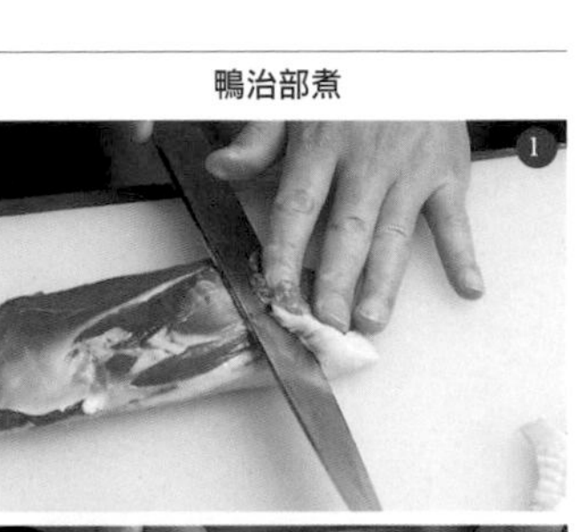

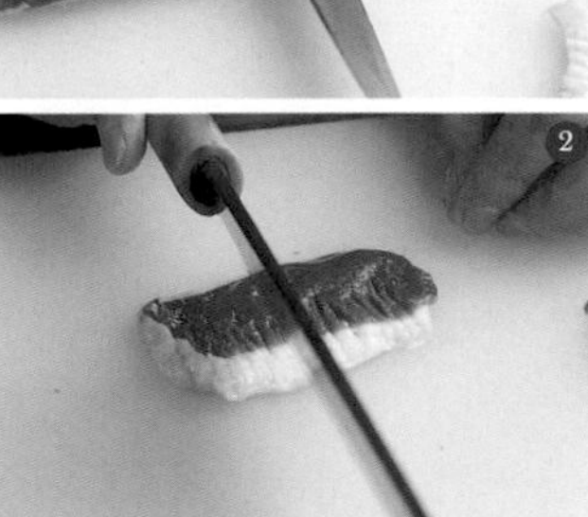

完成品

2 豬肉

豬肉的角煮

加入豆腐渣煮一段時間後，可以去除掉豬肋條肉[10]脂肪的油膩和異味。此料理與其說是做出油滋滋的豬肋條肉，不如說應該要將帶有層次的豬肉的油花做成入口即化的軟嫩口感。前置處理時若是去除掉過多的油分則會變得不好吃，不過在煮的時候可以勤快地撈去浮油，便能做得肥美而不膩。

①準備三層肉並去除掉多餘的油脂。脂肪可以讓豬肉吃起來肥美入口即化，因此不可以去除掉過度的油脂。
②切成前置作業的大小。
③於鍋中熱油稍微煎一下豬肉表面。煎一下可以固定表面形狀防止煮時豬肉散掉。
④放到熱水中去除多餘油分。
⑤為了更進一步去除油分，於水中加入約⅕量左右的豆腐渣。
⑥用大火煮約1小時30分直到肉變軟用筷子可以輕易戳入肉中的程度為止。撈去在煮的過程中浮上表面的油脂。
⑦將肉泡入水中洗去豆腐渣。
⑧再放入另一鍋乾淨水中，煮去豆腐渣的臭味後關火。
⑨趁溫熱時放到調理盤上，用另一個較小的調理盤壓在豬肉上直到冷卻。
⑩脂肪凝固後形狀會固定成四方形。
⑪切成均等大小。
⑫將分切好的肉塊放入鍋中，加入水7份比上

2 豬肉

豬肉的角煮

酒1份、醬油1份、味醂1份、砂糖（粗糖）0.5份後開火煮。肉本身的味道就很夠了因此不需要加高湯。

⑬加入約拇指大小的生薑薄片。

⑭將落蓋壓在食材上用中火煮。

⑮中途加入小洋蔥。

⑯將一開始淹到與食材同高至略低於食材的煮汁收乾到剩一半的量即成。盛到容器中搭配上芥末醬。

10——又稱豬五花。

完成品

豬肋條肉的燒煮

使用和鴨胸燒煮一樣的煮汁來煮豬肋條肉，可以享受和鴨肉不一樣的口感變化。用棉線綁起肉並以強鹽法使其脫水，強調油脂Q彈的口感。

①和豬肉的角煮前置處理相同，準備豬肋條肉600g，去除掉多餘的油分，沿著纖維縱切成2等份。為了防止肉散掉變形先用棉線捆好。

②以強鹽法於全體施上一層厚鹽，放置約30分。

③藉由裹鹽去除掉油脂部分所含水分，使成品的口感富有彈牙口感。

④倒一點油入鍋中用大火熱油，將步驟③的豬肉放入鍋中煎，不用特別去除表面鹽分。

⑤煎至每面都變色。

⑥浸至熱水中去除油分。此步驟同時也可去除掉多餘的鹽分。

⑦倒掉熱水，於乾淨的水中加入水300ml、酒300ml、砂糖60g、濃口醬油30ml後開火。若想讓口味更加清爽，可以將砂糖量減少改加入適當味醂。

⑧接著加入長蔥的蔥綠部分。將蓋子壓於食材上，用中火煮到煮汁收乾到一半分量為止。

⑨當煮汁收乾到約¾量左右，氣泡開始越滾越大時，加入番茄醬2大匙，撈出長蔥。

⑩一邊舀起煮汁澆在豬肉上一邊收乾湯汁，待快煮好前加入溜醬油10ml。切成適當厚度盛到鋪有煮汁的容器中，搭配上芥末醬後上菜。

豬肋條肉的燒煮

完成品

製作碗物

料理人之間常講「碗刺」，意思是你一旦能做好生魚片（刺）和碗物，才代表你開始準備好獨當一面。可見得要掌握碗物是多麼不簡單。但其實只要能夠確實地萃取高湯並抓住要點，想學好碗物也並非真的難如登天。此節會仔細介紹4種用吸物底和味噌為基底製作的碗物以及2種摺流、卯花汁和吳汁的做法。

碗物之所以被認為很難，是由於高湯的味道會直接反映出來，一點也馬虎不得。要做出調味得當的吸物底需要相當熟練的技術，而這只能靠自己不斷嘗試味道才能辦到。不過，若已經清楚具備對碗物的基本想法和知識則可事半功倍。

無論何種碗物，都有「湯汁才是主角」的共通點。大家必須清楚認知到，碗物的重點首重讓人品嘗湯汁的美味，料和碗種都不過是陪襯。這次我介紹的料理中亦有料很多的碗物，然而其功能在於烘托主角的湯汁使其美味更上一層樓。

雖然我們常常可以看見許多用料豪華的碗物，但若太著重於裡面的料，用的太過頭則會妨礙品嘗湯汁的美味，不可不慎。製作鰹魚摺流和蟹肉摺流時，如何在製作過程當中既可發揮食材本身風味，又不減損加入味噌湯底中的味噌香味，是很重要的課題。此外還必須考慮到和妻物和吸口的組合。

除此之外，鹽度亦是一個要小心拿捏的重點。記得無論是吸物底或者是味噌湯，日本料理中對碗物的基本要求是最終完成的鹽度必須維持在0.7%～0.9%（其實若是萃取出相當優良的高湯時鹽度甚至只要0.5%就剛剛好）。同時還必須考慮到碗種本身含有的鹽分（例如使用事先用鹽處理過的魚肉當碗種時）。

碗物可說是煮方工作技術的集大成。從確實地萃取高湯開始，一邊思考完成品的味道一邊小心翼翼地去進行調理，過程中一點都不可大意。

1 清汁

清汁為所有碗物中基本中的基本。可以說幾乎找不到和清汁不對味的碗種，而根據搭配的碗種不同，也可展現出多種的風情。不過清汁的主角仍是湯汁，這個概念並不會改變。若吸物底本身不美味則一切都是徒然。

萃取出好的高湯後，一邊試味道一邊去調整高湯的鹽分。此外，盛碗時為了成品的美觀以及考慮到湯汁的溫度，湯汁必定是最後盛入。

＊吸物底

將一番高湯注入鍋中用小火熱，每1公升高湯加入少量酒、1小匙鹽、½小匙薄口醬油後關火。控制成品的鹽分濃度於0.7%～0.8%左右。必須根據高湯的完成度來調整鹽的濃度，因此要時常試味道再決定調味。

若是萃取出十分好的高湯則不需要加太多鹽分。

清汁松皮豆腐

切一些松皮豆腐當做碗種，搭配上石耳、青菜和蝦子。輕輕地注入調味後的吸物底後再於上方點綴山椒嫩葉。

1 清汁

清汁松皮豆腐

松皮豆腐：將切片後的鯛魚灑上鹽放置30分後用水洗過，擦乾水分後插串燒烤。於魚皮算起約不到1cm處水平入刀片開。魚肉部分搗碎後和用篩網磨碎的豆腐混和。帶魚皮的部分魚皮朝下鋪於模具中灑上馬鈴薯澱粉，上面倒入和混和了魚漿的豆腐去蒸20分，做成碗種。

2 摺流

將生的魚介類用篩網磨碎，一點一點放入加了味噌的高湯中慢慢用小火加熱。重點除了要注意不去減損魚類的鮮味和味噌的香氣外，一開始若是沒有仔細將全體拌勻，魚介類的蛋白質會容易凝固而造成食材過乾的口感，需要特別注意。

鰹魚摺流

①製作碗種的筍豆腐。將兩塊絹豆腐用布包起。

②用兩塊砧板夾起豆腐約1小時左右壓出水分。

③放到篩網上磨碎。

④將步驟③中篩網上磨碎後的豆腐放到磨缽內攪拌，加入磨好的山芋3大匙、麵粉2大匙、砂糖1大匙、薄口醬油1小匙後混和攪拌。

⑤將水煮後的竹筍200g放入食物調理機中打成小碎丁。

⑥於⑤中加入④。

⑦用塑膠抹刀等大致攪拌一下。

⑧將⑦放入模具中，拿起整個模具使其落下幾次擠出裡面的空氣。

⑨用抹刀將表面整平。

⑩放入已經冒著蒸氣的蒸籠中蒸約20分。

⑪蒸完的狀態。

⑫製作鰹魚摺流。準備鰹魚，圖中用的是三枚切後的上魚身，但也可以使用中骨帶的魚肉（中落）等邊邊角角部位較零碎的魚肉，不一

2 摺流

鰹魚摺流

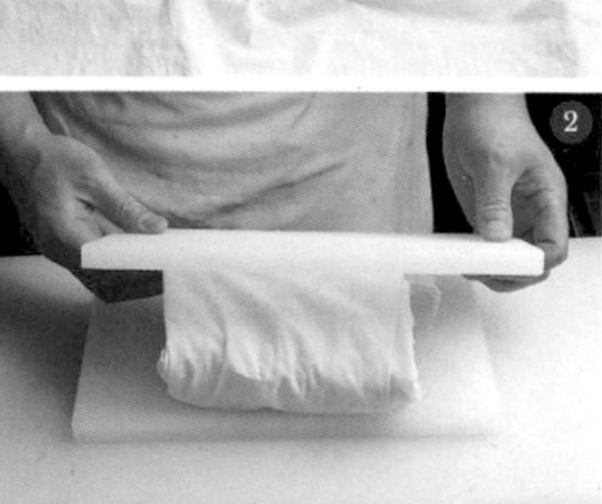

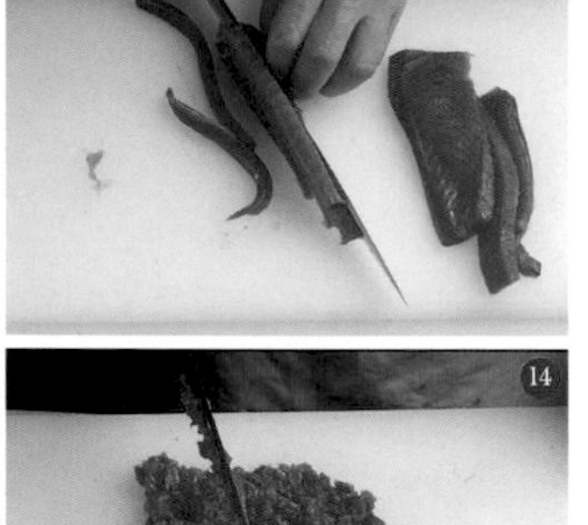

定要使用上魚身。

⑬⑭將鰹魚切成小碎丁。

⑮放在篩網上仔細磨碎。

⑯用磨缽研磨讓質地更加平滑。

⑰於鍋中加入高湯400ml和水400ml。

⑱在水中一點一點溶入紅味噌（此處使用的是知多半島產的豆味噌）避免流失味噌風味。

⑲加入步驟⑮磨碎的鰹魚150g。

⑳開小火慢慢拌勻。若味道不夠也可以在此步驟中加入昆布。

㉑等到煮開不要大滾就關火。將鰹魚摺流放入碗中，⑪的筍豆腐切成四方形放置於中央，搭配上防風、生薑甘醋漬。

完成品

蟹肉摺流

①準備生的鱈場蟹200g。
②將鱈場蟹霜降（放在熱水中直到殼變色後泡到冰水中）後打開殼。
③取出蟹肉。
④將蟹肉放入磨缽內搗碎。
⑤若發現軟骨便立即挑出。
⑥分批加入150ml昆布高湯並攪拌至均勻滑順。
⑦將白粒味噌放在篩網上磨碎。盡量選用富有風味的白粒味噌。為了讓口感吃起來滑順且提高成功率，使用前一定要先過篩網磨碎。
⑧於鍋裡混和高湯300ml、水150ml後溶入經篩網磨碎處理後的白粒味噌100g。
⑨將⑧加入⑥的磨缽中，攪拌混和。
⑩將⑨移入鍋中，開小火加熱並慢慢攪拌。若使用金屬的攪拌器攪拌時不要太力，注意不要讓攪拌器接觸到鍋底避免沾染到金屬味。
⑪盡可能使用木製的鏟子，一邊攪拌一邊加熱到煮滾後就關火。將摺流盛至碗中，再搭上切成圓形的筍豆腐（將210頁的筍豆腐中的絹豆腐改成蛋：高湯＝1：1的玉子豆腐）、款冬、岩海苔和薑來裝飾組合。

蟹肉摺流

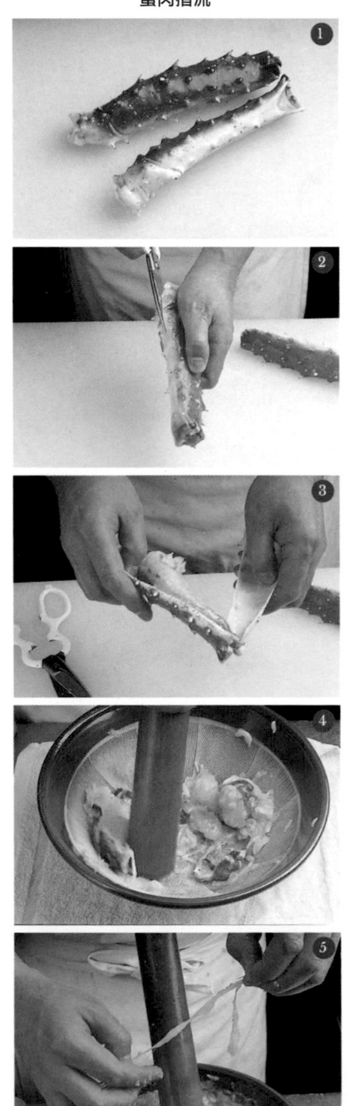

完成品

3 卯花汁

豆腐渣和白味噌的搭配構成令人懷念又溫和順口的滋味。雖然製作時加入很多蔬菜的料，但為了不要減損湯汁的美味，避免選用味道太強烈者。為了發揮豆腐渣美麗的白色，調味只使用白味噌。因此製作時的一個重點是，為了要讓食材入味必須將味噌分成兩次加入。

①將豆腐渣過篩。將豆腐渣倒入篩網中泡入加了水的碗中，用手去壓豆腐渣過濾。

②將步驟①的豆腐渣盛到鋪有棉布的篩子上。

③用力擰乾。

④擰過後的豆腐渣。總共需要１５０g。

⑤準備湯裡的料。將白蘿蔔、紅蘿蔔、牛蒡、香菇切成一口大小的滾切後用洗米水煮去所帶異味，再用乾淨的水煮一次。油豆腐皮用熱水涮去油分，切成短柵。

⑥在鍋中倒入高湯４５０ml、水４５０ml後開火。加入步驟⑤中除了油豆腐皮外的料去煮一下。

⑦加入用篩網磨碎的白粒味噌約40g，先調出基底的味道。待料煮到開始入味，再將剩下的１１０g味噌全部溶入湯中。

⑧將豆腐渣一邊過篩一邊溶入湯中，煮滾後關火。

⑨加入油豆腐皮再稍微加熱一下即成。盛至碗中，於上方添上（天盛）晒蔥[11]的蔥絲和七味辣椒粉。

11——晒したネギ，指白色的蔥。

3卯花汁

完成品

4 吳汁

吳汁的醍醐味就在於大豆的美味加上溫和湯汁的絕妙搭配。這裡我嘗試將原本為地方鄉土料理的吳汁做成較為洗練的一品料理。訣竅就是必須將大豆仔細地磨碎。也可將大豆換成毛豆做出風味和色澤都煥然一新的變化版本。

①將大豆150g泡水一晚泡開。
②去掉每顆大豆的薄皮。
③用食物處理機打成粗粒的粉狀。
④放到磨缽中研磨，再加入昆布高湯150ml攪勻。
⑤攪拌到顏色從黃色轉為乳白色且質地變得鬆軟為止。
⑥準備湯裡的料。將白蘿蔔、紅蘿蔔、里芋、牛蒡、香菇全部切成一口大小後用洗米水煮過一次後，再用乾淨的水煮一次。鍋中倒入高湯450ml、水450ml混和加入料用中火煮。
⑦溶入經篩網磨碎後的白粒味噌150g。
⑧將步驟⑤的大豆過篩溶入湯中。
⑨為了避免加入太大的顆粒，將大豆一點一點過篩加入湯中。
⑩開小火，用木鏟一邊攪拌一邊慢慢加熱。待全體開始變得柔軟膨鬆即告完成。盛碗時將料擺成中央高起小山狀，再灑上水煮毛豆，於上方裝飾上薑片。

4 吳汁

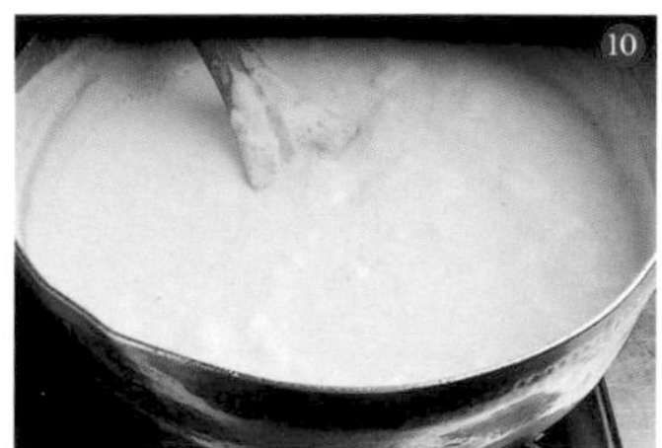

完成品

八寸場的工作

以下介紹主要負責料理完成前最後一道手續和擺盤的八寸場的工作內容。

八寸場這個單位根據每間店的習慣不同，在板場中所擔任的角色和工作內容也可能大相逕異，具備不一樣的性質。有的店的八寸場幾乎都在發號施令，但反之也有只接受指示行動的八寸場。

例如有些店在負責完清洗作業後，在去學烤場和炸場之前會先人讓站這個位置。這種情形下的八寸場的工作內容便會是以接受各單位來的指示為中心，除了擺盤外還會負責處理食材、剝蔬菜皮或者製作桂剝白蘿蔔、醃漬漬物、煮飯等跑腿雜務為主。

反之，也有些店的八寸場幾乎和煮方站在同等的地位，工作的內容以菜單確立後向各單位下達指示，將完成的料理擺盤為中心。像這種情形，八寸場必須要能夠掌握各單位的工作內容並做出適切的指示。

由於八寸場的工作內容和各單位息息相關，因此必須要抱持著自己是「指揮塔」的意識去面對工作。

由於八寸場主要負責擺盤，也就是將各單位做出的料理集大成的步驟，因此和器物的關係當然密不可分。除了經手器皿時必須十分謹慎外，還必須要具備器皿擺放時的方向等基礎知識。不用想得太難，基本的規則基本上都一定有其所以然，因此也出乎意料地容易記憶。一旦學會了這些規則後，便可以去靈活應用，吸收新知時也會更加快速。

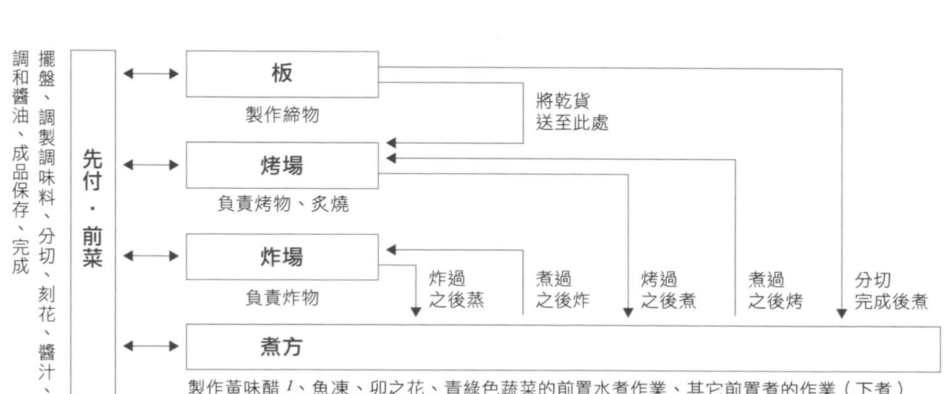

1 擺盤

要學會完美的擺盤絕非一朝一夕可達成的目標。要能夠一面考慮到季節感，一面將數種料理以完美的平衡去擺盤十分需要熟練的技術。

但所有的擺盤原理都是以希望方便客人食用以及讓料理看起來更加美觀為出發點。為了便於客人拿取，擺盤時一定要從較遠的那端擺到靠近手邊處，將妻和配菜裝飾組合擺在最前方。

要做出整體平衡美麗的擺盤，不單只是聽從指示去執行就好，必須先行勾勒出成品的構圖，一邊對照腦中浮現的完成圖像一邊去擺盤。

懷紙摺法

特別是在盛裝炸物時，幾乎都一定會在下方鋪上懷紙。要摺起使用時一定要遵從「右下左上」的原則。

搔敷[2] 諸種

擺盤時不可或缺的就是搔敷了。除了裝飾於料理旁表現出季節感外，墊於料理下方即可營造出立體感的效果。必須根據季節來做出恰當的搭配。

1——將蛋黃混和醋、砂糖、鹽等調味料（此處列舉的調味料只是一基本例子，實際上黃味醋的調味料內容變化很大）加熱後成的醬汁。

2——日本料理中鋪於料理下方或者裝飾於一旁的樹葉、草木、竹葉或紙。

1 擺盤

懷紙摺法

搔敷諸種

擺盤的基本規則

①②用小缽或者碗裝時必定要將料理放置於底部中心呈中央高起狀。

③④生魚片擺盤。要擺同樣的生魚片 3片以上的數目時必定要呈奇數。若是擺兩種以上生魚片時，要從對面到靠近自己處做出對面較高，靠自己手邊較低的立體層次感。妻置於右手邊靠自己處。

⑤前菜盤七種。使用搔敷等裝飾表現出季節感。於一個盤中盛裝複數料理時，原則上必須呈奇數。

⑥前菜盤兩種。實際上雖然是三種，但考慮到平衡和口味搭配，將其中兩種淋上黃味醋合在一起，變成兩種。

擺盤的基本規則

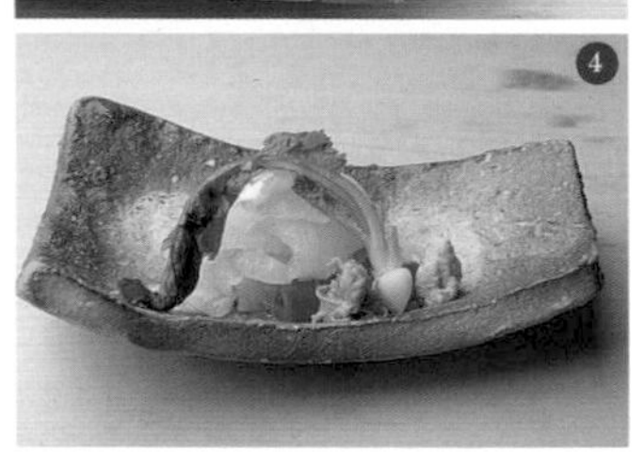

日本料理的整體平衡與調和

日本料理的基底潛藏有一套料理的哲學。包括陰陽、五行、五味、五色和五方思想。本來，日本料理從食材處理到色彩、切法、擺盤等的規則全部都是依據這些背後的思想來決定的。

其中的陰陽說是一個二元論的思想，認為宇宙全部都是由陰和陽（女和男、月亮和太陽等）兩個要素所構成，因此展現於菜刀的用法和擺盤方式上。乍聽似乎很艱深，然重點其實不外乎平衡二字。例如圓形器皿（陽）適合盛裝四方形（陰）的食材較為平衡（圖①）。若是想要用圓形器皿盛裝圓形食材時，可以重疊兩個食材錯開，或者是做成橢圓等讓食材看起來不那麼接近圓形。在圓碗裡盛飯時，要做成中央高起的三角形狀（圖②）。關於擺放食材的數量也有基本的規定，例如生魚片裝盤時先切了主角3片（陽數）鮪魚，搭配方式可以選擇再切2片白肉魚放在靠近自己處再切2片花枝加起來總共為7片的奇數（陽數），並使用四方形（陰）的器皿盛裝（圖⑦）。

關於食材組合的平衡亦很重要。例如主角是蔬菜時，若搭配動物性蛋白質則會搶去蔬菜的風采。松茸土瓶蒸的主角說到底終究是松茸，若是加入了狼牙鱔和蝦子，便會讓人搞不清楚誰才是重點（圖③④）。龍蝦做成若菜燒沒有問題，但若是做成雲丹燒則海膽的存在會過度搶戲（圖⑤⑥）。必須要明辨主從關係，裝飾配菜終歸要認清其襯托主角的味道的角色。

話雖如此，從事這一行，重要的是如何讓客人感到滿足，就這個出發點來說，上述的規則就不一定全面適用了。但雖說會需要打破常規，具備有這些根底的思想和知識，先去理解而後再行變化依然是不可或缺的。

圓形的蕨餅盛裝於四方形的器皿中

圓形的碗裡盛裝中間高起呈小山狀的白飯

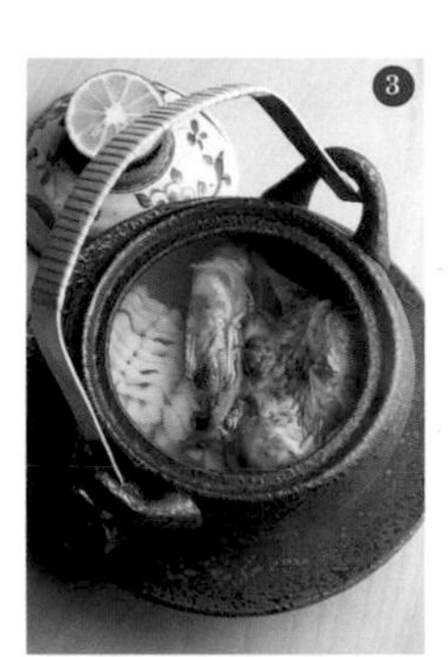
狼牙鱔搭配蝦子的土瓶蒸

豆腐搭配青菜的土瓶蒸，土瓶蒸原本應呈現的樣貌

龍蝦若菜燒

龍蝦海膽

綜合生魚片三種

水引[3]

使用金銀色水引時要將金色水引朝右結。

松竹梅

將蔬菜等作成松竹梅形狀時，必須注意擺放方向和擺放順序（依照松竹梅之順擺盤）。在經手像松風等料理名稱帶有「松」、「竹」、「梅」字的料理時也是依循一樣的原則，擺盤時要特別注意。

3——台灣一般稱水引線。

水引

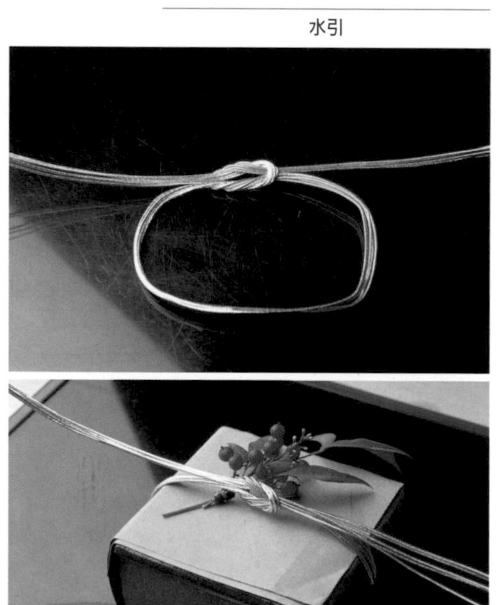

松竹梅

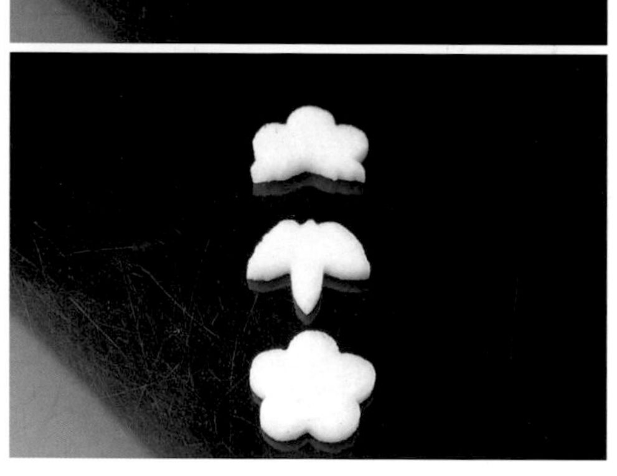

2 器皿保管

八寸場的工作內容不可避免會經手到器皿。其中也不乏名貴的器皿，接觸時必須慎重小心，一定要使用雙手拿取。

收納

將清洗後的器皿徹底乾燥（特別是土製陶器必須要完全乾燥否則會容易發霉）後用報紙等包起來。使用頻繁的器皿可以用方便拿取的配置方式陳列於架上。容易打破特別是邊緣呈曲線型的土製陶器要避免疊在一起擺放。

外箱繩結綁法

取出器皿和收納器品時不可不知外箱繩結的綁法。因繩子呈扁平狀，因此綁的時候不可凹到或者翻折到繩子。

收納

外箱繩結綁法

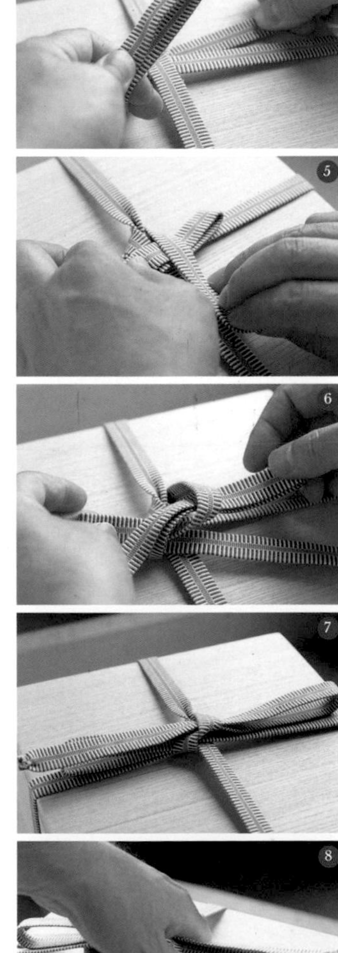

3 器皿的擺放規則

好不容易完成了美麗的擺盤，若是將器皿擺錯了方向可就前功盡棄了。擺放器皿方向的大前提是器皿的花紋必須朝向吃的人的正面。不過只靠這個大原則有時候很難判斷，因此以下特別舉出一些規則介紹之。

擺盤的最終目的都是為了方便吃的人使用，這是一切規則的原點。

根據器型

比較容易判斷的是具有特殊造型的器皿。形狀本身具有意義的器皿通常都有一定的擺放方向，必須事先記好。

①葉子狀的器皿要將葉柄朝右擺放。

②就算是像圖中這種大型的器皿，若繪有葉脈則也依據同樣原理擺放。

若是片口[4]器皿則以右手拿取注水為前提擺放，因此注水口要朝左。

割山椒器皿要將裂開處（較低處）朝前側[5]擺放。特別是若側面有紋樣時，要將帶有花紋的那一面朝向前側。

4——片口指的就是器皿邊緣有一個突出部分以注水的設計。

5——指客人的前側，後文亦是。

②若是折成一圈的圓形器皿則將接合處朝前側放置。

呈葫蘆型的器皿基本上可視作和德利酒杯一樣，為方便用左手拿取，將葫蘆蒂頭朝右放置。

①有三支腳的器皿的擺放規則和中國的香爐放法一樣，原則上將單支腳的那側朝前面放置。

左右不對稱的器皿原則上將器皿的重心部朝左放置。

②但也有例外，如圖中是以紋樣的方向來判斷擺放方向。

枇杷型的器皿則將柄朝上放置。配合用途也可以將柄朝左放置。

③兩種器皿的腳的配置呈相反方向。

①有接合處的器皿根據器型不同，正面也會不同。若是折成一圈的四方形器皿則將接合處朝對面處放置。

根據紋樣

若只靠器型無法判斷時，可依據器物上的紋樣等線索來決定擺放方向。原則上有花樣往前側擺放，不過也有例外。若遇到很難判斷的器皿，記得一定要先詢問過前輩或其他人。

擺放篩網或竹籠要將網眼水平橫向放置，但要注意接縫處的位置。接縫處要往前擺放。

像這種只有一個角落有紋樣的器皿要將花紋往左前處放置。

像這種只有一個角落有切口紋樣的器皿要將切口朝右放置。因為習慣上紋樣應從右邊開始。

有些碗只有碗蓋上有花紋。此時要將碗蓋上的花紋朝向前側放置。

帶有木紋者，一定要將木紋朝水平橫向放置。

①②當器皿底部有署名時，原則上會將名字朝往前側擺放。但也有例外，因為必須優先考慮器皿本身的紋樣。如圖，這便是一個底部署名的正面和花紋的正面相異之例。

乍看之下花紋似乎呈對稱狀並無特定擺放方向，但請注意看盤底中央的竹葉。此竹葉的方向決定了此器皿擺放時的正面。

有金箔的器皿比較特殊，必須盡量將有金箔的那一面往前側擺放。

此為器皿上有文字之例。就算器皿沒有一個既定的正面，當器皿上的文字包含了季節的內容時，可以選擇以方便閱讀和當季相關文字的擺盤方向來呈現。圖中為春季之例。

板長（花板）的工作

本節的前半部解說身為廚房裡最高負責人的板長的一般工作內容和大方向，後半部則詳盡介紹考驗板長所需具備的各種能力以及思考方式等的菜單設計方式。

1 板長（花板）的工作

所謂的板長，並不是只要料理技術優秀就好。大家對板長最基本的要求，其實是身為社會人士的人格特質。不僅僅是料理的調理方法，而還有服務精神、經營手腕和業務能力。此外，還有身為一介料理人最基礎的，針對衛生和健康的確實管理也十分重要。

主要的工作內容包括設計菜單、材料的下單、調整全體作業流程和廚房內部的人事管理。

板長需要具備能在當下立刻判斷狀況的能力以及可從多方角度來看事情的宏觀視野。不消說，這些能力絕非一朝一夕可練成，因此必須盡早察覺到這些能力的重要性並開始實踐於每天的日常工作內容當中。我期望大家都可以早日發現，無論是怎樣的新人，現在每天進行的所有工作和作業將來必定都會有派上用場的一天。

身為教育者的角色

板長的工作內容中無可避免的一環包括了「教育他人」。板長自己必須要清楚認知到，當你接下了教育全板場中所有後進的擔子時，你同時也是接下了他們所有人的人生。

要學會工作內容最快的捷徑便是「自己思考過後去理解」。如果能讓後進儘早體認到這個道理，不僅學習的速度會加快，板場全體的工作流程也會加順暢。

為了達到這個目的，板長不能只靠口頭上說說就好。對於部下而言，必須要有一個值得信賴和尊敬的上司才能夠激起自己的正向態度並設立目標，也可使板場順暢運作。

若能夠負起責任確實教育部下，最終一切

的成果依然會回饋到自己的身上。

提供「普通的」料理

提供美味的料理當然十分重要的事。

有些板長似乎只要自己能做出美味的料理就感到滿足了，不過我希望大家知道那是再理所當然不過的前提，不可以以「因為我致力於製作美味的料理」為藉口而輕忽了其他的事項。必須以美味的料理等於普通的料理為前提來考量如何發揮出符合預算的最大價值，這才能顯現出板長的真功夫。

3000日圓的料理應當符合3000日圓的期待，2萬圓的料理也應當帶給客人2萬圓的滿足度，而這兩者對客人而言皆應達到一樣的滿足程度。換言之，板長的任務其實就是在指定的預算範圍內帶給客人最大的滿足。

為了達成這個目標，必須時時切身體會客人的需求，把握客人所追求的價值所在。乍聽之下彷彿很困難，但簡言之，當自己在設計菜單時必須經常問自己「如果換做是我吃了之後會有甚麼感覺」，假以時日自然會漸漸抓到感覺。但直到成為板長之後才開始這樣做則緩不濟急，必須及早養成一邊工作一邊自己思考這些事項的習慣。

2 規劃菜單

菜單除了是板長所有思想和能力的結晶外，當中每個要素包括價格設定和選用食材皆可以展現出店家的規模和風格，可說是一間店的招牌。當然，依照店的規模和營業模式不同菜單也會有所改變，但基本上的邏輯是相通的。一間一份套餐單價1萬日圓等級店家的板長不可能不知道如何去設計3000日圓等級店家的菜單。

為了要設計出符合價格發揮出最大價值，既能滿足客人又能有利潤盈餘的菜單，必須遵循一些思考的步驟，也必須隨時注意一些小細節。當然實務上操作時通常是很多作業同時並行，或者順序也會有些更動，但以下我會依序解說設計菜單時適用於各種規模店家的一些思考步驟。

(1) 收集必要資訊

設計菜單時最重要的就是要獲取客人的資訊。若是完全沒有考慮過這點就貿然去設計菜單，那麼代表著你從未嘗試去了解客人真正的需要是甚麼。

當然，有很多店家所處的狀況其實很難容許你去仔細地收集所有客人的資訊後再設計菜單。但就算如此，設計菜單時也必須嘗試著站在客人的立場思考看看，希望大家記住，光是多做這一個步驟，設計出的菜單給人的超值感就會完全不同。

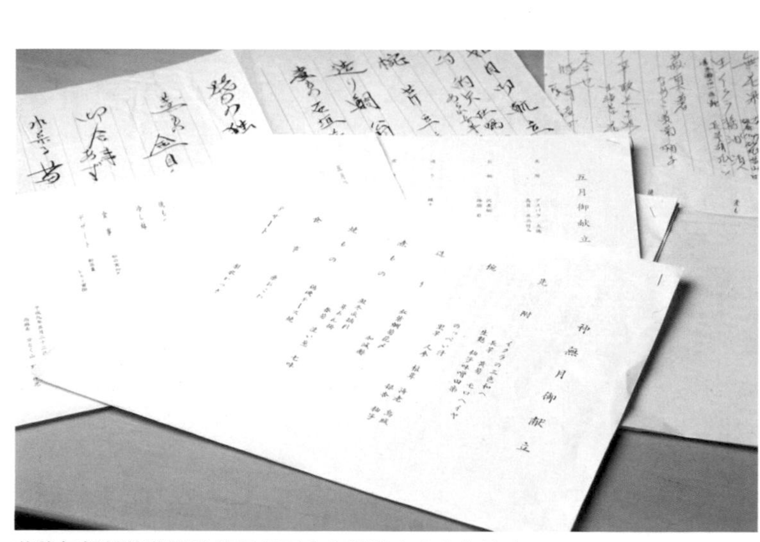

若將每個月的菜單建檔保存下來會對將來十分有幫助。

詢問日期時間、人數和預算

首先無論哪一間店都必須要先知道客人來店的日期和時間、人數和預算。

知道客人的來店日期後，推算可用於準備的日數，把握要準備甚麼樣的食材以及多少量。有些料理的前置處理十分耗費時間，視情況也可能無法出菜。此外，預算、人數和喜好皆是在採買食材和料理時不可或缺的重要資訊。

了解來店目的

接著必須知道的是「客人為何要造訪本店？」，也就是來店目的。

來店目的可以是宴會，也就是為了某種慶祝而來用餐；或者是為了要享受美食；亦可能是主要為了喝酒而來等等。因應客人來店的目的，店家這裡會衍生出許多能做（或者是不得不做）的準備。根據來店目的的不同，料理的呈現方式也會隨之改變。就算不花費大錢，若事先知道是慶祝的場合，也可以用搔敷等不著痕跡地加入松竹梅等吉祥喜慶的裝飾，這些小工夫也會讓客人感受到完全不同的「價值」。

將客人的名片歸檔，亦可製作熟客名單並註記其喜好等資訊。

平素就要準備水引等小東西以備隨時可用於裝飾擺盤之用。

(2) 決定菜單

清點庫存

決定菜單時，在確定要用到的食材和採買之前不得不先進行的工作就是清點庫存。如何組合搭配趁著新鮮時要趕快使用的食材以及儲存著用的乾貨類等來巧妙地設計菜單是理所當然的作業。這並不是指要強迫重複利用剩下的食材來建構菜單，而是藉由有效利用手頭既有的素材來降低原料成本，並將省下的經費回饋給客人，用同樣的價格提供給客人更好的菜單。「發揮價值」的同時也意味著不浪費食材。

若店的規模較小，平日可以沒事就採買一些分量較少的素材。

買來存用的乾貨類每次用量都不大，因此有時可能會重複採買。需要定期檢視存量。

計算成本

耗費很高的成本和讓客人感到滿足完全是兩件不同次元的問題。若是具有同樣的價值，我認為並不需要勉強去提高成本。需要確實把握的是食材的可用原料比率，為了不造成採買上的浪費，何種食材需要多少量都必須經過精確計算。生意繁盛的店必定都能夠很好地控管進貨成本。

決定材料和器皿

根據人數、客人的喜好以及成本去設計菜單。使用的食材當然會隨著成本考量而改變，就好像一道鯛魚料理無論使用鯛魚或者鱸魚下去做，目的都是為了帶給客人滿足感，設計菜單時必須時常提醒自己這一點。

除此之外，規模較小的店還必須特別檢查器皿的數量。器皿的數量不夠時，需要設計就算是用不同的器皿也很吸引人目光的料理，或者是利用擺敷等裝飾來好好呈現。

當然，意識到季節變化去呈現料理亦是重要的一環。在這之後會整理12個月概略的當季食材，請大家務必好好活用。

採買

確認庫存並計算過成本後，便可以進行採買。為了要採買到品質更好的食材，非得要自己勤跑市場並建立起人脈關係才行。

就連一般我們以為並非當季的魚等食材，一旦實際去到市場，有時也可以買到既新鮮品

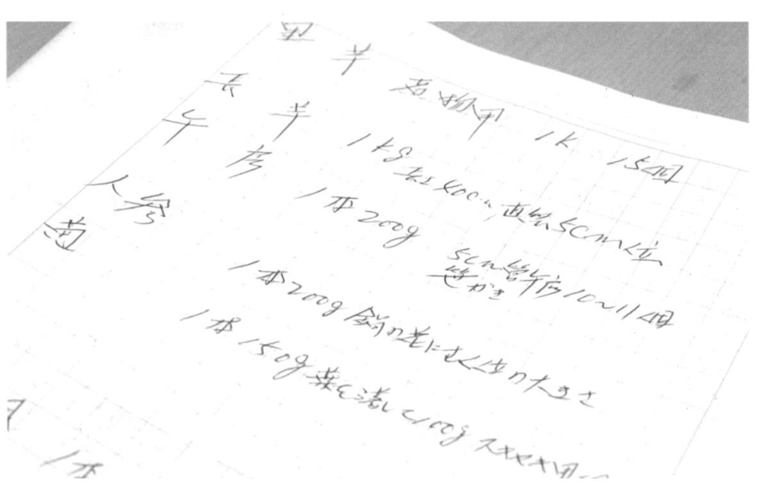

食材的重量和原料比率若能記成筆記，計算成本和採買時會大有幫助。

根據菜單內容準備器皿是部下的工作。

為了採買物美價廉的食材必須和盤商建立起良好關係。

質又高，美味價格又公道的貨。一個是當大家都認為這是「當季」卻又貴又不好吃的食材，一個是和常識相悖，非當季卻仍然味道不錯價錢也不貴的食材，站在客人的立場，究竟哪一種食材才更有價值呢？為了能培養出這種能鑑別出真正的「價值」所在的火眼金睛，唯有平素起便勤快地跑市場一途而已。

開始調理～考慮到作業效率去決定人員配置

板長必須根據事先把握好的準備日數將工作分配給部下。此處板長必須對員工人數和能力，亦即是一間店的「機動力」做出正確的掌控。一旦板長能夠精準把握店內的狀況，他才能依照符合各人能力水準做出正確的工作分配，確保工作的流程能順暢進行。

但實際上直接下指示給下面各單位的人經常是店裡的第二把交椅（例如煮方等）。然而板長並不應該將一切全權交給第二把交椅處理，而是必須藉由平日裡的溝通來疏通意思。

若是遇到準備期間過短的情形，設計菜單時必須考慮進去不可加入太勉強的料理，又或者可以採取一些變通手法如將一部分的調理和處理步驟發包給外面也可以。

調理前的會議裡確實地下達指示。

3 設計富季節性的菜單

~設計12個月份菜單的重點~

在設計日本料理的菜單時必須具備關於每一個季節之當季食材的知識。以下為搭配簡單歲時記整理出的12個月份當季食材的一覽表。

此處介紹的食材和時節皆相當概略，有些時候為初出搶先上市的食材，而有些則是已經在產季的尾聲，此外，根據所在地區不同，產季當然也會有所不同，因此僅供參考之用。

而這裡我希望大家注意一個重點，那就是當你將季節納入設計菜單之考量中時，同時也必須站在客人的角度來思考呈現方式。

有許多人習慣依循常規來設計，例如會選擇夏天就要出冷的料理或者是女兒節就要將食材切成菱形等樣板化的呈現方式。但我們要捫心自問的是，那是否真的是客人所希冀的料理內容呢？

例如正月時必須刻意去避開客人可能已經吃到膩的豆子和鯡魚卵等單純的想法也是個很好的開始。

與其一成不變地追求僵固的產季，反倒是以「如何讓客人享用到最美味的食物」為出發點才更接近「活用當季食材」的初衷。

1——一月七日有早上吃七草煮成的粥的習慣。

2——五月鱒。和台灣的櫻花鉤吻鮭相近。

3——陸封型的石川氏鮭。

4——馬珂蛤可食用的軟體部分。

5——日文漢字為小柱，特指中華馬珂蛤的貝柱（閉殼肌）。

6——鱸魚。

7——鹽漬魚內臟。

8——學名Psenopsis anomala。又名肉魚、肉鯽仔、土肉、肉鯽、瓜仔鯧。

9——學名Todarodes pacificus，或稱日本魷。中國稱為太平洋褶柔魚。

一月（睦月）

關鍵字

七草／開鏡／歲道／松竹梅

一月是正月，是聚餐頻率很高的月份。但當七草節[1]過了之後必須刻意避開「正月」相關的表現。此外，菜單裡最好避免使用豆子和 魚卵等年菜食材。

當季食材

魚：馬頭魚／安康魚／螃蟹／鱈魚／河豚／角仔魚

蔬菜：白蘿蔔／蕪菁／獨活／萵笋／鴉兒芹／菠菜／小松菜／金時蘿蔔／生海苔／青海苔／島田海苔

二月（如月）

關鍵字

節分／再生／重生／梅

百樹開始抽芽的時節，希望於菜單裡植入再生、重生等關鍵字的意象，做出溫暖人心的呈現。

當季食材

魚：比目魚／鯖魚／螃蟹／河豚／銀魚／日本鳳螺／牛角蛤

蔬菜：款冬花／慈菇／芹菜／白菜／小松菜／山葵葉

三月（彌生）

關鍵字

櫻花／花瓣／女兒節／上巳

終於開始感受到春天氣息的月份。上巳即三月三日，意指最初的巳之月。

當季食材

魚：鯛魚／白鯧／文蛤／飯蛸／帆立貝／ 魚／鱒魚

蔬菜：油菜花／山椒嫩葉／竹筍／山菜類（人工栽培）／新洋蔥／昆布／海帶芽

四月（卯月）

關鍵字

山菜／春天全盛期

春天達到極盛之月份。設計強調花瓣的菜單。

當季食材

魚：鯛魚／蛤仔／春鮁魚／鯖魚／螢烏賊／櫻鱒／蠑螺

蔬菜：豌豆

九月（長月）

關鍵字

賞月／萩／菊／十五月夜供新里芋／糯米糰／重陽

有很多店會在 9 月的菜單當中加入酒盜呼應賞月的趣味。這是由於 4 月時醃漬的酒盜[7]於 9 月時正最是美味之故。

當季食材

魚：鰈魚／星鰈／石狗公／日本木葉鰈／鰹魚／鱸魚
蔬菜：毛豆／惠比壽南瓜／石川小芋頭

十月（神無月）

關鍵字

秋天／豐年／黃金／新蕎麥

在出雲地方稱「神有月」。慶祝豐收同時也是新蕎麥上市的時期。希望表現出秋天的豐作意象。

當季食材

魚：刺鯧[8]／洄游鰹魚／秋刀魚／鮭魚／鯮魚／北魷[9]／鰕虎魚／沙丁魚／鯖魚／海膽
蔬菜：柿子／地瓜／里芋／香菇類／松露／五葉木通

十一月（霜月）

關鍵字

七五三／松竹梅／時蔬拼盤／開爐

此時正值青柚子轉成黃柚子，幾乎所有冬季的蔬菜都進入了盛產時節。菜單中像蕪菁縮蒸蒸魚等溫熱的料理比例也漸高。源自茶道的「開爐」也被使用於懷石料理。

當季食材

魚：鮭魚卵／鮭魚／紅葉鯛／帆立貝／烏魚／烏魚子
蔬菜：白蘿蔔／蕪菁／白菜／零餘子／柿子／柚子

十二月（師走）

關鍵字

冬至／師走／歲暮／薄冰

自這個季節開始頻繁使用鴨肉入菜。懷抱著對明年的祈願，表現上希望營造出華麗的氣氛。

當季食材

魚：龍蝦／金目鯛／日本叉牙魚／比目魚／真子鰈／螃蟹／越前蟹
蔬菜：萵笋／白花菜／金桔／慈菇／蕪菁／白蘿蔔／春菊／牛蒡／山芋

五月（皐月）

關鍵字

端午節／新茶／初夏

夏天腳步將近。開始進入瓜類的產季。幼香魚可以做成天婦羅或者用醋漬處理等。

當季食材

魚：鰹魚／幼香魚／竹筴魚／鮪魚／石川氏鮭[2]（尼子[3]）／大瀧六線魚／星鰻／櫻花蝦／青柳[4]／貝柱[5]
蔬菜：水蓼／蠶豆／蘆筍／刺嫩芽（野生）／姬竹筍／岩耳／楊梅

六月（水無月）

關鍵字

梅雨／冰之節／冰室／換季的模糊界線／早夏

使用冰和三角形等形狀使人聯想到當季京都上賀茂神社的「冰室節」。因為「梅雨」季故也常使用梅入菜。

當季食材

魚：鰈魚／軟絲／尼子／蝦子／水針
蔬菜：小哈密瓜／白瓜／蘆筍／新蓮藕／牛蒡／秋葵／蓴菜／茄子／小黃瓜／梅子／毛豆／嫩薑／紫蘇

七月（文月）

關鍵字

七夕／裏盂蘭盆節／土用／細竹葉

全面表現出清涼的意象。

當季食材

魚：軟絲／星鰻／香魚／岩牡蠣／福子[6]／金梭魚／白帶魚／長臂蝦
蔬菜：秋葵／毛豆／皇宮菜／賀茂茄子／水蓼／新蓮藕／小黃瓜／紫蘇

八月（葉月）

關鍵字

盂蘭盆節／納涼

八月總會讓人聯想到盂蘭盆節，給人較平淡的印象。雖說希望納涼，但也不要出太多冷的食物。

當季食材

魚：石鯛／鰻魚／鮑魚／沙 ／白鮒／竹筴魚
蔬菜：茄子／四季豆／日式小甜椒／生薑／玉米／南瓜／圓茄／青柚子／馬鈴薯

4 規劃菜單
（以6月份的菜單為例）

這裡我們就來實際規劃看看被認為是板長各項能力的結晶的菜單。選擇了位於春天和夏天間青黃不接地帶的六月來示範套餐的方向性和順序以及食材的組合搭配。

餐點整體的平衡固然十分重要，但每一品料理都應該自成一個高潮，完成各自所應呈現的內容。就拿主菜的烤物為例，吃完後先佐一點清新爽口的配菜裝飾組合清去口腔內烤物的味道，為這一道菜和下一道菜的味覺做出區隔後，才繼續享用下一道菜。

① 先付

水無月豆腐
川茸
美味高湯10

料理的靈感取自上賀茂神社農曆六月的傳統「冰室節」，選擇做成三角形的胡麻豆腐做為先付。高湯的部分可以斟酌整體菜單的平衡，也可以換成蓼味噌。由於豆腐呈三角形，應選擇帶圓弧的器皿取得陰陽平衡。

② 前菜

香魚蓼葉乾
星鰻魚凍
鹽漬鱈場蟹內子11
小哈密瓜
蓴菜

星鰻的產季為4月底到初夏。此時香魚開始解禁，將富有香氣的香魚內臟用高湯拌開後加入味噌，將香魚內臟味噌醬刷在香魚乾上烤成。

考慮到全體配色的均衡，巧妙地點綴一點青綠色。使用看起來清爽的銀色器皿展現初夏風情。夏天來臨時可以鋪上冰罃造出更清涼的感覺。

③碗

狼牙鱔真薯澄湯[12]

加賀大黃瓜

蓴菜

芽蔥

青柚子

使用了還未到產季的狼牙鱔。要作成落下還稍嫌太早，因此作成碗物。天然的蓴菜此時正值盛產的美味時節，因此可盡情使用。吸口的青柚子此時才剛上市。

④綜合生魚片

削造福子薄片

軟絲

水針

千枚蛸[13]

昆布締廣島蒟蒻

秋葵

花穗

梅肉醬油

距離吃冰洗生魚片的時期尚早。考慮到綜合生魚片的均衡和層次起伏去組合白肉魚和青銀色魚等。雖然這時還有鰹魚，然享受初出鰹魚的季節剛過去，因此菜單內容避開鰹魚，待秋天時洄游鰹魚的季節到來。

梅肉醬油的酸味十分清爽，適合讓人汗流浹背的季節。

10——指天然萃取不加化學高湯粉的高湯。

11——卵巢。

12——同清汁。以魚介類為基底只用鹽和醬油去調味的清汁。因其色澤清澄故漢字作清汁或澄汁。

13——千層章魚薄片。千層的由來是指切時片得極薄好像可以片成1000片一樣。

⑤ 炊合（蔬菜煮物料理組合）

茄子琉璃煮[14]
新蓮藕白煮
新生薑志乃田煮[15]
幼香魚揚煮
秋葵

選用炊合（蔬菜煮物料理組合）終食材時，必須要考慮到包含色澤在內各食材的層次和平衡。

在這個季節一定要好好活用快要進入產季的新蓮藕。新蓮藕味道甘甜且口感軟嫩，成品為清爽的白色，爽快地迎接即將來臨的夏季。

香魚之前已經在前菜時用過一次，但只要改變出現的姿態，就算同樣的食材出現2次也沒問題。前面是做成香魚蓼葉乾的烤物，這裡改用先炸後再去煮的做法。善用重複食材的效果來加強出季節感的印象。

新生薑的爽利口感也十分畫龍點睛。使用前切成薄片後泡入水中，煮過後再泡入水中去除辛辣味。

⑥ 烤物

鮑磯燒
海膽　若布
脆漬梅

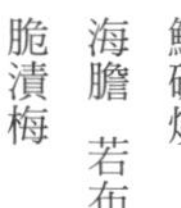

使用開始要步入產季益發美味的鮑魚做出豪華的主菜，成為這份套餐的亮點。香魚已經使用了兩次，因此主菜必須避免出鹽燒香魚避免讓人生膩。反倒是也可以考慮選擇肉類的主菜。

6月梅雨季帶有個梅字，有效地應用此時節在市面上流通的青梅，不著痕跡地表現出季節感。

⑦ 強肴

海蜇皮風味付[16]
才卷蝦　蓮藕
白瓜昆布締　海葡萄
纖蔬菜

在吃完主菜後，安排一道清爽的醋漬海蜇皮，除了讓味覺煥然一新，更可讓客人享受海蜇皮的口感。故意不維持純正日式料理手法，拌一些芝麻油增加香氣，增添一點變化。白瓜此時正值當季美味之時。

⑧ 主食

魩仔魚飯
紅紫蘇
漬物
米糠漬胡瓜
山藥 蘘荷 柴漬茄子 味噌漬新牛蒡

將水煮過不加調味的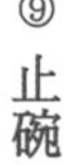仔魚搭配上梅雨時節為止香氣最好的紅紫蘇做成富有季節風情的炊飯。米飯的角色是幫助套餐收尾，因此採較清淡容易入口的調味。

雖說如此也不可以輕忽米飯的存在。飯可以在最後帶給客人「吃飽了」的滿足感，十分重要。因此出菜時選擇一般家庭不常見只能在餐廳才能吃到的米食便顯得格外有意義，米飯也會獲得相當的「注意」。仔細觀察客人差不多要吃飯的時機，小心謹慎地出菜。

⑨ 止碗

混合味噌
新馬鈴薯
姬竹筍

止碗的味噌湯所用的味噌隨著天氣越熱則應選用較爽口不甜的味噌。反之，冬季時則會追求濃郁較甜的口感。除了根據季節調整外，還可以看當天的天候和氣溫或者個人喜好口味來調整菜單內容。此處使用八丁味噌和信州味噌加上白味噌調成的混合味噌。碗種則用產季剛過的姬竹筍搭配上當季的新馬鈴薯。

14——指將茄子煮出光艷色澤。

15——漢字常做信田煮，為加了豆皮的煮物。

16——中文或稱涼拌海蜇皮。

⑩ 甜點

冰室羊羹佐抹茶蜜

甜點也是套餐中的一道。做為最終的收尾，需要花心思去製作，不過要記住終究是涼拌的一品。此處取「冰室節的供品」的聯想，用膠原蛋白去仿做出冰塊的模樣。夏天出甜點時應該避免會黏牙的糯米類和溫熱的東西。

5 招待顧客

的確，板長是日本料理界中最高頂點的單位，然而一旦自己站到了這個位置，才真正感受到，能親手掌握整間店全體的走向不過代表著是另一個全新的開始。板長必須要統括一切從調理到經營、服務等多方面的運作。同時，還必須要親身接待客人，實際地去感受客人的反應並贏取客人的信賴。從各方面來說都不容鬆懈大意。

當中特別需要板長的便是做為店家的招牌接待客人。

特別是在吧檯料理的割烹料理的板長必須要一邊接待客人，一邊根據每個客人用餐的速度來配合下達指示給部下，將出菜時間調整地恰到好處。並且，花心思在迎客和送客上也是板長的責任。

對於一直窩在內場裡默默調理食物的人來說，會很不習慣直接面對客人，或許也會感到非常緊張。但其實接待客人並不需要做甚麼特殊的事。首先只要思考「如果我是客人的話會希望對方怎麼應對」，其他只要自然的，用平常的態度去接待即可。

不管是新人或是板長，最重要的就是對客人要存有「款待之心」。那麼，究竟何謂款待之心呢？大家必須重新思考「懷石」的意義，並思考從客人那裡獲取金錢的意義，如此一來，自然會表露出在態度上。必須時時嚴肅地自省若自己是客人，會不會願意再花一次錢造訪這間店？

和客人的對話

常常有人誤會接客就是要「和客人對話」，然其實接客並不需要甚麼高超的話術。不需要太逢迎客人，只需要用一般的態度自然的去應對即可。若太過纏人客人也會感到不舒服。此外，在客人對話中途插話反倒非常失禮的事。

目標是獲得客人對自己身為店主的信賴，這比任何巧妙的會話都還來得重要，必須時時謹記在心。

照顧精神和肉體亦是料理人的工作之一

第一聲招呼很重要

要讓客人留下良好的第一印象，就要從進店的第一聲招呼作起。這也不須想得太難，只要站到客人的正面（若不是因為忙不過來，從斜斜的方向或者從很遠的地方打招呼都很失禮）：「謝謝您今天光臨本店」；面對事先預約的客人：「感謝您特地預約本店」；並且根據當天的天氣，加上「下雨天還……」「天氣這麼冷……」等變化。只要能夠爽朗並明快地和客人打第一聲招呼，便可以給客人帶來相當不錯的印象。

和客人講話的時機也不可不慎。最基本不過的當然是在客人嘴中有食物時或者拿起筷子挾取料理時不可以搭話。針對兩個一組的客人和單獨前來的客人的應對也必須有所不同。接待一人用餐的客人時，有的若是你多用點心和他搭話則會很高興，但也有不希望你和他搭話的人，必須要觀察氣氛臨機應變。

熟客應對

就算是面對已經很熟稔的常客，在吧檯其他客人面前，仍不適合刻意表現出太過親近的態度。對其他客人來說觀感會不佳。

有時候板長常會被相熟的客人勸酒，考慮到其他客人的感受，有時候也必須要有技巧性地禮貌辭退。針對每次不同的情境，板長必須要能夠作出最適宜當下情況的正確判斷才行。

站在吧檯內時必須背脊挺直，但不可太過神經緊繃，肩膀不可用力。

接待客人時永遠保持「平常心」。不需要勉強搭話，只要恰到好處的應對即可。

抱持「隨時有人在看」的態度

客人常常比我們想像中還要注意一些小細節。特別是在等待出菜時無事可作的客人便會去鉅細靡遺地觀察店內和料理人的工作內容。抱著僥倖的心態想著反正不會有人發現可是會立刻被客人看破手腳的。特別是在吧檯作業時要特別注意，必須時常搶先一步預料到客人的需求作出對應。

至少必須要做出樣子——這樣說可能會招來一些誤解，但實際上就是必須要充分地將關心的態度表現給客人看。但有時只要從小地方開始做起就夠了，例如像衛生方面的細節，若是在工作中接起了電話後，必定要洗過手後才可回到工作等。

懷抱款待之心

說到底，在應對各種場面時，最重要的還是要有著一顆服務客人的心。而板長如何處理這些狀況則會反映出板長全面的想法、能力和判斷力。雖說這個工作內容十分現實，但滿懷誠意的款待之心會變成客人的反應十分直接地回饋回來。只要能夠持續下去，就會變成對店家來說無可取代的財產，並且反映在興隆的生意上，必定會回到自己身上。

然而我們該如何學習「款待之心」呢。道理並不難，就是經常「保持平常心」。客人的感受是甚麼，如果自己是客人的話會希望自己怎麼做，只要持續不懈地問自己這些單純的問題就好。這是從踏入板場的第一天就可以做的事，同時也是絕對必要的事。

因此在這層意義上，現在自己所做的所有工作，將來都會百分之百地對當上板長或經營者時的自己有所幫助，所有的工作都終將成為自己的資產。

和不久以前相比，現在的日本料理可說是相當開放的世界，只要有心想要學，只要花上較以前短上許多的時間且更有效率的方法就可習得所需的技術。年輕的一代也人才輩出。我希望大家能不要著急，一邊享受學習一邊堅定地走在料理這條道路上。我可以向大家保證，正因為這條路充滿了荊棘，到達終點時的成就感才更加強烈，也更讓人感到這是份有魅力的工作。

就算客人看不見，鞠躬的動作也必須要完成到最後，必須隨時保持這種心態。

送客時的印象也十分重要。到最後一刻都不能鬆懈，總是抱著感謝的心情送客。

索引

◎ㄅ

◎ㄆ

◎ㄇ

◎ㄈ

◎ㄉ

◎ㄊ

作者介紹

野﨑洋光

のざき ひろみつ
Nozaki Hiromitsu

1953年生於日本福島縣石川郡古殿町。
自武藏野營養專門學校畢業後，進入東京格蘭德大飯店（東京グランドホテル）和食部服務。
經過5年的修行，進入八芳園。
1980年赴任於東京西麻布的「TOKUYAMA（とく山）」擔任料理長。
1989年「WAKETOKUYAMA（分とく山）」開幕，擔任該店之總料理長。
2001年「WAKETOKUYAMA（分とく山）飯倉片町」店開幕，
2002年「WAKETOKUYAMA（分とく山）伊勢丹」店開幕。
2003年「WAKETOKUYAMA（分とく山）」遷移到南麻布。
著有《新味新鮮　魚料理》、《蔬菜料理》、《獻給孩子們的料理〈合著〉》（以上皆由日本柴田書店出版）等。

・分とく山／WAKETOKUYAMA
東京都港區南麻布5－5－5
TEL　03－5789－3838

Master Chef 書系 推薦序（依姓氏筆劃排列）

把一件事做到極致的堅持

我經常與人分享這個概念：人一生做好一件事就夠了。

就像大師花了幾十年的功夫，才把一件事做到極致，這是身為廚師最需要「堅持、堅持、再堅持」的工作態度。舉凡枝節末微的小事，都能用盡心思、仔細斟酌。

民以食為天，食物的精緻可代表一個國家的進步與水準，美食就是傳遞文化的一種方式。這本書再次證明日本人對細節及程序的重視，這也是他們在世界級美食殿堂能屹立不搖的原因之一。

這是一系列很實用的工具書，不但圖文並茂、淺顯易懂，也表達對新鮮及在地食物的尊重。作者不藏私地把所有細節鉅細靡遺地娓娓道來，讓閱讀者有脈絡可循，終能一窺大師精湛廚藝，展現大師風範，值得學習。

——丁原偉（雲朗觀光集團餐飲事業群總經理）

料理品味的畢生追求

我十分樂見「Master Chef」系列書籍的規劃與出版。專業的廚藝料理書籍，對台灣來說實在太重要了。早期在台灣當廚師，很容易被認為是不學無術，使我們失去很多傳承與發揚的機會。隨著時代的進步與國際交流，現在的廚師在台灣越來越受尊重，「料理」也成為被認同的一門藝術。

我自己在近十年前就接觸過日本的料理師傅，他們的專業令我留下深刻印象。包括從內部的食材要求、到外部的經營管理，樣樣都是學問。我認為做「廚師」這個行業，國際觀非常重要，唯有透過國際交流，我們的視野和態度才能成長。

例如西方國家，他們尊重廚藝，把料理視為生活裡的一種美學，這是整個社會文明及文化長期以來的養成。也因如此，在料理的世界裡他們對待食材的細緻與認真就遠遠超過我們。比較可惜的是，台灣以及整個華人地區，對待飲食的態度都仍停留在「烹飪技巧」的層次。你到歐美國家去用餐就會發現，東方及西方世界對待「用餐」這件事的態度完全不同。中式餐廳可能氣氛很熱鬧，餐點和氣氛都很火熱。但是對於西方國家而言，飲食已經融入在他們的生活裡，用餐就是一種享受。可能一餐搭配四種酒、什麼樣的料理搭配什麼酒、整套餐點的流程都是設計過的，這是一種知識和專業的展現。

相信透過「Master Chef」系列書籍的出版，年輕的廚師們能得到實際的幫助。許多廚師由於環境和種種因素限制，沒有辦法得到大師親自傳授或指點，但是透過「Master Chef」這個系列，可以與大師對話，從中獲得啟發。「廚師」不只是單純的職業，而是畢生的追求。

希望「Master Chef」書系能讓社會大眾更加領略料理精神及食藝之美，也更加尊重「廚藝」這個行業，尊重每一位用心料理的廚師。

——林建龍（台北國賓大飯店行政總主廚）

唯有大師能成就大師

如果飲食是一門藝術，料理是一段修行，「Master Chef」無疑是廚藝之道的寶卷。不同於一般料理書，「Master Chef」除了對精細工法的演繹講究，連食材照片的呈現都傳來濃濃原味香氣，尤其讀到各位大師的心路初衷，都不免讓人若有所思，心領神會。

餐飲是技術、科學、藝術、人文流露的綜合表現，青年廚師除了需培養扎實的基本功，更應注重軟實力的涵容，創造個人的獨特性與自我想法，成為料理達人，進一步學習大師之道，修鍊大師的視框、思維與氣度。

從本書可看到每位大師近乎於道的苛求與堅持，書籍的鋪排編輯也聞到細膩與用心，難得有媒體願意深度與大師對話，也關心台灣飲食文化的傳承與推廣，希冀透過「Master Chef」的發行有助於台灣餐飲人才育成，打開餐飲人才創新視界與國際接軌。

唯有大師能成就大師，「Master Chef」值得您細細品嚐，回味再三。

——馬嘉延（開平餐飲學校校長）

技近於道

飲食是每日所見最平凡的事，也是維持生命最重要的事，不可一日無之。

隨著生活水準的提升與文化交流的薰陶，人們對於飲食的要求也日趨精緻，飲食儼然成為五感同時進行的審美活動；「吃」成為一門學問，廚師手中的鍋鏟猶如藝術家手中的刀筆，料理展現的不只是美味，更是對人生、對文化的品味。

由「Master Chef」所引薦，一系列由世界頂尖名廚所著作的料理食譜。將讓讀者透過這些廚藝大師對料理的專注、堅持與用心，見識到他們對食材原味的慎重與對料理過程的一絲不苟。

為了舌尖上的那一味，絕不輕言妥協。

這些世界頂尖名廚所追求和貫徹的廚藝，已然技近於道。料理不再只是精湛的刀工或創意的表演，更透顯著深刻的人文內涵。閱讀他們的料理食譜，不僅是對廚藝技巧的提升，也對開闊台灣餐飲從業人員的視界與胸懷，堅定廚藝之路的墊基與拓展，助益良多。願為之序，誠心推薦。

——容繼業（國立高雄餐旅大學校長）

推薦序（依姓氏筆劃排列）

身為料理人的態度

我經常拜讀野﨑先生的著作，因為他的書總是寫得十分詳盡且容易理解，無論用於自我進修或者是指導後進都是相當珍貴的材料。然而這次的《日本料理職人必備基礎技能 完全圖解》卻是不同類型的著作。在市面上諸多號稱教導基礎技術卻常流於空泛無邊的教學書籍當中，這本書的內容涵蓋了身為一介料理人（以及一介社會人士）所該有的思慮設想以及該照顧的細節。如野﨑先生在序中所述，每個人在新人時期連東西南北都搞不清，要學習記憶的東西總是接踵而至（身為最不了解店裡大小事的新人這是理所當然的），拿我自己過去的經驗為例，以前師兄會說「自己看自己學才叫見習！」而不肯輕易告訴我正確解答。本書針對這部份也做了明確且有趣的介紹，例如指出「該怎麼做」、「像這樣一邊從中獲得樂趣」、「這樣做等於多一道工，不行」。

從中段到後半部則相當仔細地說明了廚房工作的整體流程以及步驟，讓人在閱讀時不禁想脫口而出「對！就是這樣！」表達贊同。身為料理人的態度、體貼細心、思慮設想、處理食材的方法、器皿的保養、專業料理詞彙、料理的步驟……本書可說是全部囊括了。而書中所介紹，使用隨著四季變換（二十四節氣、七十二候）使用當季食材，循著根本用心製作的每道料理都美得不可方物；且看起來真的十分美味，讓人目不轉睛。

我認為本書不僅是一本正在學習料理的人該看的書，站在教育者一方的人也該閱讀；不僅是針對日本料理界，我也推薦給其他餐飲業和服務業的業界人士，相信大家皆能從本書中獲益良多。

——石原 良（乾杯集團總料理長）

成為日本料理職人的「懷石之道」

相較於其他國家料理體系，日本料理是水的料理，精髓在於刀法、擺盤與食器的協調、嚴格的料理禮法與飲食禮法。已有四百多年歷史的懷石料理伴隨著茶道發展為日本料理的最上乘體系，其重視自然食材、季節感、節奏感、美感的料理精神、以及一期一會的待客精神，成為近代日本料理發展的起點，其思想亦深入社會各階層，是日本極簡優雅品味的根源。

成為一名日本料理職人，從學徒訓練為工匠、再修練為師，一切從「心」開始。必須先以「廚儀與廚德」紮下基礎，每天每年持之以恆的廚房紀律養成，才能不斷精進料理技術，提升料理文化內涵，開啟自身感知感官。不只是酸甜苦鹹鮮五味、或視聽味觸嗅五感，還要深刻體認人文風土、感受四季之美，款待客人以同理之心、體貼主客雙方了無遺憾之意，不會徒具形式、也不能譁眾媚俗。一切從心開始，一切也回歸於心。

這是成為日本料理職人的「懷石之道」，不是對於料理的夢想，而是對料理的一種虔誠，透過料理所傳達的一種懷石思想和理想境界，那是一個跨越國籍跨越時代、更自然、更優雅、更簡單也更美的境界。

「Master Chef」書系透過世界頂尖名廚的親自示範，傳遞對料理的概念。很榮幸參與此書系推薦成功，又推出「野崎洋光」料理書。藉由此書讓我回顧了初學日本料理的心，以及不論從事料理工作多久都絕對不能鬆懈的廚房工作態度和基礎動作，書中野崎師傅一路修業成為料理人的故事側寫，更是讓我獲益匪淺，彷如一盞星光引領我於「懷石之道」繼續前進。期待與「Master Chef」一起努力，創新台灣餐飲業的國際視野、承啟台灣飲食文化。

——林俊名（新都里・台北懷石料理研發主廚）

日本料理　是注入誠心的料理

自己仍是新人的時候，曾讀過許多有關於日本料理的書。其中就有一本「完全理解 日本料理の基礎技術」（《日本料理職人必備基礎技能 完全圖解》）。

這本書的特色是不僅僅教導日本料理的基本基礎知識，也教導了身為社會人士應該如何自處、以及對自己職業的尊敬。像是清洗餐具、器具並不單是機械式的清洗乾淨即可，要感受到自己對於餐具、器具等謀生器具的感謝，這樣器具才能真正乾淨。而在技術面的部分，除說明不同區塊的工作內容外，自己轉換工作區域與前輩轉換位置時，要怎麼樣學習料理及怎麼對應前輩都可以在這本書中學習到。

我來台灣兩年左右了，台灣現場的環境與自己過去的工作環境並不相同，所以有想要改變這樣的環境的念頭，因為日本料理是用心的料理，烹調並非我們的唯一工作，要用真心面對客人是我們的原則。

希望台灣的朋友們也會喜歡這本書。

——淺沼學（染乃井料理長）

日本料理職人必備基礎技能 完全圖解
——米其林二星 WAKETOKUYAMA 總料理長野﨑洋光的 141 項廚房奧義

作者｜野﨑洋光Nozaki Hiromitsu
譯者｜周雨枬
審訂｜顏旭志
責任編輯｜邱子秦
設計｜劉子璇
發行人｜何飛鵬
事業群發行人｜李淑霞
副社長｜林佳育
出版｜城邦文化事業股份有限公司 麥浩斯出版
E-mail｜cs@myhomelife.com.tw
地址｜104台北市中山區民生東路二段141號6樓
電話｜02-2500-7578
發行｜英屬蓋曼群島商家庭傳媒股份有限公司城邦分公司
地址｜104台北市中山區民生東路二段149號6樓
讀者服務專線｜0800-020-299（09:30～12:00;13:30～17:00）
讀者服務傳真｜02-2517-0999
讀者服務信箱｜Email：csc@cite.com.tw
劃撥帳號｜1983-3516
劃撥戶名｜英屬蓋曼群島商家庭傳媒股份有限公司城邦分公司香港發行　城邦（香港）出版集團有限公司
地址｜ 香港灣仔駱克道193號東超商業中心1樓
電話｜852-2508-6231
傳真｜852-2578-9337
馬新發行｜城邦（馬新）出版集團Cite（M） Sdn. Bhd.（458372U）
地址｜11, Jalan 30D/146, Desa Tasik, Sungai Besi, 57000 Kuala Lumpur, Malaysia.
電話｜603-90563833
傳真｜603-90562833
總經銷｜聯合發行股份有限公司
電話｜02-29178022
傳真｜02-29156275
製版｜凱林彩印股份有限公司
定價｜新台幣550元／港幣183元
2016年01月初版 1 刷・2022 年 9 月初版 8 刷・Printed In Taiwan

ISBN：978-986-408-105-9

原版工作人員：編輯-糸田麻里子、長澤麻美／攝影-高橋榮一／設計-石山智博／插圖-山川直人

KANZEN RIKAI NIHON RYOURI NO KISO GIJUTSU

國家圖書館出版品預行編目資料

日本料理職人必備基礎技能 完全圖解：米其林二星WAKETOKUYAMA總料理長野﨑洋光的141項廚房奧義／野﨑洋光作；周雨枬譯. 一初版. — 臺北市：麥浩斯出版：家庭傳媒城邦分公司發行, 2016.01　面；　公分

ISBN 978-986-408-105-9（平裝）
1.烹飪 2.日本

427.8　　104024456